Dieter Schulz
Praktische
Regelungstechnik

Dieter Schulz

Praktische Regelungstechnik

Ein Leitfaden für Einsteiger

Hüthig Buch Verlag Heidelberg

Die Deutsche Bibliothek – CIP-Einheitsaufnahme

Schulz, Dieter:
Praktische Regelungstechnik : Ein Leitfaden für Einsteiger /
Dieter Schulz. – Heidelberg : Hüthig, 1994
ISBN 3-7785-2119-5

Druck: Laub GmbH & Co., 74834 Elztal
Buchbinderische Verarbeitung: Industriebuchbinderei Kumler, 69207 Sandhausen
Printed in Germany

Vorwort

Viele Berufsgruppen kommen heute mit der Regelungstechnik in Berührung. Die Regelungstechnik ist oft ein notwendiges Hilfsmittel, um ein gestecktes Ziel optimal zu erreichen. Dieses Buch versucht bei diesem Anwenderkreis ein Grundverständnis für regelungstechnische Vorgänge zu wecken und eine systematische und anschauliche Einführung in die Regelungstechnik zu geben. Die Erfahrung zeigt, daß auch bei schwierigen Aufgaben in der Praxis die Anschauung Voraussetzung einer erfolgreichen Problemlösung ist. Für die erste Auseinandersetzung mit der Regelungstechnik ist die höhere Mathematik nicht notwendig, trotzdem ist bei einfachen Aufgaben eine systematische Lösung möglich.

Der erste Schritt für die Einarbeitung in die Regelungstechnik besteht darin, technische Systeme in ihrem Verhalten beschreiben und unterscheiden zu können. Anschließend wird dargelegt, wie sich ein vorgegebenes System über Steuern und Regeln beeinflussen läßt.

Für den Anfänger im Bereich der Regelungstechnik ist es wichtig zu lernen, wie sich unterschiedliche Regelstrecken in ihrem zeitlichen Verhalten unterscheiden. Es wird gezeigt, daß auch komplizierte Systeme auf wenige Grundlagen technischen Verhaltens zurückführbar sind. Erst wenn dieser Schritt vollzogen ist, kann über die Auswahl eines Reglers nachgedacht werden.

Um das Eindenken in die Regelungstechnik zu erleichtern, wird mit der Erklärung schaltender Regler begonnen. Nacheinander werden alle unterschiedlichen Reglertypen bis hin zum PID-Regler entwickelt. Danach wird der geschlossene Regelkreis behandelt. In diesem Teil wird das Verhalten verschiedener Regler an unterschiedlichen Strecken beschrieben. Dieser Teil ist so gegliedert, daß man in der Praxis für eine vorgegebene Strecke Auswahlhilfen für Regler erhält. Außerdem enthält das Buch Kapitel, die den praxisnahen Aspekten von Regelungen gewidmet sind, wie das Messen der Regelgröße, Aufbau von Digitalreglern und das Verhalten von Regelungen beim Anfahren.

Dieses Buch sollte für diejenigen eine Hilfe sein, die einen Leitfaden zur Lösung von regelungstechnischen Problemen in der Praxis suchen und ein Grundverständnis für das Verhalten regelungstechnischer Systeme erhalten wollen

Es wurde bewußt auf die Mathematik verzichtet und die Regelungstechnik nur auf der Basis moderner elektronischer Regelungssysteme erklärt. Großer Wert wurde auf eine normgerechte Einführung in die Fachsprache der Regelungstechnik gelegt. Damit wird ein Studium weiterführender Literatur, von Gebrauchsanweisungen regelungstechnischer Geräte und eine Verständigung mit professionellen Regelungstechnikern erleichtert.

Die in dem Buch gezeigten Zeitverläufe wurden mit dem regelungstechnischen Entwicklungssystem AGO erstellt. Für Interessenten ist eine Probediskette erhältlich. Weiterhin möchte ich an dieser Stelle meinen Mitarbeitern, die an der Erstellung dieses Buches beteiligt waren, danken.

Dortmund, im Sommer 1993 Dr.-Ing. Dieter Schulz

Inhaltsverzeichnis

1 Technische Systeme

Sowohl die Steuerungstechnik als auch die Regelungstechnik sind Disziplinen des Fachgebietes Automatisierungstechnik. Beide beschäftigen sich mit der optimalen Kontrolle von Maschinen, Anlagen und Prozessen. Ohne diese beiden Disziplinen gäbe es unsere heutige industrielle Gesellschaft nicht. Trotz des gemeinsamen Ziels eine Anlage zu automatisieren, betrachtet jede der beiden Disziplinen eine Anlage aus einem anderen Blickwinkel. Untersucht man die Unterschiede der beiden Fachgebiete, bemerkt man sehr bald, daß zwischen ihnen Welten liegen.

Ein guter Steuerungstechniker ist nicht unbedingt in der Lage, komplexe Regelungssysteme auszulegen. Umgekehrt hat oft auch ein guter Regelungstechniker Schwierigkeiten, mit den heutigen steuerungstechnischen Automatisierungsgeräten Fachaufgaben zu lösen. Der Grund dafür liegt nicht nur in der Ausbildung, sondern in dem unterschiedlichen mathematischen Hintergrund der beiden Disziplinen.

Der Steuerungstechniker beschäftigt sich hauptsächlich mit der Logik, der Booleschen Algebra. Während ein mathematisch orientierter Regelungstechniker zur Beherrschung seines Fachgebietes die lineare Algebra, die Differential- und Integralrechnung und die höhere Analysis benötigt.

Dies sind mathematisch gesehen separate Bereiche. Daher ist es für Steuerungstechniker oft sehr schwer, sich in dieses Fachgebiet einzuarbeiten. Dennoch ist es möglich, einem Steuerungstechniker einen recht guten Überblick über dieses Fachgebiet zu geben, wenn man die Regelungstechnik von den allgemeinen Wirkungs- und Funktionsweisen her betrachtet.

Die heutige Regelungstechnik hat Verknüpfungspunkte mit fast jeder bekannten technischen Disziplin. Ihr Anwendungsspektrum reicht von der Elektrotechnik über die Antriebstechnik, dem Maschinenbau bis hin zur Verfahrenstechnik und Chemie. Wollte man die Regelungstechnik an Hand von fachlichen Regeln dieser einzelnen Gebiete erklären, so müßte man von einem Regelungstechniker verlangen, jedes Fachgebiet, in dem er Regelungen vornehmen will, fundiert zu beherrschen. Dies ist aber bei dem heutigen Stand der Technik nicht möglich.

Es zeigt sich jedoch, daß hinter den Aufgabenstellungen in den einzelnen Fachgebieten gemeinsame Grundgedanken liegen, auf die man regelungstechnische Aufgaben zurückführen kann. Bei der Regelung einer Antriebsaufgabe und einer verfahrenstechnischen Aufgabe tauchen Gemeinsamkeiten auf, die zu einer einheitlichen Beschreibung und Vorgehensweise in diesen Fachgebieten führen. In dem ersten Kapitel dieses Buches werden die Grundlagen der Beschreibung technischer Systeme aus der Sicht der Regelungstechnik erläutert.

1.1 Bildliche Darstellungen technischer Systeme

Will man ein allgemeines technisches System beschreiben, liegt es nahe, zunächst einmal die gerätetechnische Zusammenschaltung der einzelnen Elemente zu betrachten. Dazu wird das System in einzelne Baugruppen, Geräte, Einrichtungen oder Anlagenteile aufgegliedert.

Die einzelnen Einheiten einer solchen gerätetechnischen Beschreibung sind z.B. Reglerbaugruppen, Baugruppen, die als Stellglieder für eine Anlage wirken, Sensoren mit Meßverstärkern, Antriebseinheiten, Maschinen, verfahrenstechnische Komponenten, wie Heizungen, Pumpen, Mischer usw.

Das Zusammenspiel dieser verschiedenen gerätetechnischen Gruppen ergibt sich aus dem physikalisch-technischen Verhalten der einzelnen Komponenten. Das Verhalten einer gesamten Anlage ist nur bei ausreichender Detailkenntnis aller einzelnen Komponenten erklärbar.

Eine einfache grafische Darstellungsform dieser Funktionselemente ist das Technologieschema. Dies ist eine ungenormte Darstellung, in der man technische Systeme, die aus verschiedenen Wirkungsbereichen zusammengesetzt sind, skizzieren kann. Elemente eines solchen Technologieschemas sind sowohl Anlagenteile als auch elektrische Teile, die dem Techniker einen Überblick über das gesamte technische System geben.

In Bild 1.1 ist ein Technologieschema für eine Füllstandsregelung dargestellt. Der zufließende Flüssigkeitsstrom Φ_1 wird über das Ventil V eingestellt. Über eine Zahnradpumpe P wird die Flüssigkeit dem Behälter entnommen. Der entnommene Flüssigkeitsstrom besitzt die Bezeichnung Φ_2. Die Füllhöhe des Behälters trägt die Bezeichnung h und die Bodenfläche besitzt die Größe A. Die Fließrichtungen sind über Pfeile angedeutet.

Bild 1.1 Technologieschema: Behälter mit Pumpe (V: Ventil, P: Pumpe, Φ_1, Φ_2: Ströme, h,A: Größenbezeichnungen)

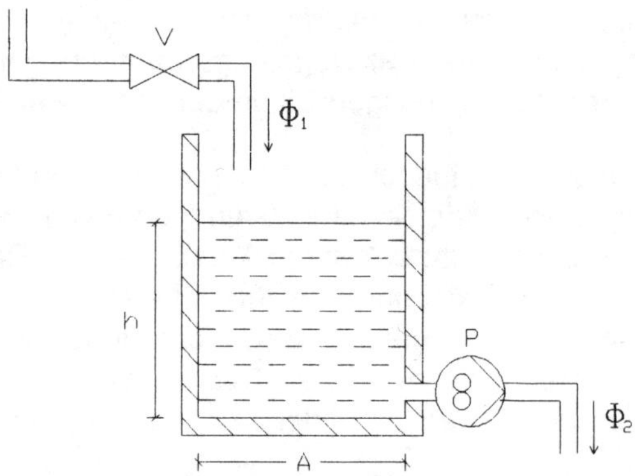

In speziellen technischen Bereichen gibt es auch genormte Darstellungen für verschiedene Systeme. Diese sind wesentlich abstrakter als Technologieschemata. An dieser Stelle sollen die Pneumatik- oder Hydraulikschaltpläne nach DIN / ISO 1219 und die R- und I-Fließbilder (Rohrleitungs- und Instrumentenfließbilder) der Verfahrenstechnik und die Darstellung verfahrenstechnischer Anlagen nach DIN 19 227 genannt werden.

In Bild 1.2 ist ein Fließbild eines Teils einer Heizungsanlage gezeigt. Das Schema enthält sowohl Teile der Heizungsanlage, als auch die automatisierungstechnischen Einrichtungen. Alle Elemente sind untereinander mit Linien verbunden. Diese Linien symbolisieren entweder elektrische Verbindungen oder Rohrleitungen. Die Linien ergeben die Signale für die Wechselwirkung der einzelnen Elemente miteinander. In dem Fließbild steht die Abkürzung TC für ein automatisierungstechnisches Element, das die Temperatur beeinflußt, dessen genaue Wirkungsweise aus dem Schaltplan jedoch nicht hervorgeht.

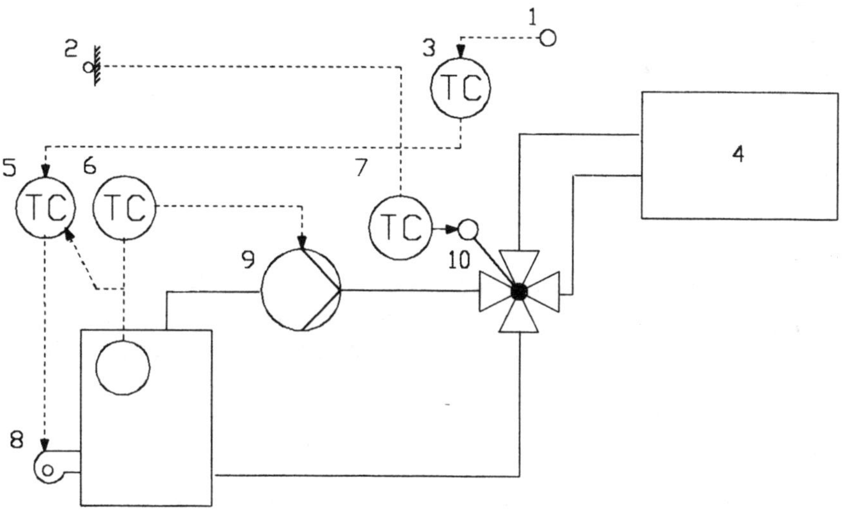

Bild 1.2 R- und I-Fließbild einer Heizungsanlage nach DIN 19227 (1: Raumtemperaturfühler, 2: Außentemperaturfühler, 3: Raumthermostat, 4: Heizkörper, 5: Brennersteuerung, 6: Steuerung der Umwälzpumpe, 7: Steuerung des Mischventils, 8: Brenner, 9: Umwälzpumpe, 10: Mischventil, TC: Temperaturregelung/ -steuerung)

Im Rohrleitungsteil sind dies im allgemeinen Temperaturen, Drücke, Flüsse oder chemische Eigenschaften. Im elektrischen Teil werden diese Größen an automatisierungstechnische Baugruppen weitergegeben. Über andere elektrische Leitungen werden von der Automatisierungstechnik Stellsignale übermittelt, die auf die Pumpen, Ventile und andere Stellgeräte einwirken.

Das R- und I-Fließbild gibt zwar einen Überblick über das gesamte technische System, für eine genauere technische oder regelungstechnische Betrachtung ist der Informationsgehalt in der Regel nicht ausreichend. Hier stößt man auf die Schwierigkeit, daß die einzelnen Komponenten eines solchen Systems nicht genau genug spezifiziert sind. Die Aufgaben liegen oft nicht in der Form vor, die man als Regelungstechniker benötigt.

Diese Darstellungen liefern daher noch kein genaues Abbild der technischen Anlage, wie z.B. der Funktionsplan einer Logiksteuerung, der dazu in der Lage ist, das logische Verhalten eines Systems beliebig detailliert wiederzugeben.

Da bei der Anwendung dieser Technologieschemata die Details der einzelnen Fachgebiete sehr genau bekannt sein müssen, um mit ihrer Hilfe Aussagen über steuerungs- oder regelungstechnische Einrichtungen machen zu können, ist es notwendig, technische Systeme abstrakter zu betrachten. Die Darstellungsform muß diejenigen Informationen deutlich darstellen, die für die Auslegung einer Regelung notwendig sind.

1.2 Signalarten

Die einzelnen Funktionseinheiten technischer Systeme treten über physikalische Größen miteinander in Verbindung. Ein Meßaufnehmer mißt zum Beispiel eine Temperatur und formt diese in einen elektrischen Strom um. Wird der Aufnehmer an einen Regler angeschlossen, so erfährt dieser über die Stärke des Stroms an einem seiner Eingänge, wie sich der Prozeß verändert und kann ein Stellsignal erzeugen, über das er in den Prozeß eingreifen kann.

Zur Erklärung der Funktionsweise eines technischen Systems ist es daher notwendig, sich mit den physikalischen Größen auseinanderzusetzen, die an den Ein- und Ausgängen der einzelnen Einheiten anstehen. Die physikalischen Größen werden auch Signale genannt.

Technische Systeme lassen sich grob durch die Art, der an ihren Ein- und Ausgängen auftretenden Signale klassifizieren. Diese Signale unterscheiden sich in ihrer physikalisch- technischen Natur. Es kann sich um Temperaturen, Spannungen oder mechanische Größen, wie Wege, Geschwindigkeiten, Beschleunigungen usw. handeln. Sie lassen sich auf Grund ihres Wertevorrates in verschiedene Arten einteilen. Der Wertevorrat beschreibt die Amplituden eines Signals, die bei einem technischen System auftreten können. Eine Übersicht über die wichtigsten technischen Signale ist in Bild 1.3 zusehen.

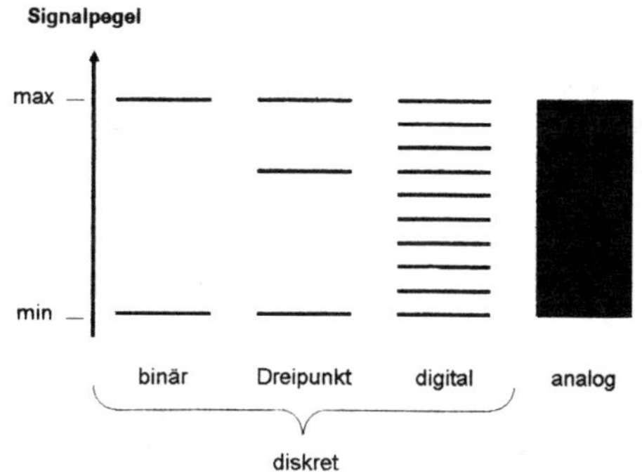

Bild 1.3 Übersicht über den Wertevorrat technischer Signale

Analoge Signale

Die Signalform mit beliebiger Anzahl möglicher Signalpegel ist das analoge Signal. In einem durch technische Grenzen vorgegebenen Wertebereich kann jeder beliebige Zwischenwert angenommen werden. Analoge Signale entsprechen damit den meisten natürlichen physikalischen Größen, wie zum Beispiel Temperatur, Weg, Geschwindigkeit, Beschleunigung, Kraft und Druck.

Binäre Signale

Im einfachsten Fall können die Signale nur zwei Zustände einnehmen, es handelt sich dann um binäre Signale. Solche binären Signale sind den Steuerungstechnikern bestens bekannt. Jeder Schalter, mit dem man eine Spannung ein- und ausschalten kann, liefert ein binäres Signal als Ausgangsgröße. Logische Gatter akzeptieren binäre Signale als Eingangsgröße und verarbeiten diese zu einem weiteren binären Signal.

Dreipunktsignale

Das Signal mit dem nächsthöheren Informationswert ist ein Dreipunktsignal. Dreipunktsignale finden sich z.B. in Verbindung mit Motoren. Ein Motor kann sich grundsätzlich in drei Betriebszuständen befinden. Der Motor kann stillstehen, er kann sich vorwärts oder rückwärts bewegen. Dies korrespondiert mit den entsprechenden Eingangssignalen des Motors, d.h. Motor ausgeschaltet, Motor positiv gepolt oder Motor negativ gepolt.

Entsprechende Glieder mit einem Dreipunktverhalten finden sich häufig in der Regelungstechnik. Jedes dieser Signalniveaus eines Dreipunktsignales kann eine beliebige Größe haben, d.h. in speziellen Fällen kann jedes der drei Signalniveaus ein positives Signal sein, oder der Betrag des positiven und negativen Signals können unterschiedlich sein.

Diskrete Signale

Dreipunktsignale sind ein Spezialfall von diskreten Signalen. Diskrete Signale können nur eine begrenzte Menge von Werten annehmen. Der zeitliche Verlauf eines solchen diskreten Signals weist immer Stufen auf.

Ein einfaches Beispiel für ein System mit einem diskreten Signal ist eine Regalanlage mit einer Hebebühne. Die installierten Näherungsschalter melden der Steuerung die ungefähre Position der Hebebühne. Diese so gemeldete Position aller Näherungsschalter kann zu einem diskreten Signal zusammengefaßt werden, das die Position der Bühne beschreibt.

Diskrete Signale treten sehr häufig bei Steuerungen und Regelungen mit Computern oder einer SPS auf. Analoge Prozeßsignale lassen sich nur durch Diskretisierung des Signalpegels in digitalen Systemen weiterverarbeiten.

Ein Beispiel für eine solche Zerlegung ist das Meßlineal. Hier wird die Wegstrecke in ein Raster feiner Streckenelemente unterteilt. Man erhält am Ausgang dieses Weglineales Aufschluß darüber, in welchem Wegintervall sich die Meßgröße befindet. Ein solches Meßlineal ist ein einfaches Beispiel für einen Analog-Digital-Wandler.

Digitale Signale

Digitale Signale sind eine Spezialform diskreter Signale, bei ihnen werden die einzelnen Signalpegel durch Zahlwörter dargestellt. Entsprechend dieser Darstellungsweise sind die Stufungen digitaler Signale äquidistant.

Die Bits geben die Nullen und Einsen an, mit denen der Wert eines Signals beschrieben wird. Die Digits geben die Anzahl der Signalwerte an, die zur Darstellung eines Signals verwendet werden. Diese Information läßt sich auch als Prozentwert darstellen (Tabelle 1.1).

Tabelle 1.1 Auflösung digitaler Signale

Bits	Digits	Digit/%
8	256	0,4
10	1024	0,1
12	4096	0,024
14	16384	0,006
16	65536	0,0015

Obwohl eine Anzahl von 8 Bit in der Tabelle die niedrigste Auflösung bietet, sind solche A/D-Wandler sehr verbreitet. Sie befinden sich in preiswerten Mikrocontrollern und werden für viele Anwendungen im Bereich der Konsumelektronik angewandt.

In der industriellen Regelungstechnik spielen 12-Bit-A/D-Wandler die größte Rolle. Sie besitzen auch in den Fällen, in denen hohe Ansprüche an die Genauigkeit gestellt werden, eine ausreichende Auflösung.

Eine 16-Bit-Auflösung ist nur in Fällen mit extrem hoher Präzision notwendig. Es ist außerdem sehr aufwendig auch den vorgeschalteten analogen Teil entsprechend präzise auszulegen.

1.3 Ein- und Ausgangssignale

Es ist in der Regelungs- und Steuerungstechnik sehr nützlich, das Verhalten von technischen Systemen so zu beschreiben, daß deutlich wird, welche Signale als Eingangssignal und welche Signale als Ausgangssignal dienen. Grafisch läßt sich dies erreichen, indem jedes System als ein Kästchen dargestellt wird. In das Kästchen führen Linien mit Pfeilen, die Eingangssignale des Systems. Diese symbolisieren diejenigen technischen Größen, die auf das System einwirken. Auf der anderen Seite verlassen Linien das Kästchen. Es handelt sich hierbei um die Ausgangssignale. Diese wirken entweder auf andere Systemteile ein oder dienen zur Beobachtung des entsprechenden Systems.

Das Kästchen symbolisiert das gesamte Verhalten des Systems. Das Verhalten ist durch die Reaktion der Ausgangssignale auf zeitlich veränderliche Eingangssignale gekennzeichnet. Anfangs ist jedes technische System eine "black box", ein unbekanntes System. In dem Maße, in dem Kenntnis über das System erlangt wird, läßt sich das Verhalten näher spezifizieren und auf bekannte "Kästchen" zurückführen. Ziel ist es, technische Systeme mit möglichst elementaren "Kästchen" zu beschreiben.

1.4 Kennlinien

Ein Verhalten, das sich bei technischen Systemen ermitteln läßt, ist das statische Verhalten. Dies beschreibt, welche Ausgangssignale sich einstellen, wenn die Eingangssignale zeitlich konstant sind. Besitzt das System zum Beispiel ein Eingangssignal, muß ermittelt werden, welches Ausgangssignal sich sich bei jedem technisch möglichen Eingangssignal langfristig einstellt.

Das statische Verhalten technischer Systeme wird durch eine Kennlinie beschrieben. Zur meßtechnischen Aufnahme der Kennlinie wird die Höhe von Ausgangssignalen bei verschieden hohen Eingangssignalen ermittelt. Handelt es sich um ein elektrisches oder elektronisches System, so wird auf den Eingang ein Strom- oder Spannungsgeber mit einem geeigneten Strom- bzw. Spannungsbereich aufgeschaltet und der Ausgangsstrom oder die Ausgangsspannung ermittelt.

Meßtechnisch können Kennlinien zum Beispiel unter Verwendung eines xy-Schreibers aufgezeichnet werden. Dabei wird das Eingangssignal des technischen Systems auf den x - Eingang und das Ausgangssignal auf den y - Eingang des Schreibers geschaltet, Bild 1.4.

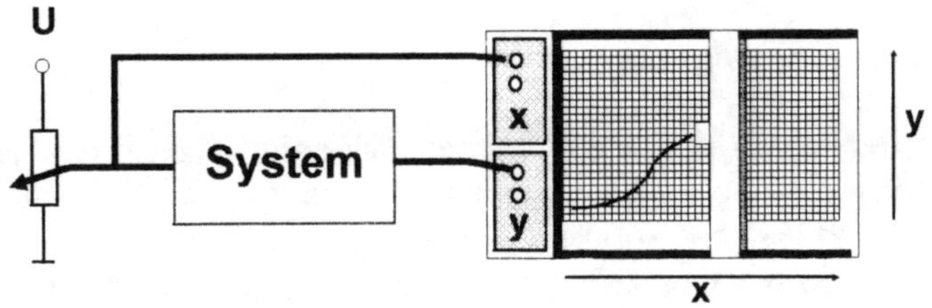

Bild 1.4 Aufzeichnung der Kennlinie eines Systems (x: Eingangssignal, y: Ausgangssignal)

Soll ein System durch sein statisches Verhalten charakterisiert werden, kann dies in grafischer Form dadurch geschehen, indem in das Kästchen, das das System symbolisiert, die Kennlinie eingetragen wird. Diese Darstellung wird auch Block genannt.

Beispiel: Diodenkennlinie

Kennlinien finden sich zum Beispiel in der Elektronik. Viele der dort verwendeten Bauelemente haben in ihrem Gesamtverhalten nichtlineare Bereiche. Eine Diodenkennlinie wird zum Beispiel dadurch ermittelt, daß man an die Diode eine Spannungsquelle mit variabler Spannung anschließt. Gleichzeitig wird der durch die Diode fließende Strom gemessen. Die Auftragung der Stromwerte über den Spannungswerten ergibt die Diodenkennlinie. Die Diodenkennlinie charakterisiert im allgemeinen das statische Verhalten der Diode (Bild 1.5).

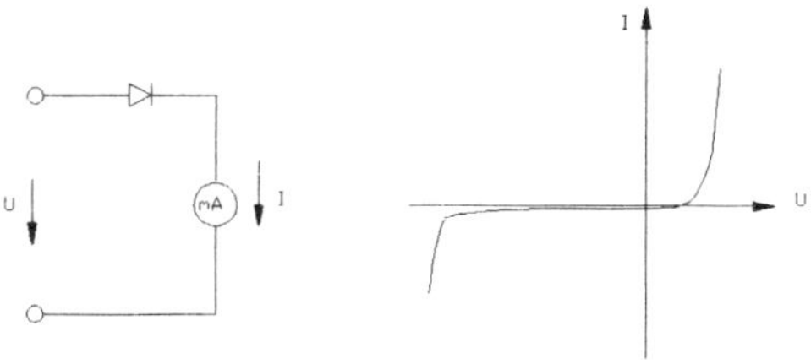

Bild 1.5 Strom- Spannungskennlinie einer Diode (U: Spannung am Eingang des Systems, I: resultierender Strom)

Beispiel : Hebel

Der in Bild 1.6 dargestellte Hebel ist ein einfaches technisches System. Die Ursache für die Bewegung des Hebels ist die Kraft auf einen Hebelarm. Die Wirkung, die erzielt wird, die Ausgangsgröße dieses Systems, ist die Bewegung des anderen Hebelarms. Der Zusammenhang zwischen Eingangs- und Ausgangsgröße ist proportional. Es handelt sich bei dem Hebel für kleine Auslenkungen um ein lineares System, Bild 1.7 zeigt die Kennlinie.

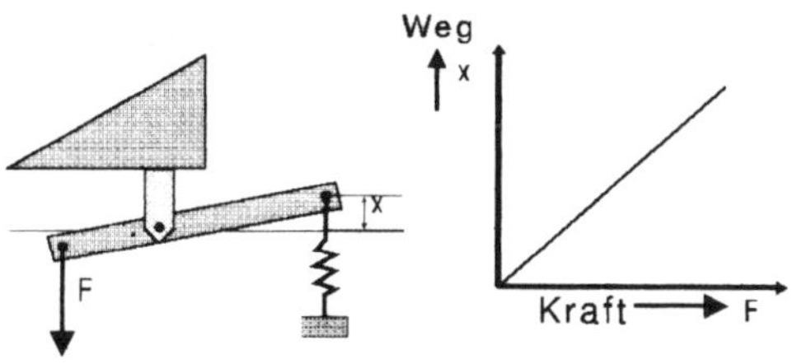

Bild 1.6 Der Hebel als ein einfaches technisches System (F: Kraft als Eingangsgröße, x: Auslenkung als Ausgangsgröße)

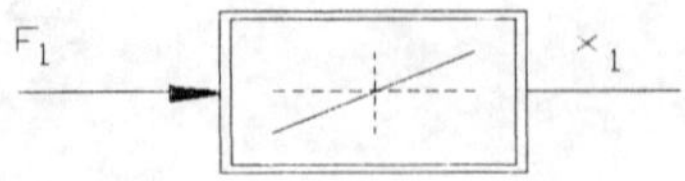

Bild 1.7 Blocksymbol für eine lineare Kennlinie zur Darstellung des Verhaltens des Hebels

Beispiel : Füllstandsüberwachung

Bei einer Füllstandsüberwachung wird der Füllstand, also die Höhe der Flüssigkeit in einem Behälter wie ihn Bild 1.8 zeigt, überwacht und ein Signal ausgegeben, wenn diese Flüssigkeit eine bestimmte Höhe überschreitet. Die Charakteristik dieses Systems hat einen sprungförmigen Verlauf, Bild 1.9. Ein solches System wird unstetig genannt. Die Beispiele Diode und Hebel dagegen sind Systeme mit einem stetigen Verhalten. Hier gibt es keine Sprünge im Signalverlauf.

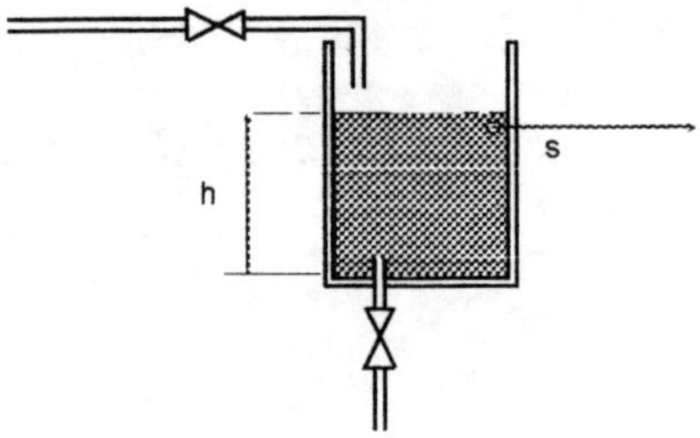

Bild 1.8 Technologieschema eines Behälters (h: Füllhöhe, s: Signal des Füllstandsanzeigers

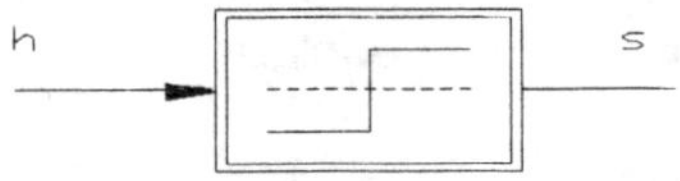

Bild 1.9 Blocksymbol für eine sprungförmige Kennlinie zur Darstellung der Füllstandsüberwachung

1.5 Das Zeitverhalten technischer Systeme

In der Automatisierungstechnik ist neben dem statischen Verhalten auch das dynamische Verhalten wichtig, denn dieses beschreibt die Reaktion eines Systems auf zeitlich veränderliche Eingangssignale. In der Reaktionszeit und der Art der

Reaktion auf ein zeitlich veränderliches Eingangssignal gibt es beträchtliche Unterschiede.

In der Steuerungstechnik ist der Zusammenhang zwischen Ursache und Wirkung sehr einfach zu beschreiben. Die Wirkung folgt mit einem Verzug. Der Verzug wird eindeutig durch die Verzögerungszeit T beschrieben (Bild 1.10).

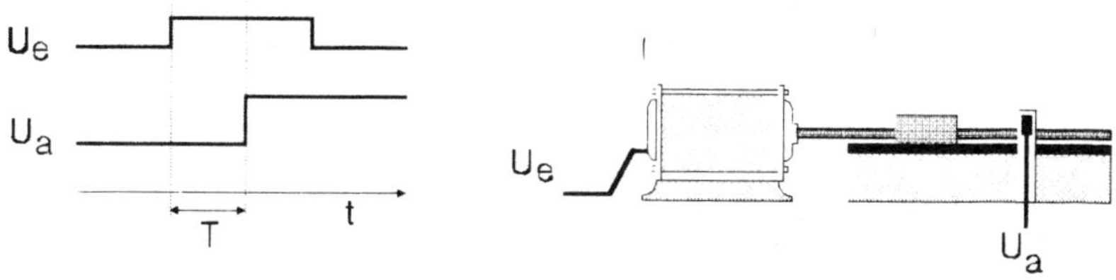

Bild 1.10 Zeitverhalten eines steuerungstechnischen Systems (U_e: Eingangsspannung, U_a: Ausgangsspannung)

Da in der Steuerungstechnik Ein- und Ausgangssignale nur zwei Signalpegel besitzen, gibt es nur wenige mögliche Verhaltensweisen bei Systemen mit einem Ein- und Ausgang.

In der Regelungstechnik ist die Situation anders. Die Signale der Regelungstechnik besitzen im Gegensatz zur Steuerungstechnik nicht zwei, sondern beliebig viele mögliche Signalpegel. Daher kann die Reaktion auf ein Eingangssignal die unterschiedlichsten Formen annehmen. Das Eingangssignal ist in der Praxis nicht nur sprungförmig, sondern hat einen beliebigen Verlauf. Die internen Wirkungen des Systems formen dieses Eingangssignal zu einem Ausgangssignal mit einem anderen zeitlichen Verlauf um (Bild 1.11).

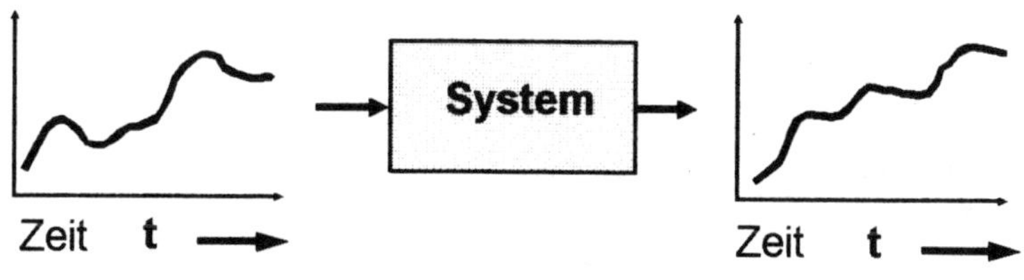

Bild 1.11 Signalantwort eines analogen Systems

Die Beschreibung des Zeitverhaltens ist die Voraussetzung, das Ziel der Regelungstechnik erreichen zu können, nämlich das Zeitverhalten technischer dynamischer Systeme zu beherrschen und ihnen einen bestimmten Zeitverlauf aufzuprägen.

Beispiel : Der Brennofen

In einem industriell eingesetzten Brennofen befinden sich folgende Elemente, die auf das regelungstechnische Verhalten einen Einfluß haben:

Das Gehäuse des Ofens mit einer Wärmeisolierung,
eine Heizung, in diesem Fall elektrisch,
eine Meßvorrichtung zur Bestimmung der Temperatur im Ofen.

Schaltet man die Heizung dieses Ofens ein, wird die gewünschte Temperatur erst mit einer Verzögerung erreicht. Das System benötigt also eine gewisse Zeit, um auf das Eingangssignal, in diesem Fall die Heizung, zu reagieren (Bild 1.12).

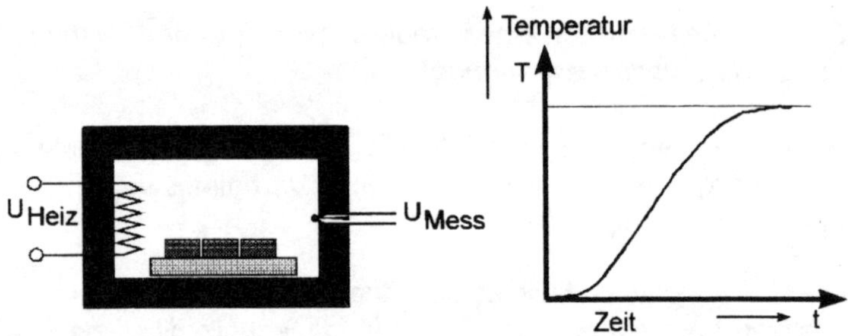

Bild 1.12 Sprungantwort eines Brennofens U_{Heiz}: Heizspannung, U_{Mess}: Spannung zur Messung der Temperatur)

Das Zeitverhalten technischer analoger Systeme läßt sich am einfachsten durch die Antwort des Systems auf ein Standardsignal beschreiben. Ein solches Standardsignal ist ein sprungförmiges Signal. Sprungförmige Signale entstehen zum Beispiel beim Einschalten. Hier entsteht ein Sprung von Null auf den endgültigen Signalpegel. Das System antwortet anschließend mit einer Veränderung seines Ausgangssignals. Der Verlauf des Ausgangssignals wird als Sprungantwort bezeichnet (Bild 1.13).

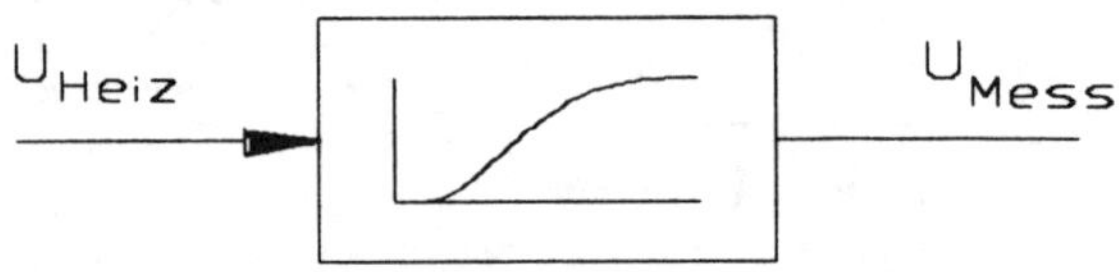

Bild 1.13 Symbol für die Sprungantwort eines Brennofens

Meßtechnisch wird eine Sprungantwort ermittelt, indem man einen Signalsprung an den Eingang eines analogen Systems anlegt und das Verhalten des Ausgangssignals auf einem xt-Schreiber aufzeichnet (Bild 1.14). Zusätzlich muß der Beginn des Eingangssignalsprungs und dessen Höhe festgehalten werden. Mit der Sprungantwort läßt sich das Zeitverhalten analoger Systeme eindeutig bestimmen, sofern sie (annähernd) linear sind.

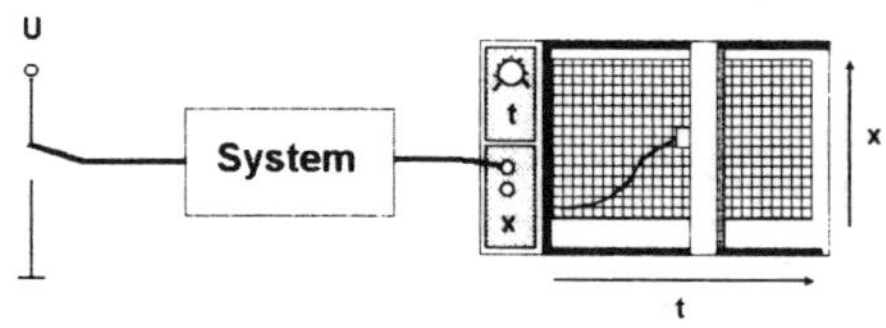

Bild 1.14 Aufzeichnung einer Sprungantwort (U: Spannung zur Anregung des Systems, x: Systemantwort, t: Zeit)

Beispiel: Kompensationswaage

Die in Bild 1.15 schematisch dargestellte elektrische Kompensationswaage besteht aus einem Waagebalken und einer elektromagnetischen Kompensationseinrichtung zur Kompensation der Gewichtskraft. Eine Photozelle mißt die Position des Balkens und meldet der Kompensationselektronik, ob eine Auslenkung des Waagebalkens vorliegt. Die Kompensationselektronik versucht dann die Waage im Gleichgewicht zu halten.

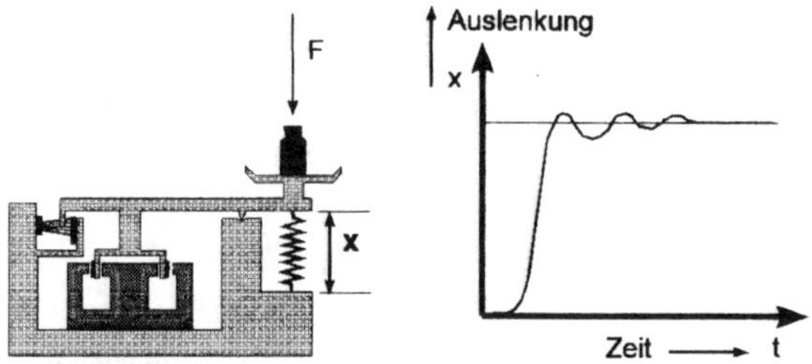

Bild 1.15 Sprungantwort einer Kompensationswaage (F: ausgeübte Kraft, x: Auslenkung der Waage)

Die Eingangsgröße dieses Systems ist die Kraft, die auf die Waagschale ausgeübt wird. Die Ausgangsgröße sei die Auslenkung des Waagebalkens. Nach der Auflage des Gewichtes pendelt der Waagebalken um eine Gleichgewichtsposition, wenn das System nur eine geringe Dämpfung besitzt. Die Schwingfähigkeit des Systems stammt von der Wirkung der Feder. Das Blocksymbol ist in Bild 1.16 dargestellt.

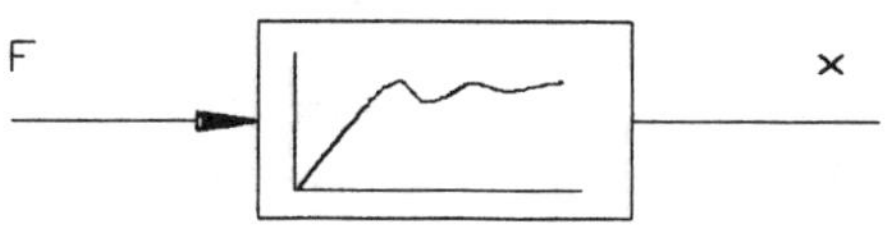

Bild 1.16 Blocksymbol für ein schwingfähiges Glied

1.6 Blockschaltbilder

Nun soll eine Darstellungsweise eingeführt werden, die für alle Fachbereiche gültig ist und ein aus der Sicht der Regelungstechnik exaktes Abbild des anlagetechnischen Verhaltens ermöglicht. In der Regelungstechnik werden dazu technische Systeme funktionell so untergliedert, daß mathematisch beschreibbare Einheiten entstehen.

Die kleinste Einheit ist ein Block. Jeder Block verfügt über Ein- und Ausgänge. Die Höhe und der zeitliche Verlauf der Ausgangssignale ist eine mathematische Funktion der Eingangssignale. Die Wirkungsrichtung innerhalb eines Blockes ist daher fest vorgegeben. Ein Block gibt eine Kennlinie oder eine Sprungantwort wieder (Bild 1.17).

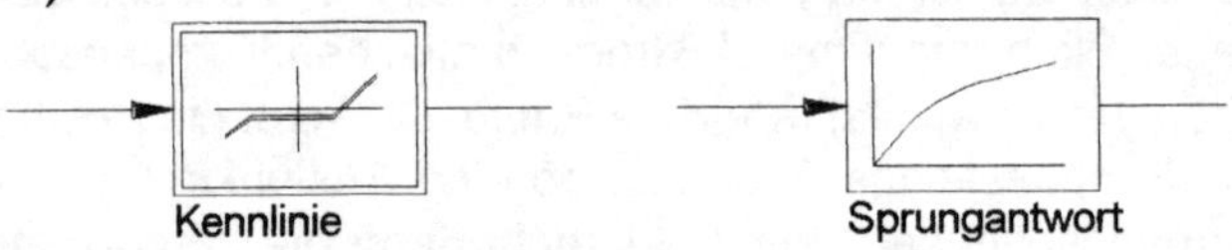

Bild 1.17 Blocksymbole für elementare Verhaltensweisen

In Blockschaltbildern wird das Verhalten technischer Systeme in grafischer Form mathematisch exakt wiedergegeben. Sie bestehen aus der Zusammenschaltung meist genormter Blöcke (Bild 1.18).

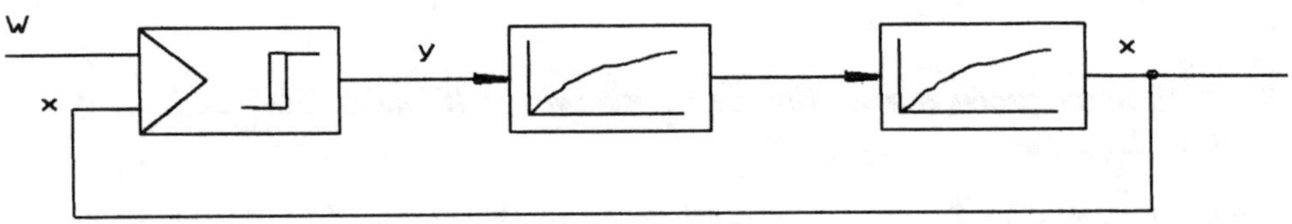

Bild 1.18 Beispiel für ein Blockschaltbild

Besitzt man ein mathematisch exaktes Abbild eines Systems, können heute alle Eigenschaften eines Systems ermittelt werden.

Derjenige, der mit Blockschaltungen vertraut ist, kann die wichtigen Eigenschaften eines Systems direkt ablesen. Mit Hilfe von Simulationsprogrammen können die Blockschaltbilder als Grundlage für den Entwurf von regelungstechnischen Systemen dienen. Daher lohnt sich die intensive Auseinandersetzung mit dieser Darstellungsart.

2 Steuern und Regeln

Das Konstanthalten oder das zeitliche Verändern einer analogen Größe stellt sich in der Praxis oft als schwierige Aufgabe dar, da zwischen Eingreifen und der zu beeinflussenden Größe ein technisches System liegt, das in der Regel träge reagiert. Die Lösung dieser Aufgabe wird entweder durch eine Regelung oder durch eine Steuerung erreicht.

Beispiel:

Das Problem, eine Temperatur auf einen gewünschten Wert einzustellen, läßt sich am Beispiel einer Dusche nachvollziehen. Dreht man den Warmwasserhahn auf, erhält man erst mit einer Verzögerung warmes Wasser. Der erste Versuch endet meistens mit dem Ergebnis, daß das Wasser zu heiß oder zu kalt ist. Erst nach einigen Einstellungen erhält man eine zufriedenstellende Temperatur.

Die Aufgabenbereiche Steuern und Regeln sind nicht immer einfach abzugrenzen. Das liegt daran, daß die technischen Systemen zugrunde liegenden Wirkungen nicht immer einfach zu erkennen sind. Oft liegen auch gemischte Systeme vor, in denen sich Steuerungen und Regelungen gegenseitig beeinflussen. Da aber Steuerungen und Regelungen sehr unterschiedliches Verhalten zeigen, ist eine genaue Betrachtung und Differenzierung dieser beiden technischen Bereiche nötig.

Es werden drei Grundaufgaben unterschieden:

1. **Konstanthalten der Aufgabengröße,**
2. **Aufprägen eines vorgegebenen festen zeitlichen Verlaufs,**
3. **Führen der Aufgabengröße in Abhängigkeit von anderen Prozeßgrößen.**

Der Weg, auf dem dieses geschieht, ist bei einer Steuerung und bei einer Regelung unterschiedlich. Daraus resultiert auch das unterschiedliche Verhalten von Steuerungen und Regelungen.

2.1 Steuern

Steuerungstechniker beschäftigen sich in erster Linie mit Steuerungssystemen, die binäre Ein- und Ausgangssignale besitzen. Die von dem Steuergerät veranlaßten Aktionen bestehen aus Ein- und Ausschaltsignalen. Der Prozeß meldet die Folgen dieser Aktionen über binäre Signale zurück. Es gibt auch Steuerungssysteme mit analogen Signalen. In diesen wirkt das Steuergerät, oder ein Zeitprogrammgeber über ein Stellgerät auf die Steuerstrecke und löst entsprechende Wirkungen bei analogen Aufgabengrößen aus.

Beispiel: Steuerung einer Abfüllanlage

Eine Abfüllanlage soll Flaschen abfüllen, die über ein Transportband transportiert werden. In diesem, in Bild 2.1 gezeigten Beispiel verläuft der Abfüllvorgang so, daß immer dann, wenn eine neue Flasche unter der Abfülleinrichtung steht, das Ventil eine fest vorgegebene Zeit lang geöffnet wird. Bei diesem Verfahren ist eine gleichmäßige Auffüllung der Flaschen nur dann gewährleistet, wenn der Füllstand in dem Behälter eine konstante Höhe hat. Die Konstanthaltung des Behälterfüllstandes soll im folgenden als die zu betrachtende technische Aufgabe angesehen werden. Soll diese Aufgabe mit steuerungstechnischen Mitteln gelöst werden, kann nach jedem Abfüllvorgang von der Steuerung ein Ventil über das Stellsignal y1 geöffnet werden, das dem Behälter eine bestimmte Zeit lang Flüssigkeit zuführt. Die Entnahme von Flüssigkeit wird über das Stellsignal y2 gesteuert.

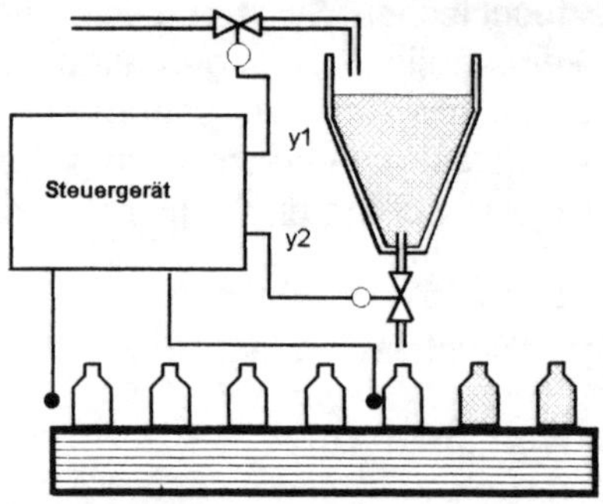

Bild 2.1 Steuerung von Füllständen in einer Abfüllanlage (y1: Stellsignal für das Auffüllventil, y2: Stellsignal für das Entnahmeventil)

Um bei Prozeßstillständen ein Überlaufen zu verhindern, muß der Abfüllprozeß ebenfalls auf die Steuerung Einfluß nehmen. Störgrößen dieses Systems sind zum Beispiel Lecks in den Ventilen oder Luftblasen, die die zugeführte und abgeführte Flüssigkeitsmenge verfälschen.

2.1.1 Die Steuerkette

Eine Steuerung zur Beeinflussung einer analogen Aufgabengröße x_A hat die Struktur einer Kette. Die Grundstruktur besteht aus zwei technischen Einheiten, dem Steuergerät und der Steuerstrecke. Dem Steuergerät wird eine Führungsgröße w vorgegeben, es beeinflußt eine Steuerstrecke über eine Stellgröße y, diese führt zur Bildung der Aufgabengröße x_A. Wirkungsmäßig handelt es sich bei diesem System um eine Serienschaltung der beiden technischen Einheiten, Bild 2.2.

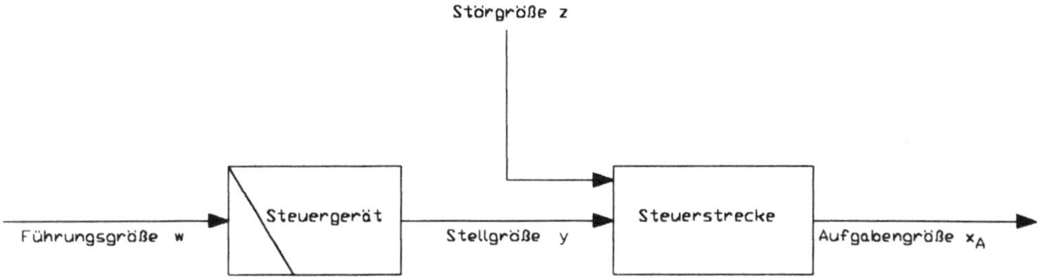

Bild 2.2 Prinzipieller Aufbau einer Steuerung

Eine oder mehrere Führungsgrößen w sind die Eingangssignale des Steuergerätes. Die Führungsgrößen sind im allgemeinen analoge Größen, die das Steuergerät beeinflussen und damit zu neuen Stellgrößen y führen.

Die Führungsgrößen können dem Steuergerät beispielsweise über Schalter oder Einsteller vorgegeben werden. In diesem Fall dient das Steuergerät zur Übertragung manuell eingestellter Werte auf einen Prozeß, um dort Aufgabengrößen zu verändern. In anderen Fällen werden Führungsgrößen über einen zeitabhängigen Programmgeber erzeugt. Hier handelt es sich um eine Zeitplansteuerung, die nach einem vorgegebenen Zeitplan die Führungsgröße für das Steuergerät verändert und damit zu einem zeitlich veränderlichen Verlauf der Aufgabengröße führt. Eine solche Steuerung ist zum Beispiel wichtig für Chargenprozesse. Dies sind Prozesse, in denen eine Charge, das Prozeßgut, zeitlich veränderlichen physikalischen Umgebungsbedingungen ausgesetzt wird. Die genaue zeitliche Veränderung einer oder mehrerer physikalischer Größen wird durch den Zeitplan festgelegt. Im einfachsten Fall wird eine solche zeitgeführte Ablaufsteuerung über Nockenwellen, die über einen Antriebsmotor bewegt werden und zum Ein- und Ausschalten von Logikpegelsignalen führen oder über Programmatten realisiert. Heute stehen für die Erzeugung von Zeitprogrammen leistungsfähige Geräte auf der Basis von Mikroprozessoren zur Verfügung. In besonderen Fällen kann die Führungsgröße auch aus Signalen des Prozesses berechnet werden, d.h. ein Prozeßsignal liefert die Führungsgröße zur Steuerung eines zweiten Prozeßsignals.

Das Steuergerät kann mechanisch, pneumatisch, hydraulisch, elektrisch oder elektronisch aufgebaut sein und dient dazu, die Führungsgröße w in eine Form umzuwandeln, die geeignet ist, eine vorgegebene Strecke zu beeinflussen. Dazu ist in der Regel eine Verstärkung oder Umformung der vorgegebenen Führungsgrößen notwendig. Die Umformung beinhaltet in der Regel die Überführung einer physikalischen Größe in eine andere. Zum Beispiel die Überführung einer Temperatur in einen elektrischen Strom. Eine zweite Aufgabe des Steuergerätes liegt in der Festlegung des quantitativen Zusammenhangs zwischen der Führungsgröße und der Stellgröße. In dem Steuergerät muß festgelegt sein, welche Stellgröße zu den eingegebenen Führungsgrößen w erzeugt wird. Es kann notwendig sein, auch eine zeitliche Reaktion des Steuergerätes festzulegen, die spezifiziert, wie sich eine Veränderung der Führungsgröße auf die Stellgröße auswirkt.

Die Steuerstrecke ist die zu steuernde Anlage oder der zu steuernde Prozeß. Die Strecke verfügt über eine Stellgröße y, durch die die Aufgabengröße x_A beeinflußt wird. Zusätzlich wirken in der Regel Störgrößen z auf die Steuerstrecke ein. Diese beeinflussen ebenfalls die Aufgabengröße x_A. Ist der Einfluß der Störgrößen z auf die Aufgabengröße x_A zu groß, kann unter Umständen eine aufgabengerechte Steuerung unmöglich werden. Die Ausgangsgröße der Steuerstrecke, die Aufgabengröße x_A, charakterisiert einen zu beeinflussenden Massenstrom, Energiefluß oder eine Produkteigenschaft. Beispiele für Aufgabengrößen sind Position, Füllstand, Durchfluß, Druck, Temperatur und der elektrische Strom.

In dem am Anfang genannten Beispiel der Füllstandssteuerung ist die Führungsgröße des Steuergerätes ein Zeitprogramm, das bestimmt, wie lange die Dosierpumpe oder das Ventil geöffnet werden sollen, wenn ein Behälter die Füllposition erreicht hat. Das Steuergerät verfügt über zwei Stellgrößen y_1 und y_2, über die es auf die Dosierpumpe und das Stellventil Einfluß nimmt. Die Aufgabengrößen sind die Füllstände in den Flaschen bzw. in dem Vorratsbehälter, aus dem die Flüssigkeit entnommen wird. Die Steuerstrecke besteht aus Dosierpumpe, Vorratsbehälter, Entnahmeventil und Rohrleitungen.

2.1.2 Stellglieder

In vielen Fällen ist zwischen dem Steuergerät und dem zu steuernden Prozeß ein Stellglied geschaltet, Bild 2.3. Das Steuergerät liefert eine pneumatische oder elektrische Größe, die nur dazu dient, eine Steuerungsinformation an das Stellglied zu übermitteln. Das Stellglied dient zur Übertragung der Steuerungsinformation auf den Prozeß. Dazu ist in der Regel eine leistungsmäßige Verstärkung des Signals von einem Normsignal 4...20 mA in ein Leistungssignal von 0...5 A zur Ansteuerung eines Motors notwendig und die Umwandlung einer physikalischen Größe in eine andere, beispielsweise die Umwandlung des elektrischen Stromes am Eingang eines Motors in eine mechanische Bewegung. Das Stellglied ist in der Regel fest mit dem zu steuernden Prozeß oder der zu steuernden Anlage verbunden, während das Steuergerät dezentral angeordnet sein kann. Dieses überträgt dann seine Information über eine größere Entfernung auf das Stellglied.

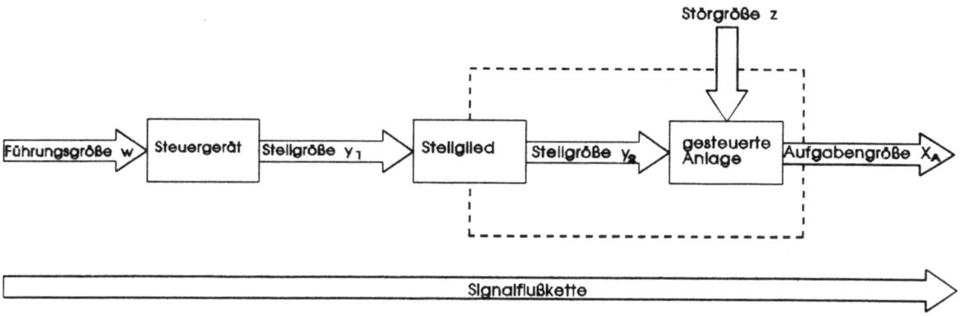

Bild 2.3 Gliederung einer Steuerkette mit Stellglied

Durch die Einschaltung des Stellgliedes unterscheidet man zwischen zwei verschiedenen Stellgrößen. Die erste Stellgröße y_1 dient lediglich der Informationsübertragung und die zweite Stellgröße y_2 dient zur Leistungsumwandlung und Übertragung auf den Prozeß.

Definition

Ziel einer Steuerung ist die Beeinflussung einer Aufgabengröße x_A durch eine Führungsgröße w. In einer Steuerung beeinflußt die Aufgabengröße x_A nicht rückwirkend die Erzeugung der Stellgröße y. Zusätzlich zu der Führungsgröße wirken auf die Strecke Störgrößen ein, die einen Einfluß auf die Aufgabengröße x_A haben.

Definition der Steuerung nach DIN 19226 :

"Das Steuern - die Steuerung" - ist der Vorgang in einem System, bei dem eine oder mehrere Größen als Eingangsgrößen andere Größen als Ausgangsgrößen aufgrund der dem System eigentümlichen Gesetzmäßigkeit beeinflussen. Kennzeichen für das Steuern ist der offene Wirkungsablauf über das einzelne Übertragungsglied oder die Steuerkette.

2.2 Regeln

Analoge Größen lassen sich mit Hilfe von Steuerungen oft nur sehr unvollkommen beherrschen. Dies ist darauf zurückzuführen, daß die Strecke neben den von der Steuerung erzeugten Stellgrößen von Störgrößen beeinflußt wird. Die Wirkung der Störgrößen ist oft nicht direkt meßbar und kann daher bei der Steuerung nicht berücksichtigt werden. Ist der Einfluß der Störgrößen groß, kann die Steuerung die gestellte technische Aufgabe nicht sinnvoll lösen.

Steuerungen haben auch Probleme, die Aufgabengröße bei zeitlich variablen Führungsgrößen zu beeinflussen. Der Grund dafür ist, daß die Steuergröße die Aufgabengröße oft nur über einen Umweg beeinflußt. Dies führt dazu, daß die Aufgabengröße erst mit einer gewissen Verzögerung der Steuergröße folgt. In einigen Fällen ist es so, daß es bei einer stoßförmigen Anregung der Steuerstrecke durch die Steuergröße zu einem Einpendeln der Aufgabengröße kommt. In diesen Fällen ist die Aufgabengröße nicht starr an die Steuergröße gekoppelt.

Hier liegt die Motivation, Regelungen einzuführen. Bei der Regelung wird im Gegensatz zur Steuerung die Aufgabengröße gemessen und mit der Führungsgröße verglichen. Dieser Vergleich erfolgt ständig. Treten Abweichungen von der gewünschten Größe auf, werden Aktionen veranlaßt. Wenn langfristig keine Abweichung eintritt, wird die Steuerstrecke nicht beeinflußt. Der Vergleich erfolgt über eine Differenzbildung zwischen der Führungsgröße und der Regelgröße. Die Differenz dieser beiden Größen wird vom Regler verarbeitet und beeinflußt die Regelstrecke.

Beispiel: Füllstandsregelung

Die Aufgabenstellung aus dem Beispiel der Abfüllanlage läßt sich, wenn an Stelle der Steuerung eine Regelung vorgenommen wird, wesentlich einfacher beherrschen. Hier spricht man von einer Füllstandsregelung. Bei einer Füllstandsregelung wird das Niveau im Behälter gemessen und in Abhängigkeit vom gemessenen Niveau der Zulauf zum Behälter geregelt. Die geregelte Abfüllanlage ist in Bild 2.4 dargestellt.

Das Niveau des Behälters wird als analoges Signal gemessen. Bei dieser Art von Füllstandsregelung ist der Füllstand des Behälters auf einen konstanten Wert zu halten. Der gemessene Füllstand und der angestrebte Füllstand werden ständig verglichen. Stellt der Regler fest, daß der angestrebte Füllstand unterschritten wird, öffnet er das Ventil. Je größer die Abweichung der Füllhöhe von der vorgegebenen Höhe ist, desto stärker wird das Zulaufventil geöffnet. Dies führt zur Auffüllung des Behälters. Ist der angestrebte Füllstand erreicht, wird das Ventil geschlossen.

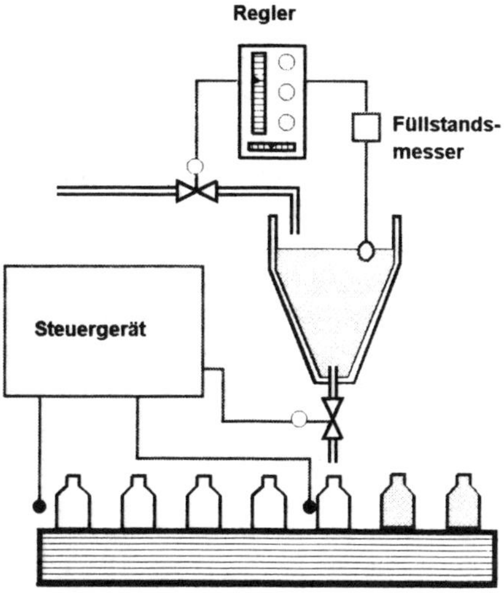

Bild 2.4 Beispiel der Regelung eines Füllstandes

Dieses Regelungssystem ist in der Lage, unabhängig von den an den Prozeß abgeführten Flüssigkeitsmengen den Füllstand des Behälters zu halten. Unabhängig von anderen Störgrößen, wie Leckagen oder Ungenauigkeiten in der Arbeitsweise des Ventils, wird der vorgegebene Füllstand immer wieder erreicht werden. Eine Regelung benötigt also keine Kenntnis der Störgrößen, um eine Aufgabengröße zu kontrollieren.

2.2.1 Der Regelkreis

Ziel eines Regelkreises ist die ständige Überwachung der Aufgabengröße x durch den Regler. Treten Abweichungen zwischen der Führungsgröße w und der Regelgröße x auf, muß der Regler die Stellgröße y verändern. Die Führungsgröße w des Reglers nennt man auch Sollwert. Die Bezeichnung benutzt man insbesondere dann, wenn die Führungsgröße w für den Regelkreis konstant ist. Wenn also der Sollwert des Regelkreises fest eingestellt ist oder manuell über einen Einsteller vorgegeben werden kann. Dies ist bei einem großen Teil der Regelkreise der Fall. Wie bei einer Steuerung kann die Führungsgröße auch mit einem Zeitprogrammgeber zeitabhängig erzeugt werden oder sie kann prozeßabhängig sein. Bei einer prozeßabhängigen Führungsgröße spricht man von einer Folgeregelung.

Der Regelkreis (Bild 2.5) hat in diesem Fall die Aufgabe, die Aufgabengröße x_A so zu beeinflussen, daß diese einer vorgegebenen, zeitlich veränderlichen Führungsgröße w so schnell wie möglich folgt. Wie bei einer Steuerung erzeugt auch der Regler eine Stellgröße y. Diese wirkt auf die Regelstrecke ein. Die Regelstrecke ist definiert als der Wirkungsweg zwischen Stellort (Angriffspunkt der Stellgröße) und dem Ort, an dem die Regelgröße gemessen wird. Prinzipiell müssen Aufgabengröße und Regelgröße nicht identisch sein. Dies ist dann der Fall, wenn die Aufgabengröße nicht direkt gemessen werden kann. In diesem Fall benutzt man eine meßbare Größe, die mit der Aufgabengröße in Zusammenhang steht und führt die meßbare Größe zum Regler zurück. Die Größe, die in der Regelstrecke gemessen wird und dem Regler als Istwert zugeführt wird, nennt man Regelgröße x.

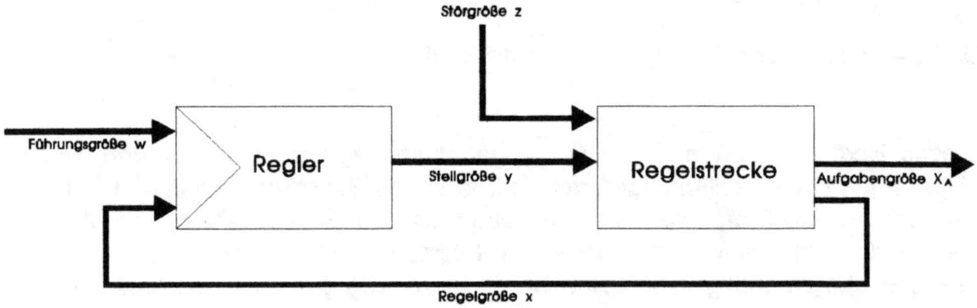

Bild 2.5 Prinzipieller Aufbau eines Regelkreises

Bei der Konzipierung eines Regelkreises ist es wichtig, darauf zu achten, daß innerhalb des Regelkreises eine Wirkungsumkehr stattfindet. Von einer Wirkungsumkehr spricht man, wenn die Stellgrößen immer den Störungen entgegenwirken. Das heißt, wenn eine Störgröße die Regelgröße x erhöht, muß der Regler eine Stellgröße in der Art erzeugen, daß die Regelgröße x wieder sinkt. Wäre dies nicht der Fall, läge in dem System eine Mitkopplung vor. Diese würde dazu führen, daß Störungen verstärkt werden und der Regler ständig in einen Anschlag läuft. Er wäre dann nicht mehr in der Lage, innerhalb des Systems ein Gleichgewicht zu halten.

Definition

Ziel einer Regelung ist die Beeinflussung einer Aufgabengröße x_A in der Weise, daß eine möglichst kleine Abweichung von einer vorgegebenen Führungsgröße w auftritt. Dies wird durch ständige Überwachung der Aufgabengröße realisiert. Auf diese Weise können Störgrößen durch geeignete Stellgrößen ausgeglichen werden.

Definition der Regelung nach DIN 19226

"Das Regeln - die Regelung" ist ein Vorgang, bei dem eine Größe, die zu regelnde Größe (Regelgröße) fortlaufend erfaßt, mit einer anderen Größe, der Führungsgröße verglichen und abhängig vom Ergebnis dieses Vergleichs im Sinne einer Angleichung an die Führungsgröße beeinflußt wird. Der sich dabei ergebende Wirkungsablauf findet in einem geschlossenen Kreis, dem Regelkreis statt. Die Regelung hat die Aufgabe, trotz störender Einflüsse den Wert der Regelgröße an den durch die Führungsgröße vorgegebenen Wert anzugleichen, auch wenn dieser Angleich im Rahmen gegebener Möglichkeiten nur unvollkommen geschieht.

2.2.2 Der Regelkreis in der Praxis

In der Praxis kommen zu dem in Bild 2.5 zuerst gezeigten, vereinfachten Regelkreisschema weitere Glieder hinzu. Diese sind in Bild 2.6 dargestellt. Wie bei einer Steuerung besitzt der Regelkreis in der Praxis zusätzlich noch ein Stellglied. Das Stellglied hat die Aufgabe, die von dem Regler übermittelte Stellgröße y_r in einer Weise zu verstärken und umzuformen, die geeignet ist, die Aufgabengröße x_A leistungsmäßig zu beeinflussen. Die Stellgröße, die direkt auf die Regelstrecke einwirkt, nennt man y_s.

Neben dem Stellglied kommt noch das Meßglied hinzu, Bild 2.6. Dieses dient dazu, physikalische Größen der Regelstrecke zu messen und in eine Regelgröße umzuformen, die der Regler verarbeiten kann. Solche Meßglieder sind zum Beispiel Füllstandsmesser, Temperatursensoren oder Drucksensoren. Bei der Auslegung eines Regelkreises ist der Einsatz eines geigneten Meßgliedes eine wichtige Teilaufgabe.

Der Art des eingesetzten Reglers entsprechend ist der Zusammenhang zwischen der Regeldifferenz und der Stellgröße unterschiedlich. Je nach Art des Prozesses und nach erforderlicher Genauigkeit muß der Regler mehr oder weniger empfindlich auf die Regeldifferenz reagieren. Dies führt zu unterschiedlichen Beträgen der Stellgröße bei identischer Regeldifferenz.

Außerdem kann ein Regler auf eine zeitliche Veränderung der Regeldifferenz unterschiedlich reagieren. Es gibt Regler, die sehr langsam auf Änderungen antworten, andere dagegen antworten sehr schnell. Es gibt auch kombinierte Regler, die zunächst sehr schnell reagieren, aber dann sehr langsam auf den richtigen Wert zulaufen. Die Art, in der ein Regler eine Regelabweichung bekämpft, nennt man sein Zeitverhalten. Das Zeitverhalten des Reglers ist ein Charakteristikum, in dem sich Regler unterscheiden.

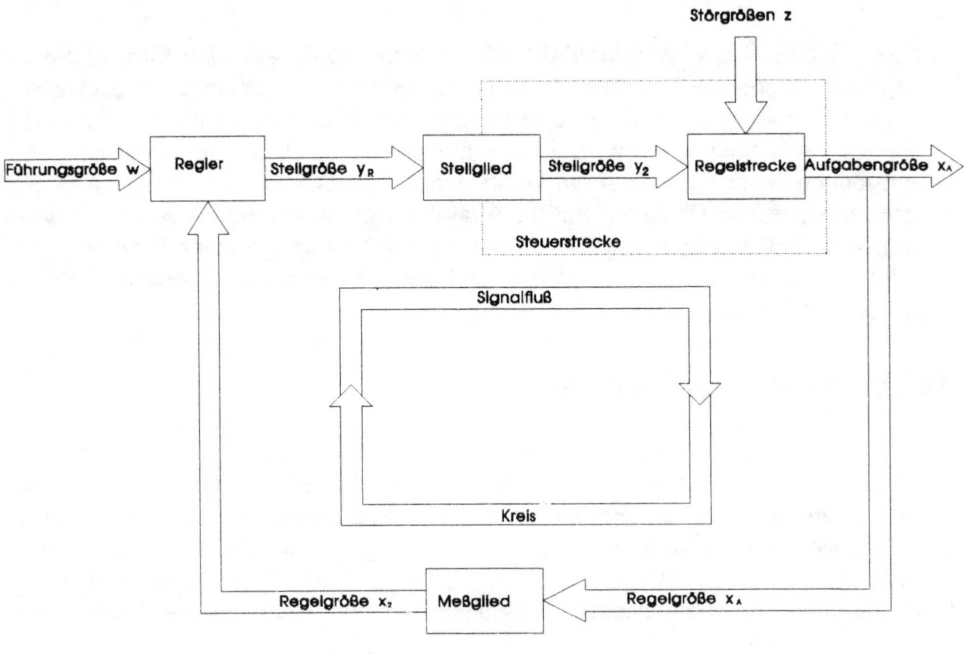

Bild 2.6 Gliederung eines Regelkreises mit Stellglied und Meßglied

Zusammenfassend kann man sagen, daß bei einem Regelvorgang hintereinander folgende Funktionen ausgeführt werden müssen:

1. Messen der Regelgröße,
2. Vergleichen der Regelgröße mit der Führungsgröße,
3. Erzeugung eines zeitabhängigen Verhaltens der Stellgröße im Regler,
4. Stellen.

Das Zusammenwirken entsprechender Funktionsglieder eines Reglers ist in Bild 2.7 dargestellt. In regelungstechnischen Graphiken können die einzelnen Elemente des Regelkreises unterschiedlich angeordnet sein. Besonders bei umfangreicheren regelungstechnischen Schaltungen kann eine kreisförmige Anordnung der regelungstechnischen Glieder günstiger sein. Dies ist in Bild 2.8 dargestellt.

2.3 Vergleich von Steuern und Regeln

2.3.1 Beispiel: Heizungsregelung

Ein System, in dem sowohl steuernde, als auch regelnde Elemente auftreten, ist die Heizungsregelung eines Wohnhauses (Bild 2.9).

Die Heizung eines Wohnhauses soll nach heutigem technischen Verständnis ständig eine angenehme Raumtemperatur zur Verfügung stellen, allerdings mit einem möglichst geringen Einsatz von Energie. Die für den Menschen angenehme Raumtemperatur schwankt dabei im Laufe eines Tages. Das gleiche gilt für den Heizbedarf, der am Tage anders ist, als in der Nacht. Der Heizbedarf hängt unter anderem von der Außentemperatur ab. Moderne Heizungen regeln daher die Vorlauftemperatur, d.h. die Temperatur des in die Heizkörper hineinfließenden Wassers abhängig von der Außentemperatur. Dazu ist an der Nordseite ein Außentemperaturfühler angebracht, der der Heizung die Außentemperatur mitteilt.

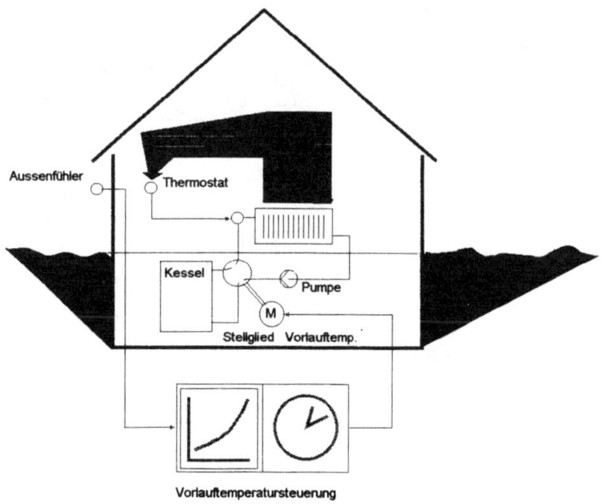

Bild 2.9 Prinzipschema der Heizungsanlage eines Hauses

Bild 2.7 Funktionsglieder eines Reglers

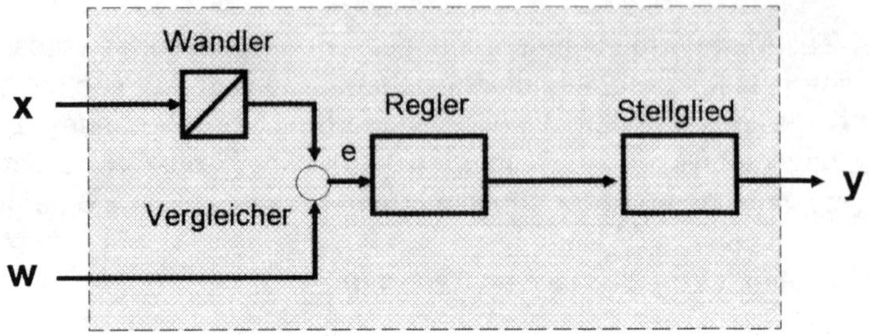

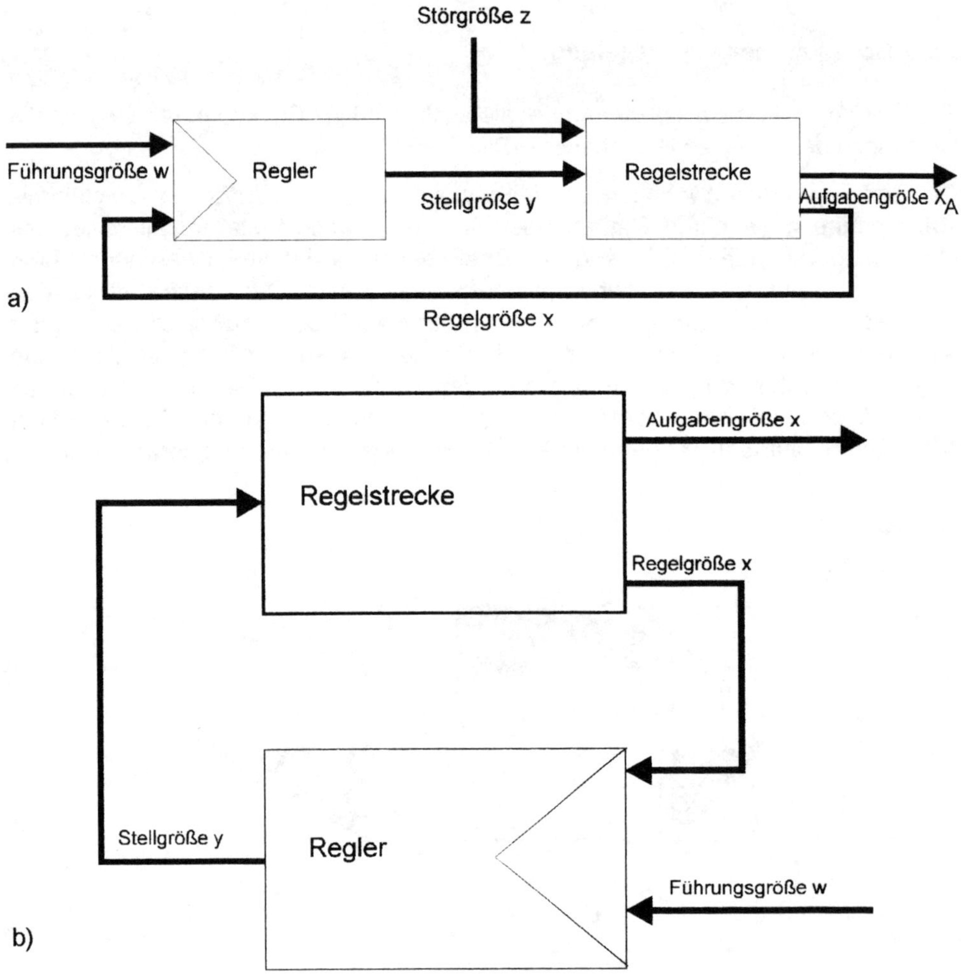

Bild 2.8 Verschiedene graphische Darstellungen eines Regelkreises; a) Regler und Strecke hintereinander angeordnet, b) Regler und Strecke kreisförmig angeordnet

Über veränderliche Anpassungskurven läßt sich der Zusammenhang zwischen Außentemperatur und Vorlauftemperatur einstellen. Die geeignete Kurvenform und Lage dieses Zusammenhanges muß durch technische Kenntnis oder Probieren gefunden werden. Außerdem wird für einstellbare Zeitspannen die Vorlauftemperatur abgesenkt (nachts). Auf diese Weise können bei geschickter Einstellung pro Grad Celsius Absenkung der Vorlauftemperatur immerhin 5-8% der Heizenergie eingespart werden.

Betrachtet man den Wirkungsverlauf zwischen der Außentemperatur und der Vorlauftemperatur, sieht man, daß es sich um eine Steuerung handelt. Die Außentemperatur wird über einen Temperaturfühler, der an einer sonnenabgewandten Seite des Hauses angebracht ist, gemessen. Der Temperaturwert wird anschließend einer Anpassungskurve zugeführt. Diese legt den quantitativen Zusammenhang zwischen Außentemperatur und Vorlauftemperatur fest. Der genaue Verlauf dieser Kurve hängt u.a. von der Art und Größe der Heizkörper und von der Lage des Hauses ab. Die entsprechende Einstellung wird in der Regel von dem Heizungsinstallateur vorgenommen. Eine zusätzliche Zeitschaltuhr sorgt für eine Nachtabsenkung der Vorlauftemperatur. Da es ausgeschlossen ist, daß die Vorlauftemperatur die Außentemperatur des Hauses beeinflußt, handelt es sich hier um eine reine Steuerung, die auf der einen Seite die Elemente eines Zeitplanes enthält und auf der anderen Seite die Elemente einer Führungssteuerung. An diesem Beispiel sieht man auch, daß bei einer Steuerung der genaue betragsmäßige Zusammenhang zwischen Ein- und Ausgangsgröße festgelegt werden muß, damit die Steuerung sinnvoll arbeiten kann.

Man hat hier aber noch einen zweiten Wirkungskreis. Die Heizung erwärmt Wasser und führt dieses über eine Pumpe und ein Rohrsystem den Heizkörpern zu. Innerhalb des Gebäudes ist ein Temperaturfühler angebracht, der wiederum auf die Heizung einwirkt. Da die hier gemessene Temperatur von der Wirkung der Heizung abhängt, handelt es sich bei diesem Wirkungskreis um eine Regelung.

Auf das Heizungssystem wirken äußere Störgrößen ein. Äußere Störgrößen für das Heizungssystem sind unter anderem die Außentemperatur und der Wind. Der Wirkung einer Absenkung der Außentemperatur wird über die oben beschriebene Vorlauftemperatursteuerung sofort entgegengewirkt. Man kann auch die Außentemperatur des Hauses als Hauptstörgröße für das Heizungssystem auffassen. In diesem Fall ist es so, daß der Hauptstörgröße über die Vorlauftemperatursteuerung entgegengewirkt wird. Wäre der quantitative Zusammenhang exakt bekannt, würde die Vorlauftemperatursteuerung ausreichen, um bei wechselnden Außentemperaturen die Innentemperatur des Hauses konstant zu halten. Eine weitere Störgröße ist z.B. der Wind. Die Windgeschwindigkeit führt über eine Abkühlung des Hauses zu einer erhöhten Heizlast. Ihre Wirkung kann durch die Heizungsregelung ausgeglichen werden. Die Steuerung erhält keine Informationen über den Wind und kann daher dieser Störgröße nicht entgegenwirken.

Aus diesem Beispiel ergeben sich folgende Sätze:

Eine Steuerung kann nur auf die Störgrößen reagieren, die von vornherein berücksichtigt sind und richtig angepaßt wurden.

Eine Regelung kann jeder Störgröße entgegenwirken, die auf das System einwirkt und die Aufgabengröße beeinflußt.

Wird in unserem Beispiel ein ungeeigneter Regler eingesetzt, kann es passieren, daß die Heizung auf jede äußere Störung sehr stark reagiert. Bedingt durch die Zeit, die zwischen dem Aufheizen des Heizkörpers und der Messung der zu hohen Temperatur durch den Thermostaten verstreicht, kann es zu Überhöhungen der Temperatur kommen. Da dieser Vorgang sich ständig wiederholt, kann die Regelung überschwingen, bzw. auch instabil reagieren. Eine Steuerung dagegen neigt nicht zum Überschwingen oder zu Instabilitäten.

Durch die Regelung einer Regelstrecke kann ein schwingendes Verhalten des Gesamtsystems hervorgerufen werden.

Das Verhalten eines geschlossenen Regelkreises und die Möglichkeit des Regelkreises instabil zu werden, wird in einem späteren Kapitel besprochen.

2.3.2 Wirkrichtung und Betrag der Stellgrößen

Bei Regelungen und Steuerungen analoger Aufgabengrößen, sind unterschiedliche Kenntnisse der zu beeinflussenden Strecke notwendig. Bei einer Steuerung muß die Wirkrichtung und der Betrag der Stellgröße genau festgelegt werden, um sicher zu gehen, daß die Aufgabengröße in der gewünschten Weise beeinflußt wird. Können in der Steuerungsstrecke zusätzlich Störungen eingreifen, müssen auch diese Störungen erfaßt und die Auswirkung auf die zu steuernde Größe vom Steuergerät her kompensiert werden. Dies erfordert eine hohe Präzision der Steuerung und des Stellgliedes, sowie ein reproduzierbares Verhalten der Steuerstrecke.

Bei der Regelung ist die Situation anders. Hier ist die Wirkrichtung von vorrangiger Bedeutung. Der Betrag, in dem auf die Strecke eingewirkt wird, ist hier nur von zweitrangiger Bedeutung. Voraussetzung ist, daß die Aufgabengröße ständig meßtechnisch erfaßt und mit der Führungsgröße verglichen wird. Entscheidend ist, daß die Differenz dieser beiden Größen so auf den Regler aufgeschaltet wird, daß eine Wirkungsumkehr in dem gesamten Regelkreis erreicht wird, das heißt, daß die Stellgröße den Störungen immer entgegenwirken kann.

Die präzise betragsmäßige Festlegung, in welcher Höhe ein Stellsignal erfolgt, ist zwar für eine exakte, hochwertige Regelung wichtig, ist aber verglichen mit einer Steuerung von zweitrangiger Bedeutung.

Steuerungen und Regelungen unterscheiden sich wie folgt: bei der Regelung wird die Aufgabengröße über den Stelleingang auf den Regler zurückgeführt. Daraus folgt: bei der Steuerung einer analogen Größe besteht immer ein ***offener Wirkungsweg***, während bei der Regelung immer ein ***geschlossener Wirkungsweg*** vorliegt.

Die Entscheidung, ob eine Regelung oder eine Steuerung vorliegt, ist nicht immer einfach zu treffen. Dies ist deswegen der Fall, weil die Wirkung innerhalb einer technischen Anlage nicht nur über automatisierungstechnische Einrichtungen übertragen wird, sondern auch über physikalische Vorgänge innerhalb der Strecke. In dem Beispiel der Heizung eines Hauses wurde der Wirkungskreis zwischen dem Heizkörper und dem Thermostaten über die Luft eines Zimmers geschlossen.

Nimmt man verfahrenstechnische Anlagen, so hat man hier eine Reihe von technischen Systemen, die im Zusammenhang wirken. Hier ist es oft schwierig zu erkennen, ob eine automatisierungstechnische Einrichtung steuert oder regelt. Dies sei an dem Beispiel einer Durchflußregelung erläutert. Normalerweise ist es so, daß die Wirkungsrichtung und der Wirkungsweg übereinstimmen. Das heißt, wenn ein Massestrom innerhalb einer Anlage vorhanden ist, breitet sich die Wirkungsrichtung mit dem Massestrom aus. Dies ist bei dem Durchfluß einer Flüssigkeit anders. Hier ist es gleich, ob die Messung des Durchflusses vor oder hinter einem Ventil erfolgt, da der Fluß durch die gesamte Rohrleitung konstant ist. Daher ist bei der Untersuchung der Funktionsweise eines technischen Gerätes immer eine sorgfältige Überlegung der internen Wirkungen notwendig.

2.3.3 Voraussetzungen für das Steuern und Regeln

Die Voraussetzung für das Steuern ist, daß die Steuerstrecke sich determiniert verhält und sämtliche Störgrößen, die von Bedeutung sind, erfaßbar sind und von dem Steuergerät kompensiert werden können.

Eine Voraussetzung für eine funktionierende Regelung ist die meßtechnische Erfaßbarkeit der Aufgabengröße oder einer entsprechenden Ersatzgröße.

Die eigentliche Aufgabengröße ist nicht immer mit einem vertretbaren Aufwand einer direkten Messung zugänglich. Daher muß man in der Praxis oft zwischen Aufgabengrößen und Regelgrößen unterscheiden. Die Regelgröße ist diejenige Größe, die tatsächlich wieder auf den Regler zurückgeführt wird. Die Aufgabengröße ist die Größe, die auf Grund der gestellten technischen Aufgabe beherrscht werden muß.

Ein Beispiel für die Unterschiedlichkeit der Aufgaben- und der Regelgröße ist die Regelung eines Elektromotors. Hier tritt oft das Problem auf, daß das Drehmoment die Aufgabengröße dieser Motorregelung ist. Das Drehmoment eines Motors ist jedoch nur relativ aufwendig zu messen. Daher greift man auf eine andere technische Größe zurück, um das Drehmoment indirekt zu messen. Die bei einem Elektromotor gegebene entsprechende Regelgröße ist der Ankerstrom. Der Ankerstrom eines Elektromotors ist in der Regel proportional zum Drehmoment. In Tabelle 2.1 sind einige Beispiele unterschiedlicher physikalischer Größen für Aufgaben- und Regelgröße zusammengestellt.

Tabelle 2.1 Gegenüberstellung von Aufgaben- und Regelgrößen

Aufgabengröße x_A	Regelgröße x
Drehmoment eines Elektromotors	Ankerstrom
Viskosität einer zu rührenden Masse	Ankerstrom des Motors
Feuchtigkeit von Holz	Elektrische Leitfähigkeit
Durchfluß von Gasen und Flüssigkeiten	Differenzdruck an einer Blende
Füllstand von Schwerkraftmühlen	gemessene Lautstärke

2.3.4 Verhalten bei Einfluß von Störgrößen

Bei der Steuerung analoger Größen können Störungen nur dann kompensiert werden, wenn diese bekannt und in ihren Auswirkungen quantitativ genau festgelegt werden können. In dem Beispiel der Heizungsanlage war dies der Einfluß der Außentemperatur. Über eine Kennlinie wurde der Einfluß der Außentemperatur auf das Heizungssystem kompensiert.

Bei Regelungen ist die Situation anders. Störungen können in der Regel von einer Regelung beherrscht und kompensiert werden. Zu beachten ist, daß eingreifende Störgrößen nicht an jeder Stelle im Regelkreis kompensiert werden können. Daher soll hier kurz jedes Element des Regelkreises auf sein Störverhalten untersucht werden.

Greift eine Störung in das Verhalten des Stellgliedes ein, überträgt sich die Störung vom Stellglied auf die Regelstrecke und beeinflußt damit die Aufgabengröße, Bild 2.5. Wird bedingt durch diese Störung die Aufgabengröße kleiner, wird dies dem Regler mitgeteilt und der Regler mißt eine Differenz zwischen der Regelgröße und der Führungsgröße. Der Regler reagiert auf diese Differenz und regelt die Größe aus.

Störungen, die in die Strecke eingreifen, können naturgemäß ebenfalls ausgeregelt werden.

Greift eine Störung in die Meßeinrichtung ein, spiegelt diese Störgröße eine falsche Regelgröße vor und beeinflußt damit wieder den Regler. Wird eine zu hohe Regelgröße vorgetäuscht, reagiert der Regler indem er die Regelgröße so beeinflußt, daß sie heruntergefahren wird. Da aber die Regelgröße gar nicht gestört war, führt dies zu einer Verfälschung des Regelverhaltens. Es ist daher wichtig, folgenden Merksatz zu beachten:

Störungen, die zwischen der Erfassung der Regelgröße und der Differenzbildung mit der Führungsgröße eingreifen, können von Regelsystemen nicht beherrscht werden.

Ein Regler kann einen Prozeß nie genauer regeln, als er Informationen über den Prozeß erhält.

Dieser Sachverhalt läßt sich auch anders ausdrücken: Durch die Rückführung von Regelgrößen erhält der Regler Informationen über den zu regelnden Prozeß. Störungen in der Rückführung der Regelgröße bewirken einen Informationsverlust oder eine Informationsverfälschung. Dies ist besonders bei der Auslegung von Sensoren und bei der Wandlung und Übertragung der Sensorsignale zum Regler zu beachten. Störeinflüsse oder Informationsverluste, die hier auftreten, können hinterher durch die Regelung prinzipiell nicht mehr aufgefangen werden. Daher ist bei der meßtechnischen Erfassung und Übertragung von Regelgrößen mit großer Sorgfalt zu arbeiten.

Man kann dies noch allgemeiner fassen: Bei einem Regelkreis sind alle Einzelglieder des Regelkreises maßgebend.

Jedes Einzelglied des Regelkreises ist gleichberechtigt an dem Gesamtverhalten beteiligt.

Die Qualität einer Regelung wird von dem schwächsten Glied eines Regelkreises begrenzt.

3 Regelstrecken

Bevor das Verhalten von Reglern und die Arbeitsweise von Regelkreisen ausführlich untersucht werden, behandelt dieses Kapitel zunächst die Regelstrecke, Bild 3.1. Auch in der Praxis ist die Untersuchung der Eigenschaften einer Regelstrecke Voraussetzung für die Entwicklung und die Einstellung eines Reglers. Nach einigen prinzipiellen Betrachtungen über Regelstrecken wird zuerst definiert, welche Glieder in einem technischen System zu einer Regelstrecke gehören. Anschließend werden meßtechnische Verfahren angegeben, mit deren Hilfe eine Regelstrecke charakterisiert werden kann. Auf der Basis dieser Meßmethoden lassen sich grundlegende Typen von Regelstrecken unterscheiden. Die grundlegenden Typen im dynamischen Verhalten werden anschließend untersucht und quantitativ beschrieben. Es zeigt sich, daß alle technischen Regelstrecken aus einigen wenigen elementaren Gliedern zusammengesetzt werden können. Zunächst werden die einzelnen elementaren Glieder besprochen, anschließend wird das Regelstreckenverhalten untersucht, das sich auf der Basis mehrerer elementarer Glieder ergibt. Am Ende der Untersuchung steht dann die Einführung einer einfachen mathematischen Größe, mit deren Hilfe der Schwierigkeitsgrad einer Strecke beurteilt werden kann. Außerdem ist es möglich, die genaue Einstellung eines Reglers mit Hilfe von zwei einfach bestimmbaren technischen Größen anzugeben.

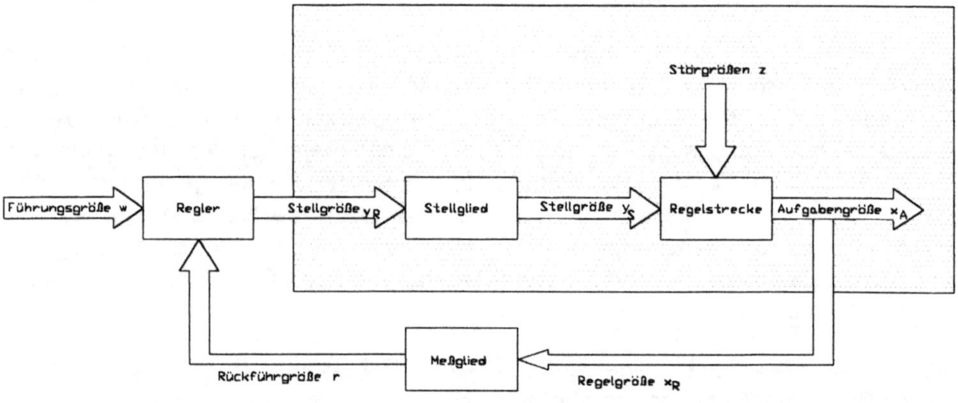

Bild 3.1 Ausschnitt aus dem Regelkreis: Regelstrecke

Die Regelstrecke ist der aufgabenmäßig zu beeinflussende Teil einer Anlage oder eines Prozesses. In der Praxis ist eine Regelstrecke die zu regelnde Anlage, oder der zu regelnde Prozeß. Eine Regelstrecke umfaßt daher normalerweise eine

Reihe von Gliedern einer Anlage. Die Eingangsgrößen einer Regelstrecke sind die von dem Regler stammenden Stellgrößen y_R. Die Ausgangsgrößen der Regelstrekken sind die Aufgabengrößen x_A und die Regelgrößen x_R. Aufgaben- und Regelgrößen können, müssen aber nicht identisch sein. Zu diesen, in technischen Systemen vorgesehenen Größen kommen noch die Störgrößen. Störgrößen sind bedingt durch äußere Einflüsse auf die Regelstrecke oder durch prozeßabhängige Veränderungen der Regelstrecke.

Die Regelstrecke selbst wird noch einmal in das Stellglied und die eigentliche technische Regelstrecke unterteilt. Das Stellglied setzt die Stellgröße y_r des Reglers in eine Stellgröße y_s um, die direkt in den Prozeß eingreift. Das Stellglied muß dabei in der Regel eine Leistungsverstärkung oder eine Energiewandlung vornehmen.

Beispiel zur Aufteilung eines Regelkreises

Als Beispiel für die Aufteilung eines Regelkreises in Regelstrecke und Regler soll die in Bild 3.2 dargestellte Behälterfülleinrichtung dienen. Als Stellglied ist hier ein Ventil, das über einen Stellantrieb mit einem vorgeschalteten elektrischen Leistungsstellglied angetrieben wird, vorhanden.

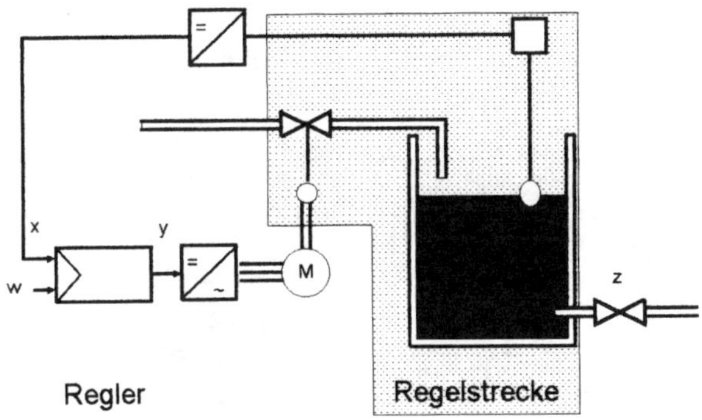

Bild 3.2 DIN-gemäße Aufteilung zwischen Regler und Strecke

Das elektrische Leistungsstellglied wandelt zunächst die Signale des Reglers in elektrische Ausgangssignale mit Strömen bzw. Spannungen entsprechend dem eingesetzten Stellmotor um. Der Stellmotor wiederum wandelt die elektrische Energie in eine Drehbewegung, die den Schieber des Ventils bewegt. Leistungsumformer, Stellantrieb und Ventil bilden hier insgesamt die Stelleinrichtung für die Beeinflussung des Durchflusses in einer Rohrleitung.

Wird zur Auswertung des Füllstandes eine Elektronik als Meßsignalumformer benötigt, ist es unter Umständen wichtig, auch dieses Glied näher zu betrachten. Dies ist besonders dann der Fall, wenn der Signalumformer die zeitliche Charakteristik des gemessenen Signals verändert. Dies kann zum Beispiel der Fall sein, wenn das gemessene Signal zur Rausch- und Störunterdrückung zeitlich gemittelt oder gefiltert wird.

Die für den Regelungstechniker zu betrachtende Regelstrecke besteht in diesem System aus folgenden Gliedern:

dem mehrteiligen Stellglied,

der eigentlichen technischen Regelstrecke, bestehend aus Rohrleitung und Tank,

der Erfassung der Regelgröße über den Füllstandsmesser und

einer Auswerteelektronik.

Je nach gerätetechnischer Realisation können die Grenzen zwischen dem Teil, der als Regler betrachtet wird und dem Teil, der als Regelstrecke bezeichnet wird, anders liegen. Besitzt der Regler keinen Eingangssignalumformer zum direkten Anschluß des Füllstandsmessers und keinen Leistungsausgang zum direkten Anschluß des Stellantriebes, so sind diese Teile separat zu betrachten, wie dies Bild 3.3 zeigt. Sind diese Teile jedoch in den Regler integriert und werden vom Hersteller des Reglers in der Spezifikation für das Zeitverhalten des Reglers berücksichtigt, so kann man diese Teile dem Regler zuschlagen.

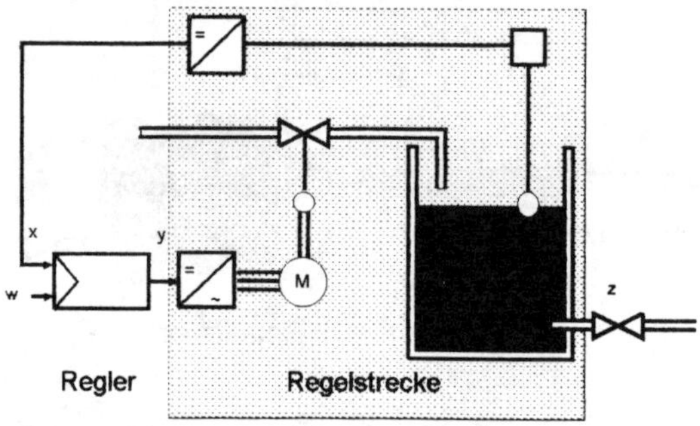

Bild 3.3 Projektbezogene Aufteilung zwischen Regler und Strecke

Die genauen Grenzen zwischen Regler und Regelstrecke lassen sich also nicht exakt trennen. Oft sind die technischen Gegebenheiten der konkreten Anlage für die Gliederung dieser Teile ausschlaggebend. Da aber alle Glieder in einem Regelkreis gleichberechtigt sind, ist das Ergebnis der regelungstechnischen Analyse unabhängig davon, wo genau diese Grenzen gezogen werden.

3.1 Charakterisierung von Regelstrecken

Voraussetzung für die Auslegung von Regelungen und für die Erfüllung von Regelungsaufgaben ist eine genaue Charakterisierung der Regelstrecke.

> **Ohne ein genaues Wissen um das Verhalten der Regelstrecke ist es nicht möglich, Regler auszuwählen und die Parametrierung von Reglern festzulegen.**

Dies gilt sowohl für die Projektierung einer Regelung, als auch für den praktischen Einsatz von Regelungsgeräten. Daher soll in den nachfolgenden Abschnitten eine grobe Einteilung einfacher Regelstrecken angegeben werden, die sich durch fünf verschiedene Arten von Streckenverhalten unterscheiden. Aus diesen grundlegenden Typen lassen sich auch komplizierte Typen von Regelstrecken durch Zusammenschaltung und Kombination bilden. Diese Grundtypen von Regelstreckenverhalten werden auch zur Beschreibung unterschiedlicher Reglertypen eingesetzt.

Zur Charakterisierung der Regelkreisglieder ist das Zeitverhalten ausschlaggebend. Es beschreibt, wie sich das Ausgangssignal des Übertragungsgliedes verhält, wenn sich das Eingangssignal zeitlich verändert. Grundsätzlich gibt es die Möglichkeit, daß sich die Ausgangsgröße sofort und in demselben Maße wie die Eingangsgröße verändert. Bei vielen technischen Systemen reagiert das System jedoch mit einer gewissen Verzögerung auf eine Veränderung der Stellgröße. In einzelnen Fällen kann sogar durch Eingangssignaländerungen ein schwingendes Verhalten angeregt werden.

Wird ein unbekanntes System, wie in Bild 3.4 dargestellt, über ein Eingangssignal mit einem beliebigen Zeitverlauf angeregt, so ist der resultierende Verlauf des Ausgangssignals schwer zu ermitteln.

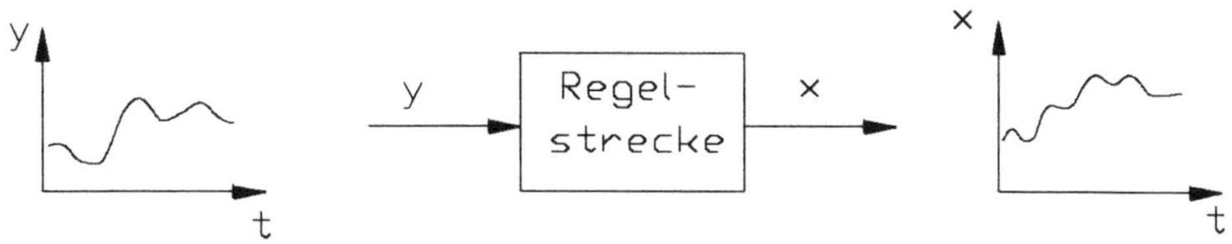

Bild 3.4 Verhalten des Streckenausgangs x bei beliebigem Eingangssignal y

Wird die Strecke jedoch wie in Bild 3.5 mit einem Eingangssignalsprung angeregt, so ist die Charakteristik der Strecke deutlich zu erkennen.

Bild 3.5 Verhalten der Strecke bei sprungförmigem Eingangssignal

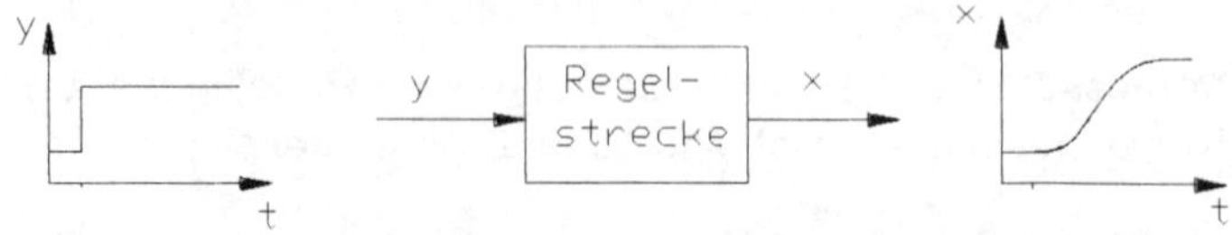

Die einfachste Weise, das Ausgangssignalverhalten zu charakterisieren, ist die Aufnahme einer Sprungantwort. Bei der Aufnahme einer Sprungantwort schaltet man auf den Stelleingang der Regelstrecke ein sprungförmiges Eingangssignal (siehe Bild 3.6) und beobachtet dann, wie sich die entsprechenden Aufgaben- und Regelgrößen zeitlich verändern. Eine solche Messung nennt man die Aufnahme einer Sprungantwort. Durch die Sprungantwort eines Systems ist dessen Verhalten eindeutig gekennzeichnet, vorausgesetzt das System ist linear. Dieser Begriff soll später näher erläutert werden. Technisch wird die Aufnahme einer Sprungantwort durch zweierlei Arten von Messungen erreicht:

a) Durch Einschalten der antreibenden Größe einer Regelstrecke, dies ist bei einer Temperaturmessung einfach dadurch zu erreichen, daß die Heizung eingeschaltet wird oder bei einem Antriebssystem, daß der entsprechende Antrieb eingeschaltet wird. Man mißt dann gleichzeitig das Einschaltsignal und die sich zeitlich verändernde Regelgröße. Aus einem solchen Meßschrieb kann man dann genau die entsprechende Regelstrecke charakterisieren.

b) In einigen Systemen ist das einfache Einschalten von entsprechenden Leistungsstellgliedern mit Gefahren für den Prozeß und die Gesamtanlage verbunden. In diesen Fällen schaltet man einen von der Stellgröße her begrenzten Sprung auf. Durch die Begrenzung des Eingangssignals für das Stellglied erhält man eine entsprechend kleinere Reaktion der Regelgröße und daher eine Begrenzung eines Schadensrisikos. Die dynamische Struktur der Regelstrecke läßt sich bei diesem Verfahren genauso erkennen wie bei dem unbegrenzten Einschalten des Leistungsstellgliedes.

Bild 3.6 Meßtechnische Erfassung einer Sprungantwort

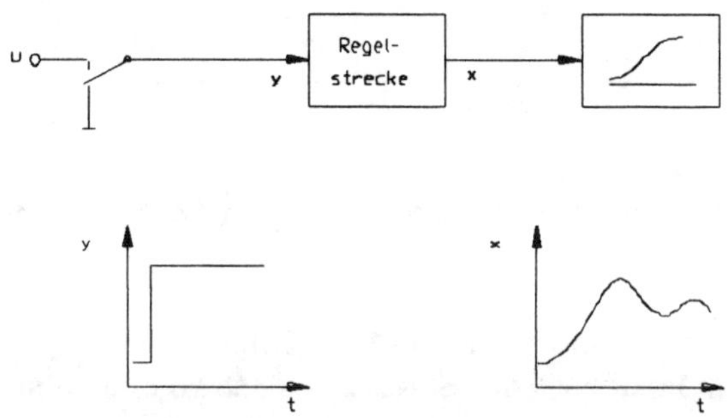

Die Höhe der Signale einer Sprungantwort hängen von der Höhe der Signale am Streckeneingang ab. Dividiert man die Signale der Sprungantwort durch die Höhe des Signalsprungs am Streckeneingang, so erhält man eine allgemeingültige Charakterisierung der Strecke. Die sich ergebende Funktion wird **Übergangsfunktion** genannt.

Bei der meßtechnischen Erfassung einer Sprungantwort für eine nachfolgende Auswertung sind einige Punkte zu beachten. Die Aufzeichnung einer Streckenantwort kann mit verschiedenen technischen Hilfsmitteln erfolgen. Beispielsweise können Kompensationslinienschreiber, (Speicher-) Oszilloskope und Transientenrecorder eingesetzt werden oder die Meßdaten können über Computer, die mit zusätzlichen Meßwerterfassungskarten ausgerüstet sind, aufgenommen werden. Es ist am günstigsten, sowohl den Zeitverlauf der Eingangsgröße, also den Sprung, der auf den Streckeneingang gegeben wird, als auch den Zeitverlauf der Ausgangsgröße, die Sprungantwort, die am Ausgang der Regelstrecke anliegt, aufzuzeichnen. Damit erhält man eine genaue Auswertung des Zeitpunktes des Sprungbeginns und die entsprechenden Amplituden, die Sprunghöhe und die erfolgte Änderung des Ausgangssignals.

Es ist wichtig, daß die Fehlerquellen bei einer Messung so klein wie möglich gehalten werden. Eine Fehlerursache sind Störgrößen, die während einer Messung zusätzlich zu dem Stellsignal auf die Regelstrecke einwirken. Daher ist dafür zu sorgen, daß äußere Störgrößen möglichst nicht auftreten oder daß sie zumindest zeitlich konstant sind. Der Meßfehler sollte 1 Prozent nicht überschreiten. Dies betrifft sowohl die Linearität als auch die Skalierung der Meßkette. Diese Forderung stellt auch bestimmte Anforderungen an das aufzeichnende Gerät wie zum Beispiel den Linienschreiber. Außerdem ist sicherzustellen, daß die zeitliche Auflösung groß genug ist, das heißt, die Länge des Meßschriebes muß ausreichend groß sein, um die Zeitkonstanten aus einem Schrieb ermitteln zu können.

Bei der Aufzeichnung von Meßdaten mit einem PC ist darauf zu achten, daß eine ausreichende Anzahl von Stützstellen innerhalb eines Meßschriebes vorhanden ist. Bei gut konditionierten Meßsignalen, deren statistische Schwankungen sehr niedrig sind, können schon 40 bis 50 Werte ausreichen. Je stärker die statistischen Schwankungen des Meßsignals sind, um so mehr Meßwerte sollten aufgezeichnet werden.

Aus diesen Meßschrieben läßt sich recht einfach der Proportionalbeiwert K_S einer Strecke ermitteln. Der erste Schritt besteht in der Ermittlung der Höhe des Eingangssignalsprungs. Dazu bildet man die Differenz aus dem Signal nach dem Sprung und dem Signal vor dem Sprung. Der nächste Schritt besteht in der Bestimmung der entsprechenden Differenz in der Sprungantwort. Diese wird ermittelt, indem zunächst die Regelgröße vor Beginn des Eingangssignalsprungs ermittelt wird und dann die sich einstellende langfristige Regelgröße nach dem Sprung. Anschließend bildet man den Quotienten aus der Regelgrößenänderung und der Stellgrößenänderung. Dieser ist gleich dem Proportionalbeiwert der Strecke.

Die Sprungantwort ergibt das dynamische Verhalten von Regelkreisgliedern. Man kann aus mehreren gemessenen Sprungantworten auch das statische Verhalten von Regelkreisgliedern meßtechnisch erfassen. Bei dem statischen Verhalten von Regelkreisgliedern interessiert man sich nicht dafür, wie das zu betrachtende Regelglied auf seinen Endzustand kommt. Man vergleicht hier nur die Höhe des Eingangssignales mit der Höhe des Ausgangssignales nach der Einschwing- oder Einstellzeit.

Bei der Messung von statischen Kennlinien interessiert u.a. die Frage, ob das entsprechende Regelkreisglied ein lineares Verhalten zeigt, d.h. ob die Ausgangsgröße eines Regelkreisgliedes der Eingangssignalgröße proportional folgt. Ist dies nicht der Fall, versucht man den genauen Funktionsverlauf zu ermitteln. Viele in der Praxis verwendete Regelkreisglieder weisen in einem begrenzten Bereich ein lineares Verhalten auf. Kennlinien werden meßtechnisch, wie in Bild 3.7 dargestellt, durch langsames Verändern des Eingangssignals ermittelt.

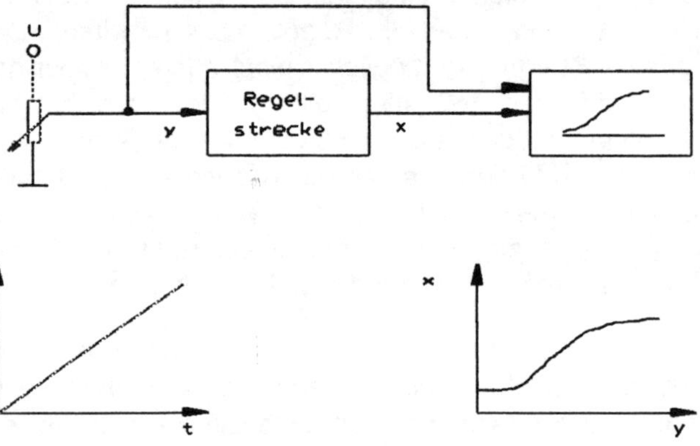

Bild 3.7 Meßtechnische Erfassung einer Kennlinie

3.2 Grundlegende Typen von Regelstrecken

Nachfolgend sollen nun unterschiedliche Arten von Regelstrecken an konkreten Beispielen untersucht und ihr grundsätzliches Verhalten soll näher charakterisiert und beschrieben werden.

3.2.1 Die Proportionale- oder P-Regelstrecke

Beispiel: Ein mechanisches Getriebe

In einem mechanischen Getriebe, entsprechend Bild 3.8, wird die Drehzahl eines Motors mit einem Faktor n : m übersetzt. Dazu dienen z.B. zwei Riemenscheiben. Ein solches einfaches mechanisches Getriebe hat kein Spiel und im Idealfall auch keinen Schlupf.

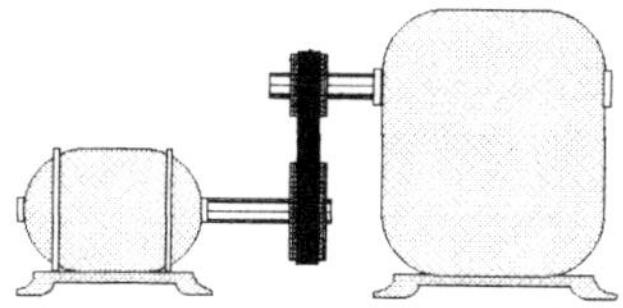

3.8 Darstellung eines Maschinenantriebs als Beispiel für eine P-Strecke

Betrachtet man als Eingangsgröße dieses Systems die Drehung der ersten Welle und als Ausgangsgröße die Drehbewegung der zweiten Welle, stellt man fest, daß sich das Verhalten einfach durch einen Proportionalfaktor oder auch Proportionalbeiwert genannt, beschreiben läßt. Zeichnet man das Sprungverhalten einer solchen Strecke auf (Bild 3.9), so wird der Verlauf des Eingangssignals bis auf einen Proportionalitätsfaktor am Ausgang des Systems reproduziert.

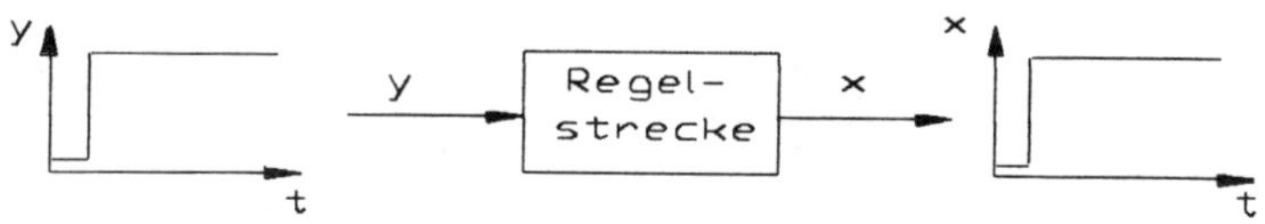

3.9 Sprungantwort einer P-Strecke

Definition: Proportionalverhalten

Bei einer proportionalen Strecke oder P-Strecke ist das Ausgangssignal zu jedem Zeitpunkt proportional zum Eingangssignal.

Kennwerte einer P-Strecke:
K_S : Proportionalbeiwert, $x = K_S\, y$

Weitere Beispiele für proportionale Regelstrecken:

mechanische Übertragungen über Hebel,
elektrische Widerstandsnetzwerke,
Durchfluß bei inkompressiblen Flüssigkeiten.

Bild 3.10 zeigt das Blocksymbol für ein Glied mit proportionalem Verhalten.

Bild 3.10 Blocksymbol für ein P-Glied

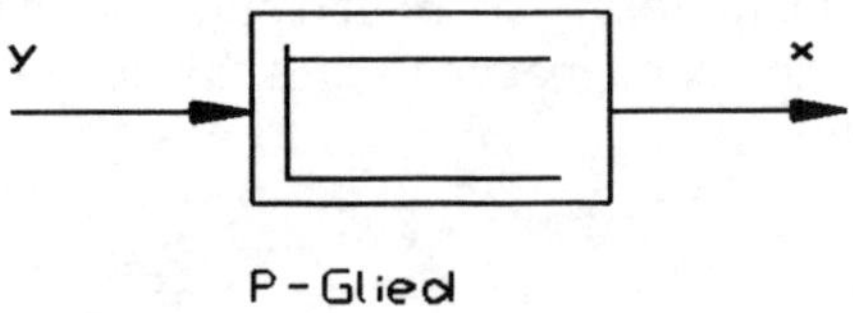

Beispiel: Durchflußregelstrecke mit einem Ventil

Beeinflußt man den Durchfluß einer Flüssigkeit in einer Rohrleitung mit einem offenen Ausgang (siehe Bild 3.11), stellt man fest, daß sich unabhängig von der Lage des Ventils, der Durchfluß zeitgleich mit der Ventilstellung ändert. Insbesondere ändert sich der Durchfluß gleichzeitig vor und hinter dem Stellorgan. Ist die Rohrleitung offen, ist das entsprechend meßbare Verhalten linear, wenn ein linear wirkendes Ventil benutzt wird.

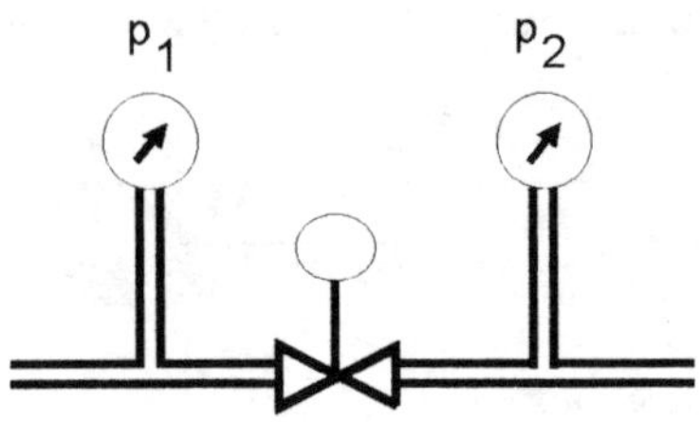

3.11 Schema einer Durchflußregelung (p1: Messung des Durchflusses vor dem Ventil, p2: Durchfluß hinter dem Ventil)

Beispiel: Förderband

Als Regelstrecke wird ein Förderband betrachtet (siehe Bild 3.12), bei dem das Förderband ein Schüttgut aus einem Fülltrichter entnimmt. Die Eingangsgröße dieser Regelstrecke sei die Drehzahl des antreibenden Motors. Die Ausgangsgröße, oder auch Regelgröße dieser Regelstrecke sei die Menge des von dem Förderband herunterfallenden Schüttgutes.

Bei dieser Regelstrecke folgt die Ausgangsgröße, das Schüttgut am Förderbandende, der Eingangsgröße, der Motordrehzahl, mit einem proportionalen Verhalten.

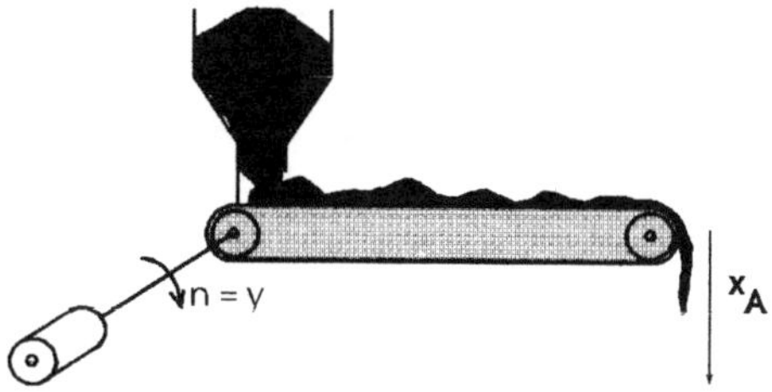

Bild 3.12 Förderband als Beispiel für eine P-Strecke, Eingangsgröße ist die Drehzahl des Motors

3.2.2 Regelstrecke mit Integralverhalten

Beispiel: Flüssigkeitsbehälter

Ein Flüssigkeitsbehälter nach Bild 3.13, der über einen Zulauf und Ablauf verfügt, soll betrachtet werden. Das Auslaufventil sei geschlossen. Wird nun das Zulaufventil geöffnet und in eine feste Position gebracht, steigt der Füllstand im Behälter stetig und gleichmäßig im Laufe der Zeit. Der Stand im Behälter steigt um so schneller, je größer die Öffnung des Zulaufventils ist. Nimmt man die Sprungantwort (siehe Bild 3.14) eines solchen Systemes auf, stellt man fest, daß nach der Öffnung des Ventils, die Ausgangsgröße der Regelstrecke linear ansteigt, bis der Behälter voll ist. Dies kennzeichnet das Integralverhalten dieses Streckentyps.

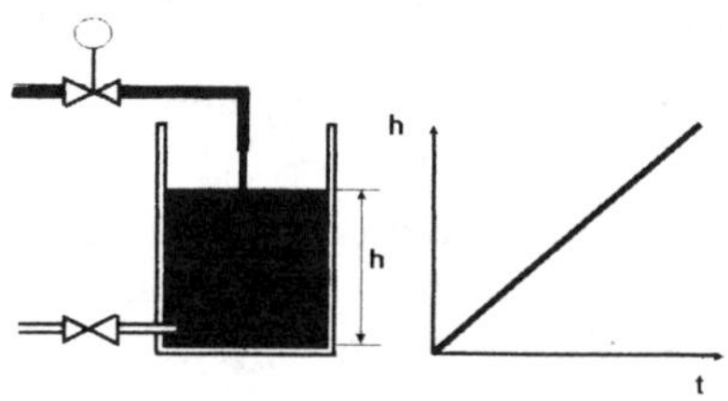

Bild 3.13 Flüssigkeitsbehälter als Beispiel für eine I-Strecke

Definition: Regelstrecke mit Integralverhalten

Steigt bei konstanter Stellgröße die Regelgröße einer Regelstrecke linear, handelt es sich um eine Regelstrecke mit Integralverhalten oder I-Verhalten.

Bild 3.14
Sprungantwort einer I-Strecke

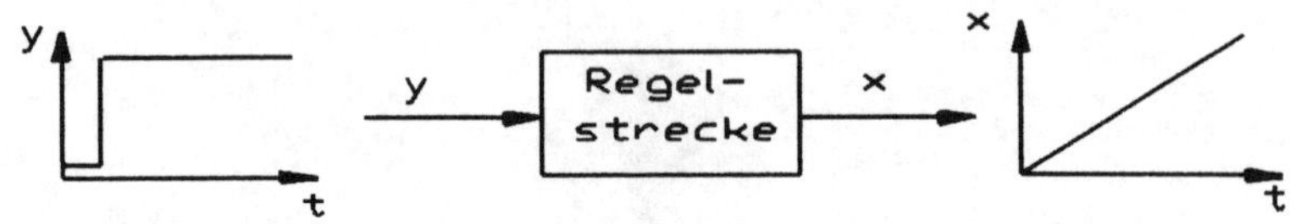

Kennwerte :

K_I : Proportionalbeiwert, $x = K_I \int y \, dt$

oder

T_I : Integrationszeitkonstante, $x = \int y \, dt / T_I$

Das Blocksymbol für ein integrierendes Glied zeigt Bild 3.15.

Bild 3.15
Blocksymbol für ein integrierendes Glied

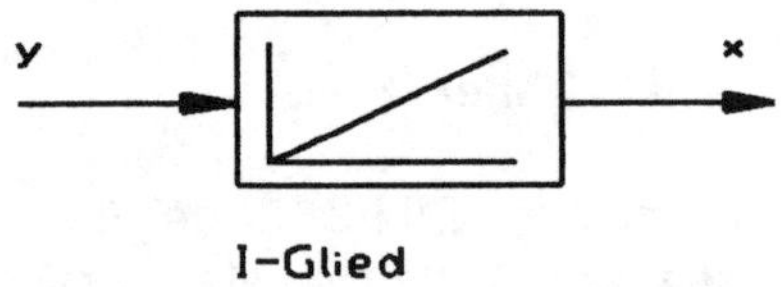

Die I-Regelstrecken nennt man auch Regelstrecken ohne Ausgleich.

Regelstrecke ohne Ausgleich

Bei Regelstrecken ohne Ausgleich verändert sich die Ausgangsgröße nach einer Veränderung der Eingangsgröße fortlaufend.

Regelstrecken mit Integral- oder I-Verhalten sind Regelstrecken ohne Ausgleich.

Bei der Proportionalregelstrecke aus dem Abschnitt 3.2.1 handelt es sich um eine Regelstrecke mit Ausgleich. Diese sind dadurch charakterisiert, daß sich nach einem Stelleingriff die Regelgröße nach einer gewissen Zeit auf einen festen Wert einstellt.

Regelstrecke mit Ausgleich

Bei Regelstrecken mit Ausgleich erreicht die Ausgangsgröße nach einer Veränderung einen neuen Gleichgewichtszustand, der dem neuen Wert der Eingangsgröße zugeordnet ist.

Dieser Unterscheidung von Regelstrecken kommt in der Praxis eine besonders große Bedeutung zu, da **Regelstrecken ohne Ausgleich einen bestimmten Ausgangswert nur über eine Regelung oder Steuerung erreichen können. Wird diese Regelstrecke nicht fortlaufend beobachtet, kann das System in den Anschlag fahren, oder in einen gefährlichen Zustand geraten.**

Ein extremes Beispiel für eine solche Regelstrecke ohne Ausgleich ist ein Kernreaktor. Zieht man hier die Moderatorstäbe für die Kettenreaktion aus dem Reaktor, erhitzt sich dieser mit einer exponentiellen Funktion und es kommt zu einer Kernschmelze.

Für Regelstrecken ohne Ausgleich lassen sich keine statischen Kennlinien aufnehmen. Da es bei diesen Regelstrecken keinen definierten Endzustand gibt, in den das System hineinläuft.

Nimmt man jedoch statt der Regelgröße die zeitliche Änderung der Regelgröße, ist es möglich, eine Art von statischer Kennlinie zu definieren, indem man den Eingangsgrößen bzw. Stellgrößen dieser Strecken die Steigungen der Regelgrößen zuordnet.

Beispiel: Elektromotor mit einer Gewindespindel

Der Stelleingang eines Elektromotors nach Bild 3.16 mit einer Gewindespindel ist eine elektrische Stellgröße. Diese beeinflußt ein Leistungsstellglied. Dieses Leistungsstellglied gibt Strom und Spannung des Motors vor. Der Motor treibt über eine Gewindespindel eine Wandermutter an.

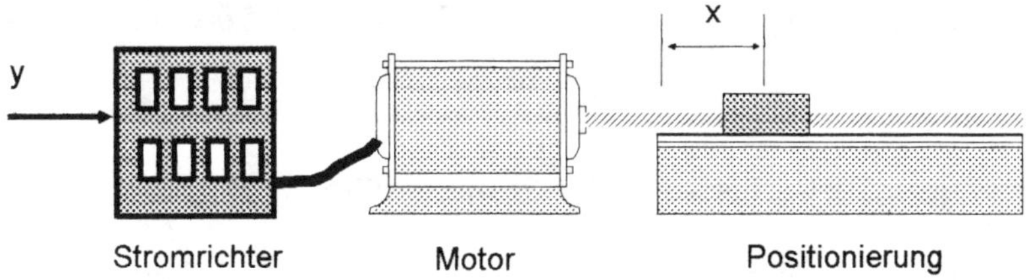

Bild 3.16 Elektromotor mit einer Gewindespindel als Beispiel für eine I-Strecke; y: elektrisches Stellsignal als Eingangsgröße, x: Position als Ausgangsgröße

Ein solches System kann zu Positionierung von Werkstücken innerhalb einer Werkzeugmaschine dienen. Die Eingangsgröße des Systems ist die Spannung des Leistungsstellgliedes. Die Regelgröße ist die Position der Wandermutter. Läuft der Motor mit einer konstanten Drehzahl, verändert sich die Position der Wandermutter proportional mit der Zeit.

Beispiel: Thermisch isolierter Flüssigkeitsbehälter

Ein thermisch isolierter Flüssigkeitsbehälter mit einer sehr guten Wärmedämmung wird über ein elektrisches Element beheizt. Die Heizleistung, die dem Flüssigkeitsbehälter zugeführt wird, ist die Stellgröße dieser Regelstrecke und die Temperatur, die sich einstellt, ist die Regelgröße. In einem thermisch gut isolierten Flüssigkeitsbehälter, steigt die Temperatur der Flüssigkeit bei konstanter Heizleistung linear mit der Zeit.

Da bei einer optimalen Isolation keine Wärme verloren geht, hat dieses System ein ideales integrierendes Verhalten. Eine weitere Voraussetzung ist, daß man mit den Temperaturen unterhalb der Siedetemperatur der betreffenden Flüssigkeit bleibt. Die Siedetemperatur dieses Systems stellt den "oberen Anschlag" der Temperaturregelstrecke dar.

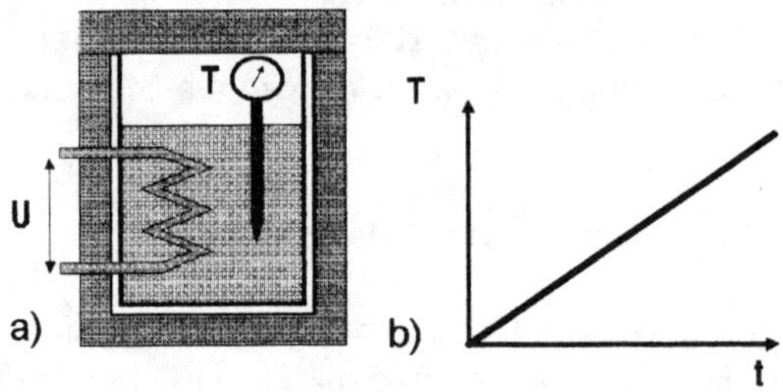

Bild 3.17 Thermisch isolierter Flüssigkeitsbehälter; a) Schema, b) Aufheizkurve; U: elektrische Spannung als Eingangsgröße, T: Temperatur als Ausgangsgröße

3.2.3 Verzögerndes Verhalten erster Ordnung (PT1, VZ1)

Beispiel: Aufheizen eines schlecht isolierten Warmwasserbehälters

In einem schlecht isolierten Warmwasserbehälter heizt sich die Flüssigkeit proportional zu der zugeführten Wärmemenge auf (siehe Bild 3.18). Gleichzeitig geht über die Wandungen des Behälters eine gewisse Wärmemenge verloren. Diese ist proportional zu der Differenz zwischen der Temperatur der Flüssigkeit im Behälter und der Umgebungstemperatur des Behälters. Bei einer bestimmten Temperatur ist die zugeführte Wärmemenge und die durch Abkühlung verloren gehende Wärmemenge gleich. Das System strebt damit einem Gleichgewichtswert zu.

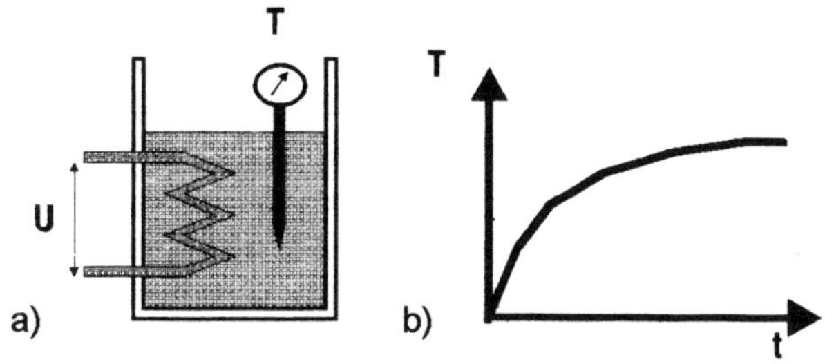

Bild 3.18 Warmwasserbehälter als Beispiel für ein PT1-Glied; a) Schema, b) Aufheizkurve; U: elektrische Spannung als Eingangsgröße, T: Temperatur als Ausgangsgröße

Nimmt man eine Sprungantwort (Bild 3.19) des Systems auf, indem man zu einem bestimmten Zeitpunkt die Heizung einschaltet und fortlaufend die Wassertemperatur mißt, stellt man fest, daß zunächst die Temperatur in dem Behälter linear ansteigt. Hier zeigt sich die Ähnlichkeit mit einem integrierenden Speicher. Je wärmer das Wasser wird, desto flacher wird jedoch der Temperaturanstieg im Wasser. Dies wird hervorgerufen durch die mit der Temperaturdifferenz ansteigende Abkühlung des Behälters. Nach einer gewissen Zeit strebt die Temperatur dann asymptotisch ihrem Endwert entgegen. Dann halten sich zugeführte Energie und Verluste die Waage. Dieses System ist ein verzögerndes System erster Ordnung und wird als VZ1- oder PT1-System bezeichnet, das Blocksymbol zeigt Bild 3.20.

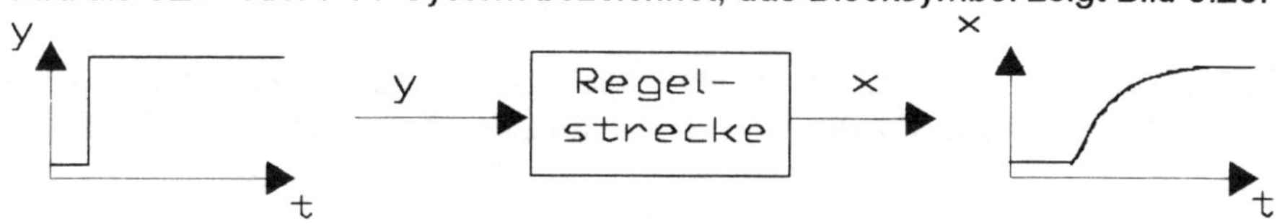

Bild 3.19 Sprungantwort einer allgemeinen PT1-Strecke

Definition: Regelstrecke 1. Ordnung

Bei Regelstrecken 1. Ordnung verändert sich nach einer Stellgrößenänderung das Ausgangssignal sofort. Die volle Höhe der Streckenantwort stellt sich jedoch erst mit einer Verzögerung ein.

Kennwerte :

K_S: Proportionalbeiwert,
T : Zeitkonstante

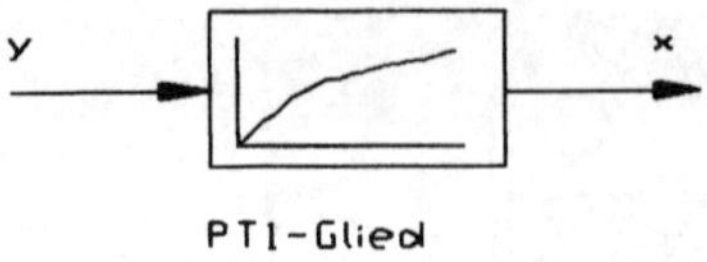

Bild 3.20 Blocksymbol eines PT1-Gliedes

Versuch: Aufheizverhalten von Behältern verschiedener Größe

Um das quantitative Verhalten eines PT1-Systems näher zu bestimmen, soll nun das Aufheizverhalten von zwei Behältern mit identischen Heizungen und unterschiedlichen Volumen untersucht werden. Das Volumen des ersten Behälters ist halb so groß, wie das des zweiten Behälters. Die Umgebungstemperaturen und die Wandkonstruktion der Behälter sind identisch. Die beiden Behälter sind in Bild 3.21 dargestellt.

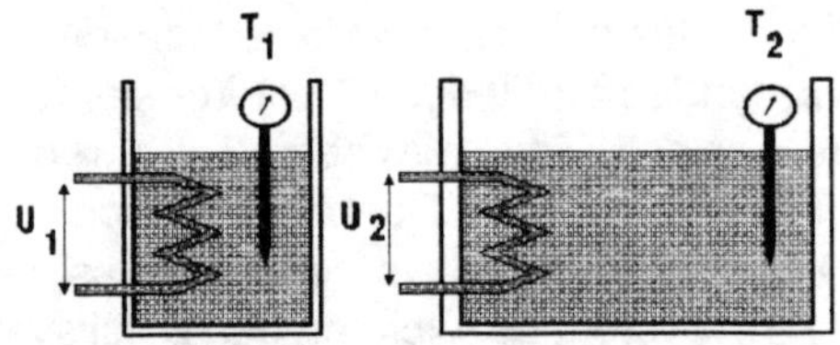

Bild 3.21 Aufheizversuch mit zwei unterschiedlich dimensionierten Wasserbehältern bei identischer Heizleistung; U_1, U_2: elektrische Spannungen, T_1, T_2: Temperaturen

Es ist zu erwarten, daß der Behälter mit dem halben Volumen sich doppelt so schnell aufheizt, wie der andere. Dies kann durch eine Messung verifiziert werden. Untersucht man die meßtechnisch aufgenommenen Sprungantworten der beiden Behälter in Bild 3.22 genauer, sieht man, daß die Anfangstangente des ersten Behälters eine größere Steilheit aufweist, als die des zweiten Behälters. Um die Aufheizzeit genau zu bestimmen, wird am Nullpunkt der Aufheizkurve eine Tangente angelegt und mit der Verlängerung des sich einstellenden Endwertes zum Schnitt gebracht. Der entsprechende Abschnitt auf der Zeitachse wird T genannt und ist die Zeitkonstante dieses verzögernden Systems erster Ordnung.

Vergleicht man die beiden Temperaturkurven, sieht man, daß die Zeitkonstante des kleineren Behälters nur halb so groß ist, wie die Zeitkonstante des größeren Behälters. Die Aufheizkurve eines solchen Behälters hat noch eine zweite bemerkenswerte Eigenschaft. Man kann diese Tangente an jedem beliebigen Punkt der Kurve anlegen und den Schnittpunkt mit dem asymptotisch angestrebten Wert bestimmen. Der entstehende Zeitachsenabschnitt ist an jedem Punkt der Kurve gleich der Zeitkonstanten des verzögernden Gliedes.

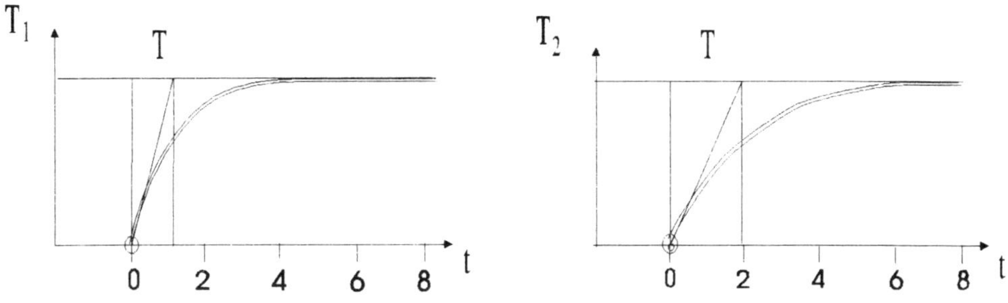

Bild 3.22 Ergebnis des Aufheizversuches von Bild 3.21, Bestimmung der Zeitkonstanten T nach dem Tangentenverfahren

Versuch : Aufheizung von Flüssigkeitsbehältern mit unterschiedlich dimensionierten Heizungen

In diesem zweiten Versuch werden zwei identische Flüssigkeitsbehälter verwendet. Jeder dieser beiden Flüssigkeitsbehälter ist allerdings mit einer unterschiedlich dimensionierten Heizung ausgerüstet (siehe Bild 3.23). Der elektrische Widerstand der zweiten Heizung soll halb so groß sein, wie der der ersten Heizung. Die Stellgröße dieser Heizung sei die Spannung. Bei derselben anliegenden Spannung erhält also der zweite Behälter eine doppelt so große Heizleistung wie der erste Behälter. Die Regelgröße oder Ausgangsgröße dieser Regelstrecke ist wieder wie im vorangegangenen Versuch die Temperatur. Schaltet man auf beide elektrischen Heizungen gleichzeitig dieselbe Spannung und ermittelt die Sprungantwort, sieht man, daß die Temperatur in dem zweiten Behälter doppelt so schnell steigt, wie in dem ersten. Verfolgt man den Aufheizvorgang eine Weile, stellt sich bei beiden Behältern ein konstanter Wert ein.

Bild 3.23 Aufheizversuch von Flüssigkeiten bei gleich großen Behältern und unterschiedlich dimensionierter Heizung

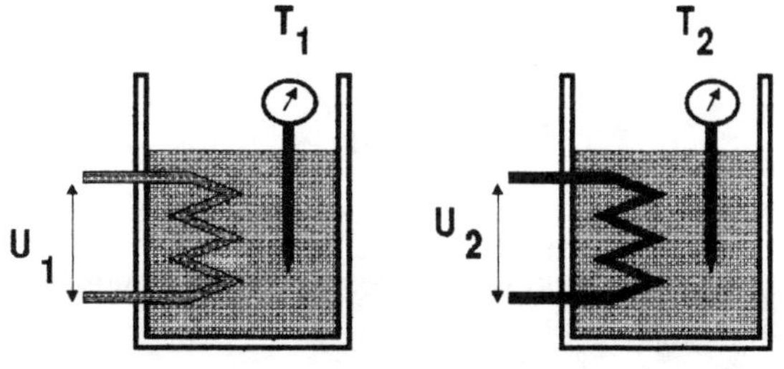

Man sieht in Bild 3.24, daß die Temperatur in dem zweiten Behälter mit der größeren Heizleistung sich auf einen doppelt so hohen Wert einstellt. Ermittelt man nun aus den Nullpunktstangenten die Zeitkonstanten der beiden Behälter, zeigt sich, daß die Zeitkonstanten beider Behälter gleich geblieben sind. In diesem Fall haben sich gleichzeitig die Steilheit der Tangente und die erreichte Endtemperatur verdoppelt.

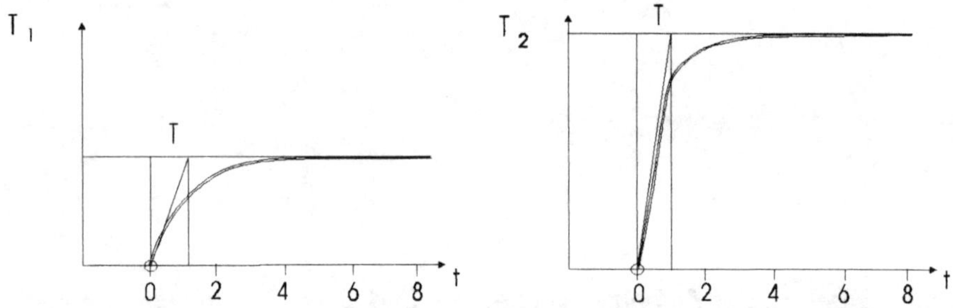

Bild 3.24 Ergebnis des Aufheizversuches aus Bild 3.23

Eine verzögernde Regelstrecke erster Ordnung ist durch zwei Konstanten eindeutig gekennzeichnet. Man benötigt zu ihrer Kennzeichnung die Zeitkonstante T und den Proportionalwert P. Die Zeitkonstante eines PT1-Gliedes kann durch grafisches Anlegen der Tangente an den sich asymptotisch einstellenden Endwert ermittelt werden. Der Proportionalbeiwert wird bestimmt durch den Quotienten aus der sich bei einer Sprungantwort langfristig einstellenden Ausgangsgröße, dividiert durch die anliegende Eingangsgröße.

Für PT1-Glieder gibt es noch eine zweite Möglichkeit zur Bestimmung der Zeitkonstanten. Bei diesem Verfahren liest man die Zeitachsenabschnitte für diejenigen Punkte der Kurven ab, an denen die Ausgangsgröße 63% bzw. 86% des Endwertes erreicht hat (siehe Bild 3.25). Im ersten Fall erhält man die einfache Verzögerungszeit, im zweiten Fall die doppelte Verzögerungszeit.

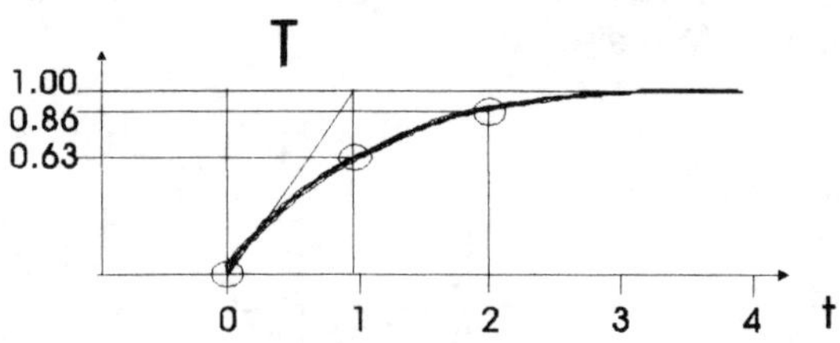

Bild 3.25 Bestimmung der Zeitkonstanten T einer PT1-Strecke nach der Zeitprozentmethode

Verzögernde Glieder erster Ordnung besitzen immer einen internen Energiespeicher. Daher lassen sich diese Glieder auch mit der Ersatzschaltung in Bild 3.26 darstellen, die einen Integrator benutzt. In diesem Ersatzschaltbild wird deutlich, daß in einem PT1-Glied die Differenz aus Ein- und Ausgangssignal integriert wird. Dies bedeutet, daß ein PT1-Glied ein speicherndes Element mit Verlust ist. Der Verlust dieses Elements ist proportional zu dem Speicherinhalt.

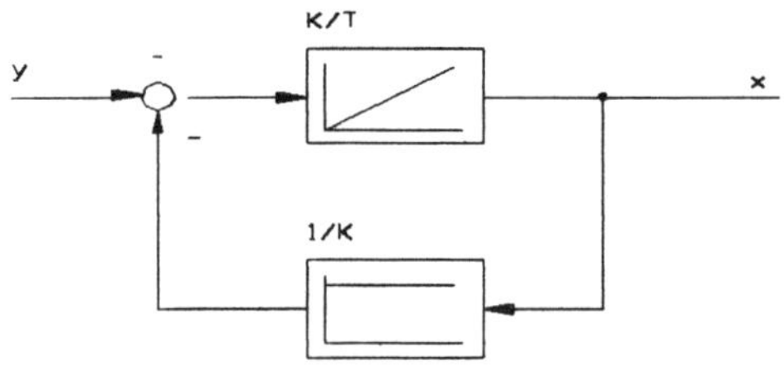

Bild 3.26 Ersatzschaltbild eines PT1-Gliedes mit Hilfe eines Integrierers; y: Eingangsgröße, x: Ausgangsgröße, K: Proportionalbeiwert, T: Zeitkonstante

Beispiel: Druckluftbehälter mit Drossel,

Als Beispiel soll ein Druckluftbehälter, der über eine Drossel mit einem Druckluftsystem verbunden ist, dienen. Als Eingangsgröße dieses Systems wird der Druck p_e betrachtet. Die Ausgangsgröße dieses Systems sei der Druck p_a in dem Behälter.

In diesem System ist die Änderungsgeschwindigkeit des Druckes p_a proportional zu der Druckdifferenz des Eingangsdruckes p_e und des Druckes im Behälter p_a. Mit zunehmender Füllung des Behälters wird diese Druckdifferenz kleiner und es entsteht ein asymptotisches Verhalten, das für ein PT1-Glied charakteristisch ist.

Bild 3.27 Druckluftbehälter mit Drossel als Beispiel einer PT1-Strecke; y, p_e: Druck auf der Eingangsseite, x, p_a: Druck als Ausgangsgröße

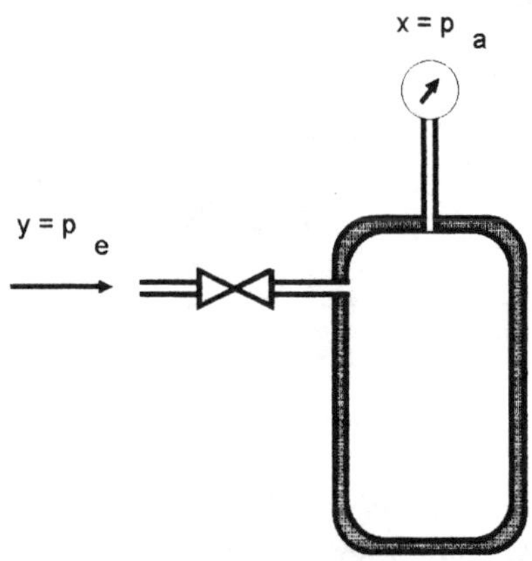

Beispiel: Elektrisches Modell

Man kann ein PT1-Glied auch mit einem RC-Glied nachbilden. Ein solches RC-Glied ist in Bild 3.28 dargestellt. Die Eingangsgröße dieses Systems ist die Eingangsspannung U_e, mit der ein Kondensator über einen Widerstand aufgeladen wird. Die Ausgangsgröße ist die Spannung U_a an dem Kondensator.

Bild 3.28 RC-Glied als Beispiel einer PT1-Strecke; U_e: Eingangsspannung, U_a: Ausgangsspannung, R: Widerstand, C: Kondensator

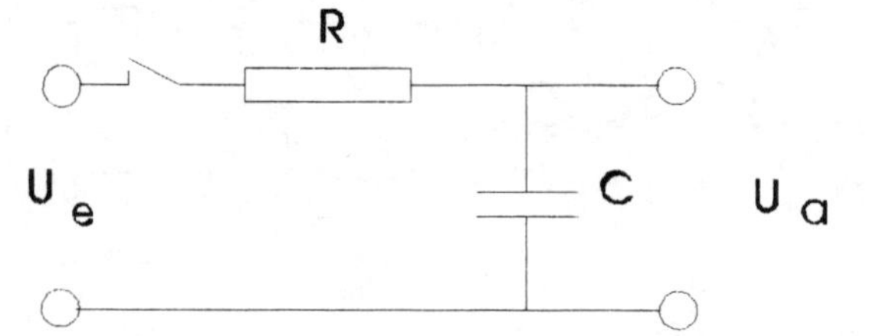

3.2.4 Verzögerungsglied zweiter Ordnung, nicht schwingfähig (PT2, VZ2)

Beispiel: Beheizter Warmwasserbehälter

Ein Warmwasserbehälter mit einer elektrischen Heizung wird untersucht (siehe auch das Beispiel aus Bild 3.18). Die Temperatur in diesem Behälter wird über ein Thermoelement gemessen, das sich in einer Schutzhülse befindet (siehe Bild 3.29). Ohne diese Schutzhülse hat dieses System ein PT1-Verhalten. Die Schutzhülse bewirkt, daß das Wasser das Thermoelement nicht direkt aufwärmen kann. Zuerst heizt das Wasser die Schutzhülse auf, die in direktem Kontakt mit ihm steht. Erst dann wird das Thermoelement selbst über den thermischen Kontakt des Thermoelementes mit der Schutzhülse erwärmt. Dies führt dazu, daß die Temperatur erst mit einer zusätzlichen Verzögerung angezeigt werden kann.

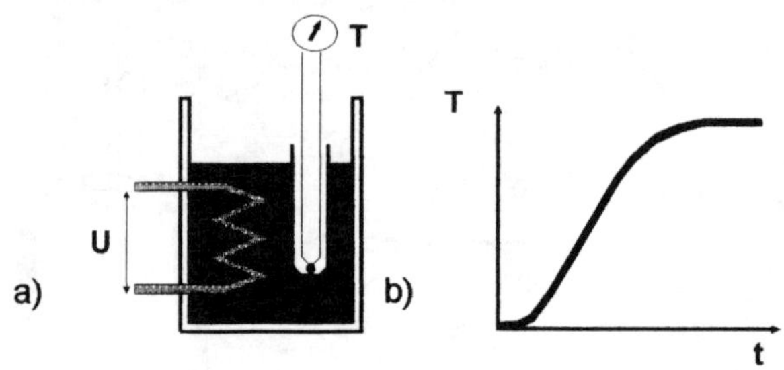

Bild 3.29 Thermoelement mit Hülse als Beispiel für ein Verzögerungsglied zweiter Ordnung; a) Schema, b) Sprungantwort

Durch das Anbringen der Schutzhülse ist ein zusätzliches Speicherglied hinzugefügt worden, welches den Wärmeübergang vom Wasser zum Thermoelement verzögert. Betrachtet man nun das Gesamtsystem mit der Wärmeleistung als Stellgröße und der gemessenen Temperatur als Regelgröße, hat man ein System, das aus zwei in Reihe geschalteten Verzögerungsgliedern besteht (siehe Bild 3.30).

Bild 3.30 Ersatzschaltbild für ein Verzögerungsglied zweiter Ordnung auf der Basis von PT1-Gliedern; U: Heizspannung, T: Temperatur in der Schutzhülse, T_{mess}: gemessene Temperatur

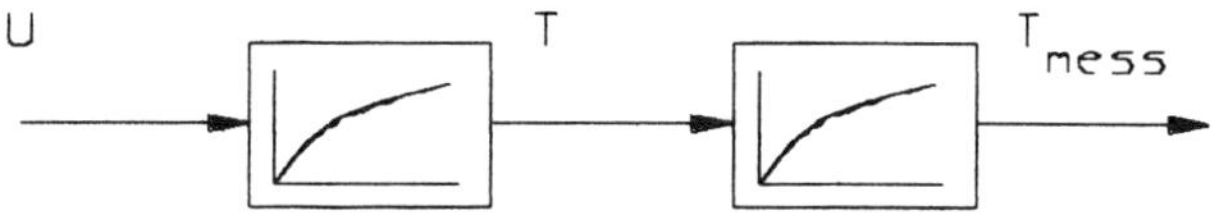

Durch die Hintereinanderschaltung von zwei Verzögerungsgliedern erster Ordnung ergibt sich ein qualitativ andersartiges Verhalten als bei einem einzelnen Verzögerungsglied. Dies macht sich dadurch bemerkbar, daß die Sprungantwort des zusammengesetzten Systems mit einer flachen Tangente beginnt (siehe Bild 3.31).

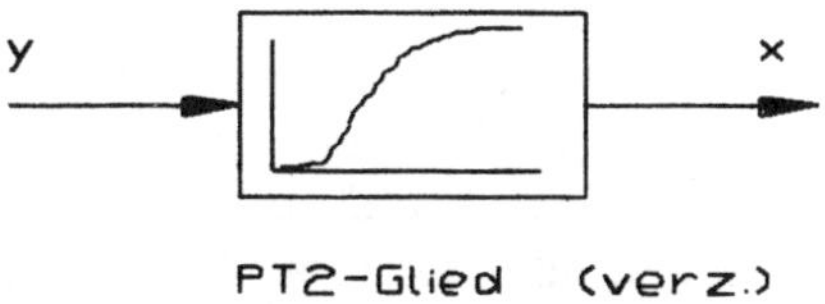

Bild 3.31 Blocksymbol für ein verzögerndes PT2-Glied

Dies bedingt innerhalb der Kurve einen Wendepunkt. Ähnlich wie bei dem PT1-Glied verläuft die Sprungantwort asymptotisch auf den Endwert zu. Da PT1-Glieder linear sind, läßt sich ein PT2-Glied nur durch einen Übertragungsbeiwert K_s und zwei Zeitkonstanten T_1 und T_2 charakterisieren. Sind die Zeitkonstanten der beiden Verzögerungsglieder gleich, ist der Zeitpunkt, an dem der Wendepunkt auftritt, gleich der Verzögerungszeit der PT1-Glieder.

Kennwerte:

K_s : Proportionalbeiwert der gesamten Strecke,
T_1 : Zeitkonstante,
T_2 : Zeitkonstante.

Beispiel: RC Glieder

Zwei hintereinander geschaltete RC-Glieder gemäß Bild 3.32 ergeben ebenfalls das Verhalten eines PT2-Gliedes. Bei einer solchen Schaltung ist jedoch der Proportionalbeiwert des PT2-Gliedes immer kleiner als 1.

Bild 3.32 Elektrisches Ersatzschaltbild eines verzögernden PT2-Gliedes; U_e: Eingangsspannung, U_a: Ausgangsspannung, R_1, R_2: Widerstände, C_1, C2: Kondensatoren

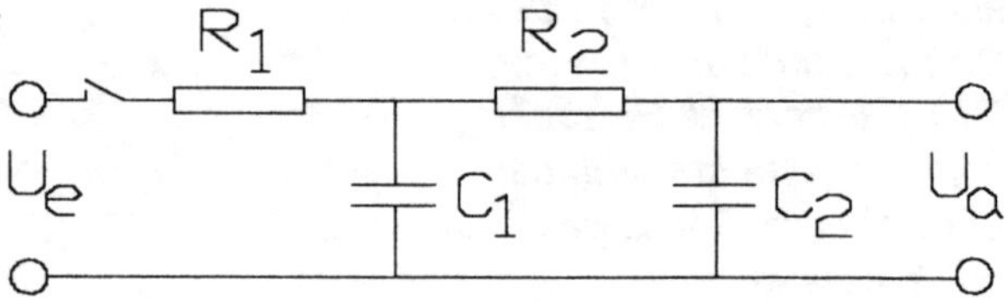

3.2.5 Verzögerungsglied zweiter Ordnung, schwingfähig

Beispiel: 1-Masse-Schwinger

Die in Bild 3.33 dargestellte elektronische Kompensationswaage besteht aus einer Waagschale für das Gewicht, einer darunter angeordneten Feder, einem Waagebalken mit einer Meßblende zur Bestimmung der Position und einem Elektromagneten zur Kompensation der Gewichtskraft. Dieses System ist schwingfähig. Ist die Spule nicht angeschlossen und wird ein Gewicht aufgelegt, pendelt der Waagebalken um den Gleichgewichtswert und stellt sich nach der Ausschwingzeit auf eine neue Position ein.

Bild 3.33 Kompensationswaage als Beispiel für ein schwingfähiges System

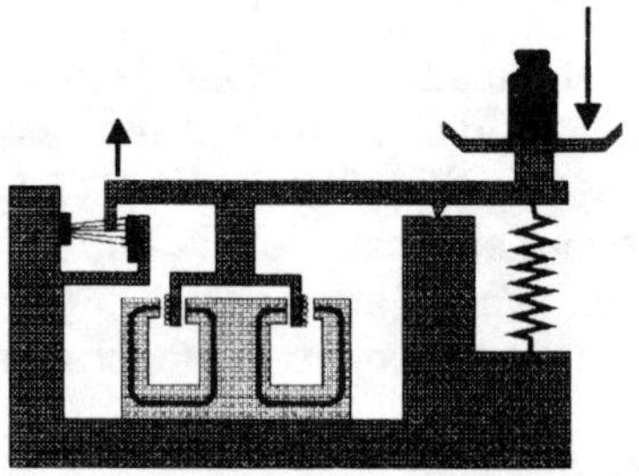

In diesem einfachen System wird die Bewegung des Waagebalkens durch die Luft gedämpft. Als Sprungantwort nach dem Auflegen des Gewichtes ergibt sich ein schwingendes Verhalten (Bild 3.34). Physikalisch gesehen besteht der Grund für das schwingende Verhalten darin, daß bei diesem System zwei Energiespeicher vorhanden sind, die ihre Energie gegenseitig austauschen.

Bild 3.34 Sprungantwort eines PT2-Gliedes

Ein Energiespeicher dieses Systems ist die Feder. Durch das Zusammendrücken der Feder wird Energie gespeichert. Der zweite physikalische Energiespeicher liegt in der Trägheit der Massen begründet. Die Trägheit der Massen dient als Speicher für die kinetische Energie. Während der Schwingbewegung tauschen diese beiden Speicher ihre Energie gegeneinander aus. Die kinetische Energie wird in potentielle Energie umgewandelt und umgekehrt.

Ein Zweipunktglied 2.Ordnung hat folgendes Blocksymbol (Bild 3.35):

Bild 3.35
Blocksymbol für
ein PT2-Glied

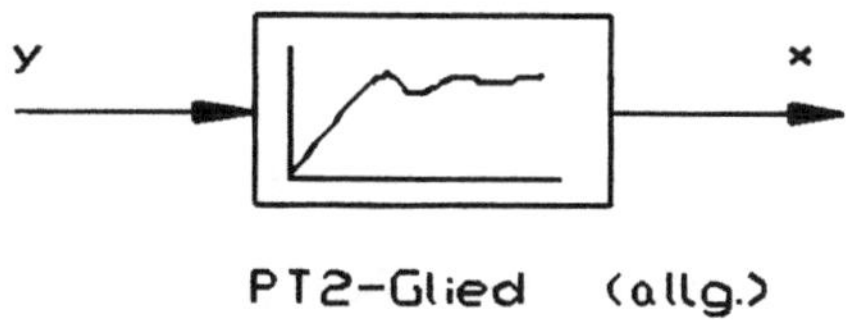

PT2-Glieder sind durch das Vorhandensein von zwei Energiespeichern gekennzeichnet. Je nach Koppelung dieser beiden Speicher weisen PT2-Glieder ein verzögerndes oder schwingfähiges Verhalten mit zeitlich periodischen Sprungantworten auf. Da PT2-Glieder zwei Speicher besitzen, benötigt man zu ihrer zahlenmäßigen Beschreibung einen Proportionalbeiwert und zwei Zeitkonstanten.

In der Praxis benutzt man jedoch für schwingfähige PT2-Regelstrecken statt zwei Zeitkonstanten die Zeitkonstante T für die Schwingungsdauer des ungedämpften Systems und die Konstante D für den Dämpfungsgrad der Schwingung.

$D = 0$	ungedämpfte Schwingung,	
$D < 1$	schwingende Antwort des Systems	(periodischer Fall),
$D = 1$	schnellste nicht schwingende Antwort	(aperiodischer Grenzfall)
$D > 1$	keine Schwingfähigkeit des Systems,	
	Verhalten entspricht zwei PT1- Gliedern	(aperiodischer Fall)

Kennwerte:

$\mathbf{K_s}$: Proportionalbeiwert,
T : Schwingungsdauer (ungedämpft),
D : Dämpfungsgrad

Ein schwingfähiges PT2-Glied hat ein Ersatzschaltbild mit 2 Integratoren (siehe Bild 3.36). Für jeden internen Energiespeicher wird ein Integrator zur Darstellung des dynamischen Verhaltens benötigt.

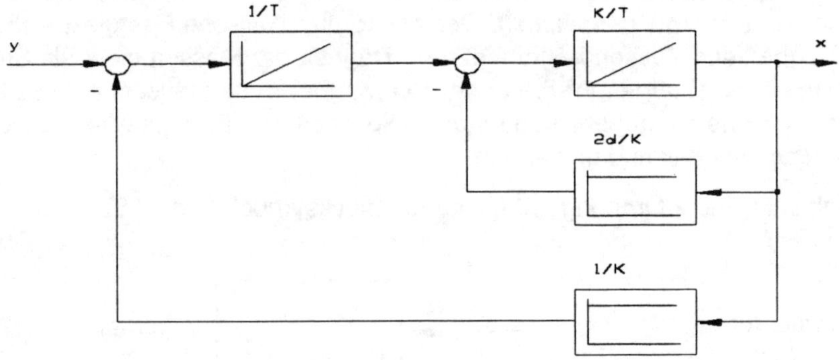

Bild 3.36 Ersatzschaltbild eines schwingenden Systems zweiter Ordnung mit I-Gliedern; K: Proportionalitätsbeiwert, T: Zeitkonstante, D: Dämpfungskonstante

Beispiel: LC- Glied

In der Elektrotechnik erhält man schwingfähige PT2-Glieder durch Spule - Kondensator - Schaltungen. Über einen zusätzlichen Widerstand erhält das System eine Dämpfung, Bild 3.37.

Bild 3.37 Elektrisches Ersatzschaltbild eines PT2-Gliedes über ein LC-Glied; U_e: Eingangsspannung, U_a: Ausgangsspannung, R: Widerstand, L: Spule, C: Kondensator

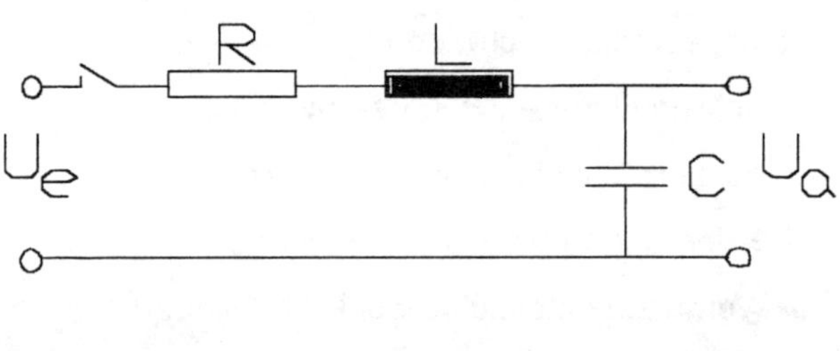

3.2.6 Totzeitglieder (PTt)

Beispiel: Förderband

In Bild 3.38 wird ein Förderband mit konstanter Drehzahl des antreibenden Motors betrieben. Das Schüttgut, welches auf dieses Förderband gelangt, sei mit der Zeit veränderlich. Als Eingangsgröße der Regelstrecke wird der Fluß des Füllgutes auf das Förderband betrachtet. Die Ausgangsgröße x_A des Systems ist das von dem Förderband herunterfallende Schüttgut.

Wird der Schieber über die Stellgröße y geöffnet, gelangt das Schüttgut mit einer Verzögerung an das Bandende. Die dazwischen liegende Zeit heißt Laufzeit oder Totzeit. Das gesamte System wird Totzeitglied oder PTt-Glied genannt.

Bild 3.38 Förderband als Beispiel für ein Totzeitsystem; die Eingangsgröße y steuert den Schüttgutstrom, x_A Ausgangsgröße

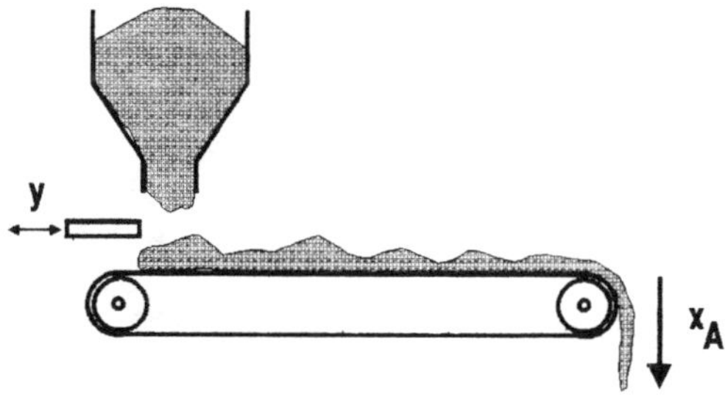

Vergleicht man dieses Beispiel mit dem Förderband als P-Glied in Bild 3.12, wird deutlich, daß man bei der Bestimmung der dynamischen Charakteristik einer Strecke darauf achten muß, welche technischen Größen die Eingangsgrößen und Ausgangsgrößen einer Strecke sind. In dem ersten Beispiel eines Förderbandes war die Eingangsgröße des Streckengliedes die Drehzahl des Motors und damit die Transportgeschwindigkeit.

Die Totzeit wird in technischen Regelstrecken oft durch die Geschwindigkeit von Massenströmen in Schüttgütern, Flüssigkeiten oder Gasen hervorgerufen. Daher wird die Totzeit manchmal auch als Laufzeit bezeichnet.

Das Totzeitglied hat folgendes Blocksymbol (Bild 3.39) :

Bild 3.39 Blocksymbol für ein Totzeitglied

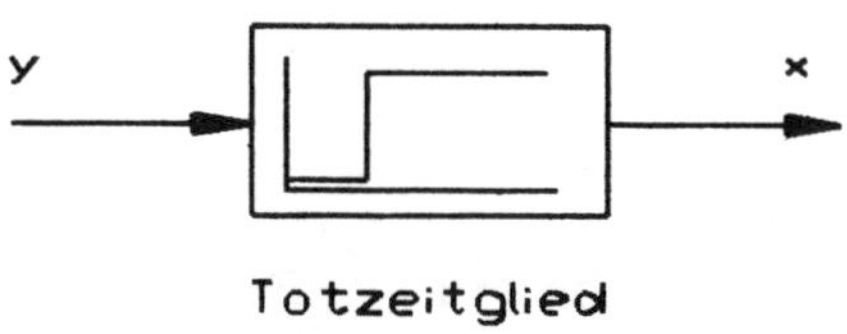

Kennwerte :
T_t : Totzeit, Laufzeit

Beispiel: Mischung von Flüssigkeiten

In einem verfahrenstechnischen Prozeß sollen zwei Stoffströme so miteinander gemischt werden, daß sie ein festes Verhältnis bilden. Dies ist beispielsweise bei der Einstellung eines bestimmten ph-Wertes oder bei der Mischung von kaltem und heißem Wasser nach Bild 3.40 der Fall. Die Flüssigkeitsmengen in den beiden Zuleitungsrohren werden über zwei proportional wirkende Ventile eingestellt. Ein Fühler in dem rechten Rohr mißt ständig den ph-Wert der durch Mischung entstandenen Flüssigkeit. Eine Änderung in dem Mischventil einer der beiden Zuleitungen macht sich erst nach einer gewissen Verzögerungszeit bemerkbar. Diese Verzögerungszeit kommt durch den notwendigen Massestrom zwischen dem Mischungspunkt und dem Meßpunkt für den ph-Wert zustande.

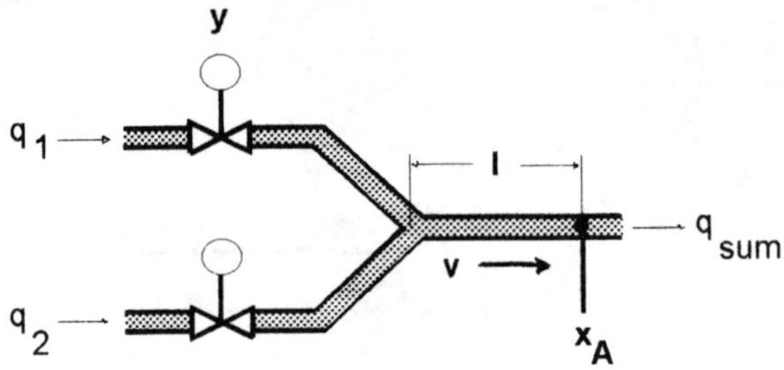

Bild 3.40 Mischung von zwei Flüssigkeiten als Beispiel für ein Totzeitglied; q_1, q_2 : Eingangsströme, q_{sum}: Ausgangsstrom, y: Stellgröße, x_A: Aufgabengröße, l: Länge der Verwirbelungsstrecke, v: Geschwindigkeit der Flüssigkeit

Aus technischen Gründen kann der Fühler bei einer derartigen Strecke nicht direkt am Zuführungspunkt angebracht werden, da eine bestimmte Rohrleitungslänge für eine optimale Durchmischung der beiden Flüssigkeiten notwendig ist.

3.3 Einteilung der elementaren Regelstrecken

Die in 3.2 vorgestellten Regelstrecken lassen sich in Regelstrecken mit und ohne Ausgleich einteilen, Tabelle 3.1.

Bei einer Regelstrecke mit Ausgleich strebt die Regelgröße nach einer Stellgrößenänderung oder einer Störung einem neuen bestimmten Endwert zu. Dieses Verhalten findet man bei einer P-, PT1- und PTt-Regelstecke. Bei einer PT2-Regelstrecke ist dieses Verhalten immer dann zu beobachten, wenn es sich um ein gedämpftes System handelt. Jede dieser Regelstrecken erreicht den Endwert auf eine andere Weise. Die Art, wie dieser Endwert erreicht wird, charakterisiert die Regelstrecken.

Eine Ausnahme bei diesen elementaren Regelstrecken bildet die I- oder integral wirkende Regelstrecke. Bei dieser strebt das System nach einer Stellgrößenänderung keinem neuen Endwert zu, sondern die Regelgröße kann zeitlich linear ansteigen oder abfallen. Hier handelt es sich daher um eine Regelstrecke ohne Ausgleich.

Tabelle 3.1 Einteilung von Regelstrecken

Regelstrecke	Art
P	mit Ausgleich
I	ohne Ausgleich
PT1	mit Ausgleich
PT2	mit Ausgleich
PTt	mit Ausgleich

3.4 Blockschaltbilder

Viele Regelstrecken, die in der Praxis auftreten, lassen sich nicht allein mit einem elementaren Regelstreckentyp beschreiben. Für die meisten regelungstechnischen Systeme müssen mehrere dieser unter 3.2 beschriebenen Regelstreckenglieder zusammengeschaltet werden. Durch die Zusammenschaltung der elementaren Regelstreckentypen, den bisher behandelten Grundtypen, lassen sich dann alle linearen Regelstrecken beschreiben.

Die Zusammenschaltung der einzelnen Regelkreisglieder erfolgt in Blockschaltbildern. Jedem elementaren Regelstreckentyp ist eine Blockdarstellung zugeordnet. Zusätzlich gibt es noch ein Symbol für die Addition bzw. Subtraktion von Signalen. Einfache Blockschaltbilder wurden schon bei der Behandlung der Streckentypen vorgestellt.

Mit Hilfe dieser Blockschaltbilder lassen sich auch komplizierte technische Systeme übersichtlich dokumentieren. Es ist dabei zu beachten, daß grundsätzlich jeder einzelne Block als rückwirkungsfrei betrachtet wird, d.h. jeder Block hat einen oder mehrere Eingänge und einen Ausgang. Eine Rückwirkung von einem Ausgang zu einem Eingang innerhalb eines Blocks ist nicht zulässig. Man kann daher auf einen Ausgang eines Blockes beliebig viele Eingänge anderer Blöcke aufschalten, ohne daß dies zu einer Rückwirkung auf den Signalausgang führt.

Definition: Lineare Systeme

> **Lineare Systeme sind dadurch gekennzeichnet, daß eine Erhöhung des Eingangssignals eine proportionale Veränderung des Ausgangssignals bewirkt.**

Konkret heißt dies, verdoppelt man das Eingangssignal eines linearen Systems, erhält man ein Ausgangssignal, das doppelt so groß ist, wie bei dem System, das ein einfaches Signal erhielt.

Lineare Systeme haben folgende Eigenschaften:

> **Eine beliebige Zusammenschaltung linearer Systeme ergibt wieder ein lineares System.**

Die Zusammenschaltung darf über Verknüpfungen oder Summations- und Subtraktionsglieder erfolgen. Rückführungen innerhalb eines solchen Systems sind ebenfalls erlaubt. Die unter 3.2. vorgestellten grundlegenden Regelstreckentypen sind lineare Regelstrecken. Diese Regelstrecken dürfen beliebig zusammengeschaltet werden, ohne daß der Charakter eines linearen Systems verloren geht.

> **Werden in einem System Signale multiplikativ miteinander verknüpft, so handelt es sich um ein nichtlineares System.**

3.5 Verhalten zusammengesetzter Regelstrecken (PTn)

In diesem Abschnitt soll das Verhalten in der Praxis wichtiger, elementarer Regelstrecken untersucht werden. Die hier betrachteten Regelstrecken bestehen aus einer Hintereinanderschaltung der elementaren Regelstrecken des Kapitels 3.2 , diese sind alle linear.

> **Bei Hintereinanderschaltung linearer Regelstrecken können die Proportionalbeiwerte zusammengefaßt werden, indem die Proportionalbeiwerte aller hintereinander geschalteten Blöcke miteinander multipliziert werden und einem einzigen Block zugeordnet werden.**

Auf diese Weise läßt sich eine wichtige Kenngröße linearer Regelstrecken, der Gesamtproportionalbeiwert, auf einfache Weise bestimmen, wenn die einzelnen Streckenglieder bekannt sind.

Beispiel: Wärmedurchgang durch eine dicke Isolationsschicht

Für die dicke, homogene Isolationsschicht in Bild 3.41 gibt es kein elementares regelungstechnisches Übertragungsglied. Der physikalischen Natur nach ist ein solcher Vorgang eine Wärmeleitung durch ein kontinuierliches Medium. Nährungsweise läßt sich ein solcher Wärmeübergang durch hintereinandergeschaltete PT1-Glieder darstellen. Dabei bildet jedes PT1-Glied einen Teil der Isolationsschicht mit der entsprechenden Wärmekapazität und Wärmeleitfähigkeit nach.

Aus der Wärmekapazität und der Wärmeleitfähigkeit ergibt sich die Zeitkonstante T. Alle PT1-Glieder, die hier zur Darstellung der homogenen Isolationsschicht verwendet werden, haben dieselbe Zeitkonstante T. In Bild 3.42 sind die Sprungantworten der an den verschiedenen, hintereinandergeschalteten PT1-Glieder auftretenden Signale aufgezeichnet.

Bild 3.41 Wärmedurchgang durch eine dicke Schicht, Beispiel für eine PTn-Strecke; T_1: Temperatur auf der Eingangsseite, T_2: Temperatur auf der Ausgangsseite

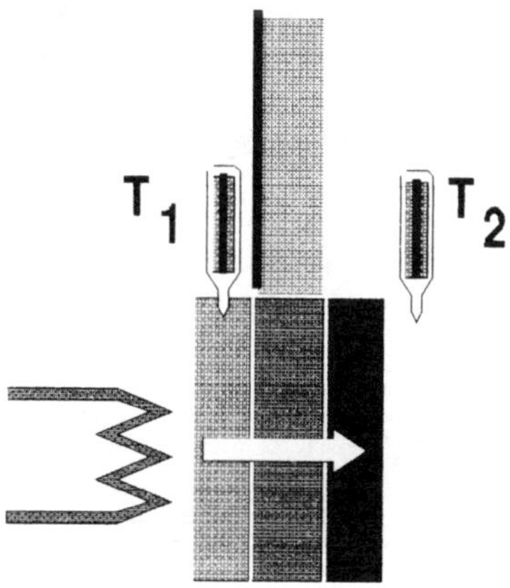

3.5.1 Verzugszeit und Ausgleichszeit

Viele wichtige technische Systeme lassen sich durch Hintereinanderschaltung einfacher PT1-Glieder näherungsweise darstellen. Je nach technischem System, haben dann alle PT1-Glieder eine gleiche Zeitkonstante oder eine unterschiedlich große Zeitkonstante. Durch das Hintereinanderschalten mehrerer PT1-Glieder ergibt sich ein qualitativ anderes Verhalten, als bei einem einzelnen PT1-Glied.

Das wichtigste Charakteristikum, welches sich aus der Hintereinanderschaltung ergibt, erkennt man aus dem Beginn der Sprungantwort. Ein einfaches PT1-Glied beginnt sofort mit einer Steigung, deren Größe von der Zeitkonstante abhängt.

Werden mehrere PT1-Glieder hintereinandergeschaltet, beginnen die Kurven mit einer waagerechten Tangente. Je nach Anzahl der hintereinandergeschalteten PT1-Glieder beginnt die Kurve zu einem späteren Zeitpunkt.

Es ist also möglich, von diesen Kurven eine Totzeit zu separieren. Regelungstechnisch ist die Totzeit in Systemen von großer Bedeutung. Deshalb soll nun die grafische Bestimmung von Totzeit und Verzögerungszeit nach Bild 3.42 erläutert werden.

a) In den Wendepunkt der Kurve wird eine Tangente gelegt. Im Wendepunkt ist eine angelegte Tangente über einen besonders großen Bereich annähernd deckungsgleich mit der anzunähernden Kurve. Die Zeit zwischen Sprungbeginn und dem Schnittpunkt der Tangente mit der Zeitachse nennt man Verzugszeit T_u. Es ist ein Maß für die Zeit, die vergeht, bis die Regelstrecke eine erste Reaktion auf den Eingangssignalsprung zeigt.

b) Die zweite Größe, die man mit diesem Verfahren grafisch ermitteln kann, ist die Ausgleichszeit T_g. Die Ausgleichszeit ergibt sich grafisch aus der Zeit, beginnend mit der Verzugszeit T_u bis zu dem Punkt, in dem die Tangente den Endwert der Sprungantwort geschnitten hat (siehe Bild 3.42).

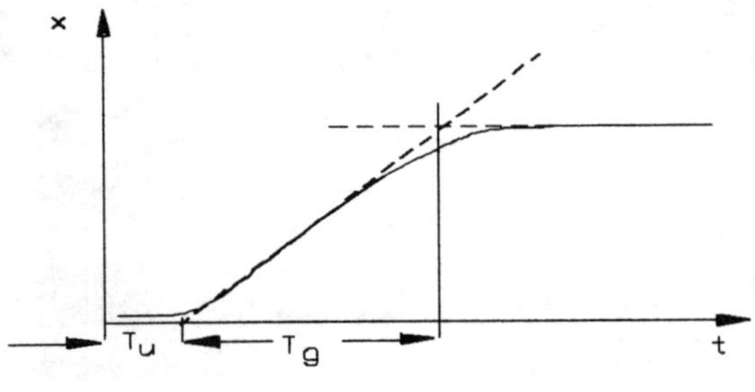

Bild 3.42 Grafische Bestimmung der Verzugszeit T_u und der Ausgleichszeit T_g über eine Tangente, die an den Wendepunkt der Sprungantwort angelegt wird.

Definition: Verzugszeit T_u

Die Verzugszeit T_u ist diejenige Zeit, die das System benötigt, um eine Reaktion auf ein Eingangssignal zu zeigen.

Definition: Ausgleichszeit T_g

Die Ausgleichszeit T_g, ist die Zeit, die das System braucht, um nach der ersten Reaktion nahe an den Endwert zu gelangen.

3.5.2 Regelbarkeit

Das Verhältnis T_g / T_u ist ein wichtiges Maß, um die Regelbarkeit einer verzögernden linearen Regelstrecke zu beurteilen. Ist die Verzugszeit T_u sehr klein, ist die Regelbarkeit der Strecke gut, weil die Regelung sofort eine Antwort auf das von der Regelung erzeugte Stellsignal bekommt. Sie merkt sehr schnell, wie die Regelstrecke auf die Stellsignale anspricht. Ist die Verzugszeit groß, ist die Regelbarkeit schlechter. Dann erfährt die Regelung erst mit einer Verzögerung, wie sich Stellsignale auf die Regelstrecke auswirken. Dies erhöht die Schwierigkeit des Regelungsvorganges. Ist bei einer großen Verzugszeit zusätzlich die Ausgleichszeit sehr kurz, ist es für die Regelung besonders schwer, weil sie erst nach der Verzugszeit mit der plötzlichen Reaktion der Regelstrecke konfrontiert wird. In der nachfolgenden Tabelle sind einige Faustwerte für die Praxis angegeben.

Regelstrecke mit T_g/T_u, Faustwert für die Regelbarkeit:

$T_g/T_u > 10$	**Strecke gut regelbar,** einfache Regler sind ausreichend,
$T_g/T_u \sim 6$	**Strecke mittelschwer regelbar,** für eine exakte Regelung ist ein erhöhter Regelaufwand erforderlich,
$T_g/T_u < 3$	**Strecke schwer regelbar,** für eine gute Regelung sind sehr aufwendige Regelungsverfahren notwendig.

Das Verhältnis T_g/T_u läßt sich leicht grafisch aus meßtechnisch ermittelten Sprungantworten bestimmen. Es ist unabhängig von der absoluten Größe der Zeitkonstanten eines Systems. Sie dient nicht nur zur Beurteilung der Regelbarkeit, sondern man kann aus diesem Verhältnis auch erkennen, welche Ordnung das entsprechende System besitzt. Je kleiner T_g/T_u ist, desto höher ist die Ordnung eines Systems.

Da PT1- oder VZ1-Glieder lineare Glieder sind, hat die Reihenfolge in der diese Glieder in einer Kette angeordnet sind, keine Bedeutung.

Dies ist bei systemtechnischen Betrachtungen von Bedeutung, in denen man die PT1-Glieder so umgruppieren kann, daß die nachfolgend wiedergegebenen Sätze angewandt werden können. In den nachfolgenden Abschnitten sollen nun die Eigenschaft von hintereinandergeschalteten PT1-Gliedern näher untersucht werden.

3.5.3 Zweispeicher - Systeme

Zweispeicher-Systeme sind einfache Modelle für viele technische Systeme. Es ist wichtig, sich einmal anzuschauen, wie sich das Verhältnis T_g/T_u in Abhängigkeit von dem Verhältnis der beiden Zeitkonstanten in diesem System verändert. Dies ist in Bild 3.43 dargestellt. Das ungünstigste Verhältnis T_g/T_u tritt auf, wenn beide Verzögerungsglieder die gleiche Zeitkonstante haben, wenn also $T_2/T_1 = 1$ ist. Das günstigste Verhältnis ist gegeben, wenn ein Zeitglied klein gegenüber dem anderen ist.

Der Kurvenverlauf im Bild 3.43 liefert noch eine andere wichtige Aussage. Bei kleinen Werten von T_2/T_1 verändert sich das Verhältnis T_g/T_u sehr stark. Dagegen verläuft bei Werten T_2/T_1 um 1 die Kurve sehr flach. Dies bedeutet, wenn sich in einem Zweispeicher-System ein gegenüber dem größeren Speicher sehr kleiner Speicher befindet und dessen Zeitkonstante sich nur geringfügig erhöht, wird dadurch das Verhältnis T_g/T_u stark verschlechtert. Bei zwei etwa gleich großen Speichern beeinflußt die Erhöhung der Zeitkonstanten eines Speichers das Verhältnis T_g/T_u kaum.

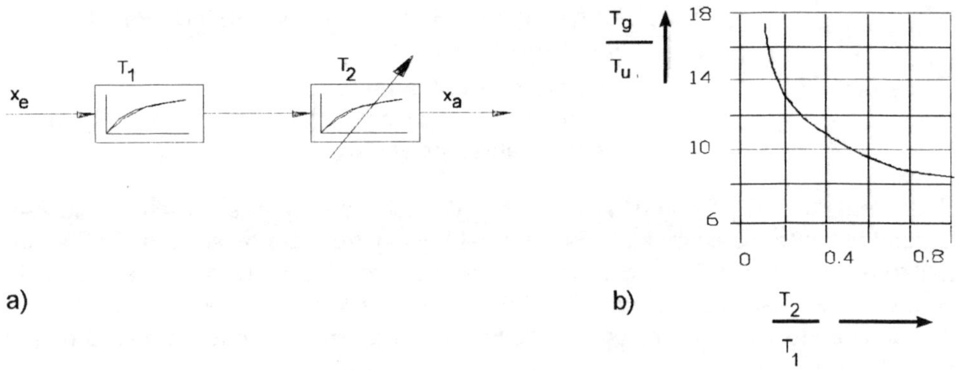

Bild 3.43 Regelbarkeit eines Zweispeichersystems (mit den Zeitkonstanten T_1 und T_2) a) Schema des Zweispeichersystems, b) Abhängigkeit der Regelbarkeit vom Verhältnis T_2 / T_1)

Praktisch bedeutet dies, daß man auch kleinen Speichern in Regelstrecken Aufmerksamkeit schenken muß, da das Hinzufügen von Verzögerungsgliedern mit kleinen Zeitkonstanten starke Auswirkungen auf die Regelbarkeit von Regelstrecken hat. Solche Speicher kommen zum Beispiel bei der Trägheit von Fühlern und Stellgliedern vor, wie z.B. Stellmotoren, oder der Übertragung von Wärme von einer Heizung in das aufzuheizende Medium, oder in anderen Gliedern, wie z.B. Meßumformern. Man darf daher diese Glieder nicht zu leichtfertig vernachlässigen.

In Bild 3.44 sind die Antworten eines verzögernden PT2-Systems gezeigt. Die Zeitkonstante des Verzögerungsgliedes mit der kleineren Zeitkonstante erhöht sich von Kurve zu Kurve. Es ist deutlich zu erkennen, daß die Verzugszeit Tu dieses Systems von der sich verändernden kleinen Zeitkonstante abhängt, während die Ausgleichszeit des Systems sich praktisch nicht verändert.

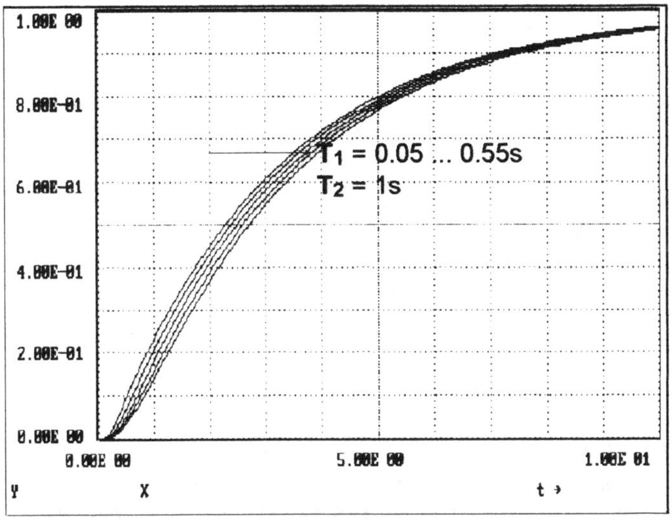

Bild 3.44 Sprungantworten eines Zweispeichersystems mit einer großen und einer kleinen Zeitkonstante, die kleinere Zeitkonstante T_1 erhöht sich

Sind zwei Verzögerungsglieder erster Ordnung in Reihe geschaltet und haben diese zwei stark unterschiedliche Zeitkonstanten, ist die Gesamtausgleichszeit T_g dieser Regelstrecke gleich der Summe der Zeitkonstanten der beiden Verzögerungsglieder. Die Verzugszeit T_u dieses Systems ist ungefähr gleich 0,4 bis 0,3 mal der Zeitkonstanten des Verzögerungsgliedes mit der kleineren Verzögerungszeit.

3.5.4 Zusammenfassung von in Reihe geschalteten Verzögerungsgliedern

Das nachfolgend zu betrachtende System besteht aus mehreren Verzögerungsgliedern mit einer kleinen Zeitkonstante und einem Verzögerungsglied mit einer großen Zeitkonstante. Wie in Bild 3.45 dargestellt, wird in dieser Art von Systemen die Verzugszeit T_u im wesentlichen von den kleinen Zeitkonstanten bestimmt.

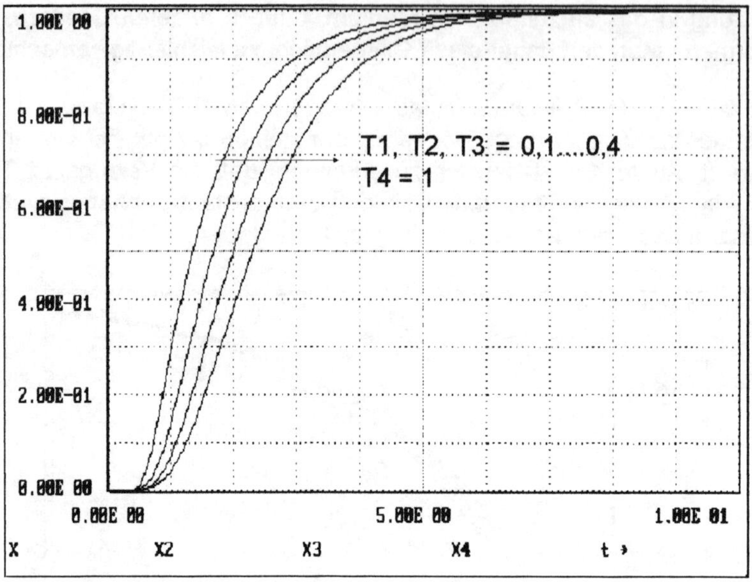

Bild 3.45 Sprungantworten einer verzögernden Strecke vierter Ordnung mit einer großen und mehreren kleinen Zeitkonstanten

Hat man ein System mit mehreren kleinen und einer großen Zeitkonstante, dann ist die Verzugszeit T_u gleich der Summe der kleinen Zeitkonstanten und die Ausgleichszeit T_g ist ungefähr gleich der größten Zeitkonstante.

3.5.5 Regelstrecken mit Verzögerungsgliedern mit gleichen Zeitkonstanten

An dieser Stelle soll ein verzögerndes System behandelt werden, das eine variable Anzahl von verzögernden Gliedern enthält. Die Summe der Zeitkonstanten aller einzelnen Glieder beträgt immer 1. Es ändert sich nur die Aufteilung der Zeitkonstantensumme auf die einzelnen verzögernden Glieder. In Bild 3.46 sind die Sprungantworten eines solchen Systems dargestellt. Es ist deutlich zu erkennen, daß sich die Charakteristik dieses Systems mit zunehmender Ordnung der Charakteristik eines reinen Totzeitgliedes annähert, dessen Zeitkonstante gleich der Zeitkonstantensumme der Einzelglieder ist.

Besteht ein System aus einer Hintereinanderschaltung von PT1-Gliedern mit gleichen Zeitkonstanten, erkennt man, daß mit zunehmender Zahl von Verzögerungsgliedern die Verzugszeit zunimmt.

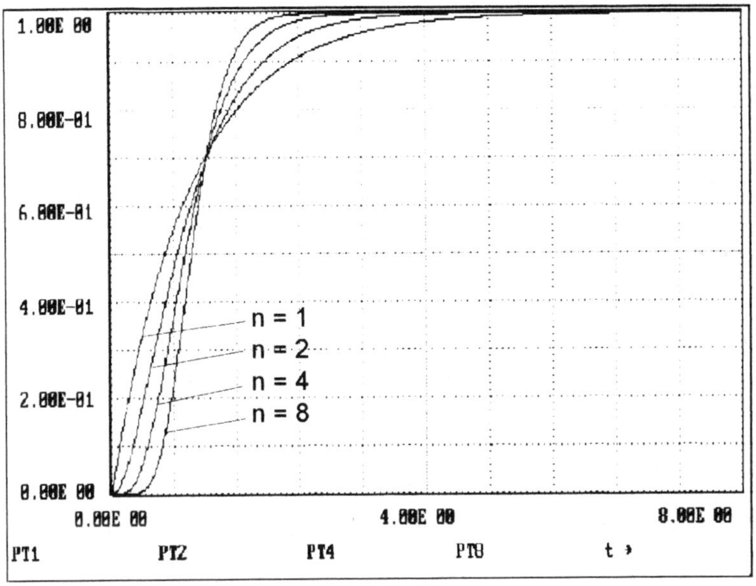

Bild 3.46 Sprungantworten von PTn-Systemen unterschiedlicher Ordnung mit identischer Zeitkonstantensumme

4 Regler

Der Regler ist neben der Regelstrecke das zweite wichtige Element in dem Regelkreis. Der Regler muß in seinem Verhalten so abgestimmt werden, daß er das unerwünschte Verhalten der Regelstrecke kompensieren kann. Insbesondere dient er zur Kompensation von Störgrößen, die auf die Regelstrecke einwirken. Der Regler erreicht dies durch passende Vorgabe des Stellsignals. Daher ist es wichtig, unterschiedliche Regler zu kennen, um für jede Art von Regelstrecke einen passenden Regler einsetzen zu können.

In diesem Kapitel werden zunächst einmal verschiedene Regler vorgestellt. Erst im Kapitel 7 wird untersucht, welcher Regler zu welcher Regelstrecke optimal eingesetzt werden kann.

Der Regler ist der Teil des Regelkreises, der einen Vergleich zwischen dem Sollwert oder einer zeitlich veränderlichen Führungsgröße und der Regelgröße durchführt. In Abhängigkeit von dieser Regeldifferenz wird eine Stellgröße erzeugt (siehe Bild 4.1).

Bild 4.1 Teil des Regelkreises; eingerahmt sind die Teile , die zum Bereich des Reglers gehören

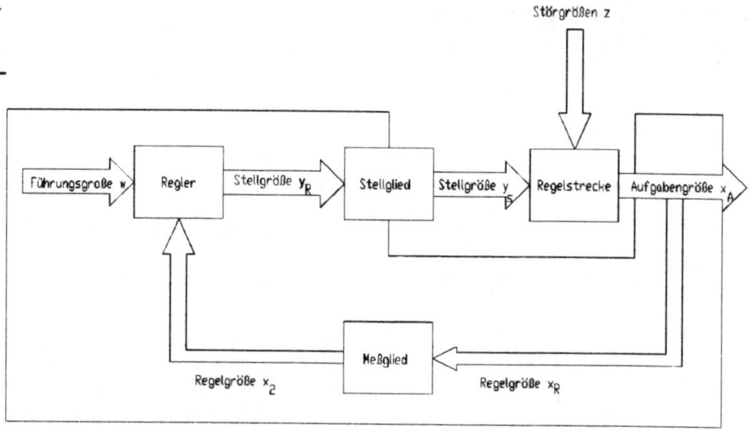

Je nach Reglertyp reagiert der einzelne Regler auf eine Regelabweichung unterschiedlich. Die einzelnen Reglertypen unterscheiden sich durch ihre Kennlinie und ihr Zeitverhalten. Reglertypen sind also dadurch gekennzeichnet,

in welchem Maß ein Regler auf die momentane Regeldifferenz antwortet,
wie lange eine Regeldifferenz für ein bestimmtes Stellsignal des Reglers anstehen muß
und wie sich die Änderung der Regeldifferenz auf das Stellsignal auswirkt.

In diesem Abschnitt werden allgemeine Arten von Reglern vorgestellt. Die Art und Weise wie diese Regler realisiert werden, bleibt jedoch offen. Prinzipiell ist es möglich, jeden der vorgestellten Regler mechanisch, pneumatisch, hydraulisch, elektrisch, elektronisch oder mit Hilfe einer SPS oder eines Computers zu realisieren. Jeder dieser Reglertypen ist daher unabhängig von der technologischen Realisierung.

Auf die Unterteilung von Reglern mit und ohne Hilfsenergie wird im folgenden nicht näher eingegangen, da diese hauptsächlich für mechanische, hydraulische und pneumatische Regler von Bedeutung ist. Elektrische oder elektronische Regler arbeiten immer mit einer Hilfsenergie.

4.1 Allgemeiner Aufbau von Reglern

Trotz der Vielzahl unterschiedlicher Reglertypen und deren Realisierungen in den verschiedenen Technologiebereichen, gibt es bei diesen Reglern Gemeinsamkeiten. Im allgemeinen muß ein Regler folgende Aufgaben erfüllen:

Messen,
Vergleichen,
Verstärken,
Erzeugung des Zeitverhaltens und der Stärke des Stellsignals,
Stellen.

Der allgemeine Aufbau eines Reglers ist in Bild 4.2 dargestellt.

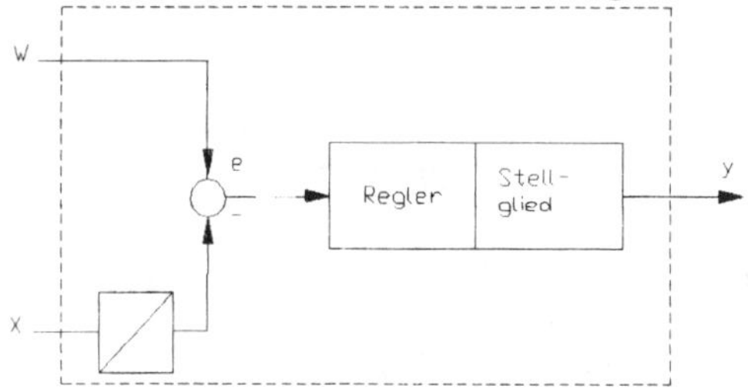

Bild 4.2 Allgemeiner Aufbau eines Reglers; (w: Führungsgröße bzw. Sollwert, x: Regelgröße, e: Regeldifferenz, y: Stellgröße)

Ein einfacher Regler hat wenigstens folgende Funktionen:

Vergleichen des gemessenen Regelwertes mit dem Sollwert, bzw. der Führungsgröße über Differenzbildung und
Umformen dieses Differenzsignals zu einem Stellsignal für den Prozeß.

Das Stellsignal braucht bei einfachen Reglern kein Leistungsstellsignal zu sein, dies kann von nachgeschalteten Leistungsstellgliedern erreicht werden.

Der Sollwert kann entweder variabel sein, oder über einen Sollwerteinsteller (SE), oder einen Sollwertparameter in dem Regler fest implementiert sein. In vielen Fällen kann der Sollwert wahlweise im Regler eingestellt werden (siehe Bild 4.3), oder als externes Signal auf den Vergleicher des Reglers aufgeschaltet werden (siehe Bild 4.4).

Bild 4.3 Einfacher Regler mit Sollwerteinsteller w

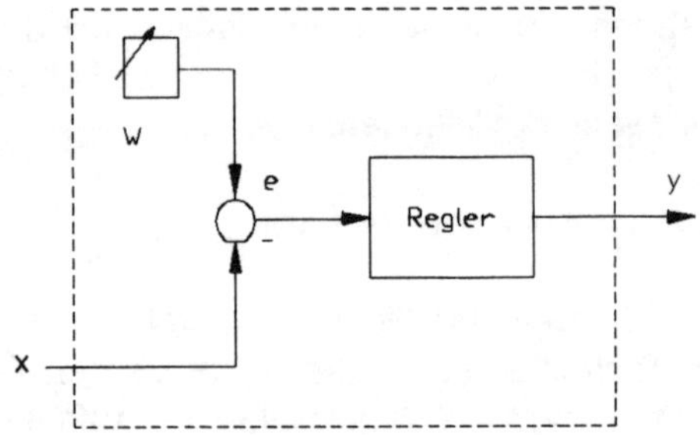

Bild 4.4 Einfacher Regler mit variablem, extern aufschaltbarem Sollwert

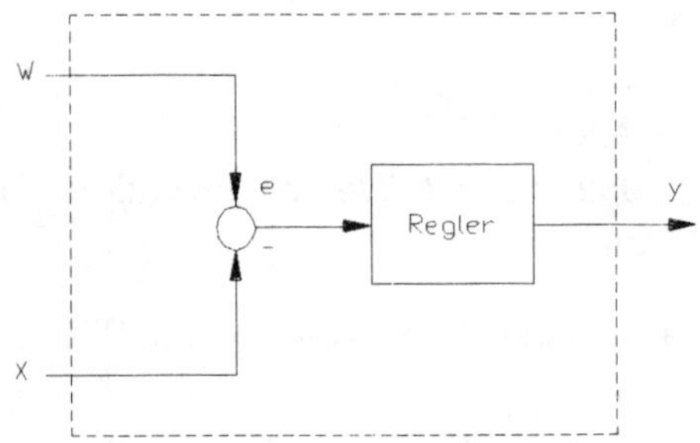

Die einfachste Art von Reglern sind Einzweckregler (siehe Bild 4.5). Einzweckregler werden für einen festen Verwendungszweck gebaut. Sie sind auch historisch die ältesten Reglertypen und können auch mechanisch realisiert werden, wenn nur einfache Regelcharakteristika benötigt werden. Ein Einzweckregler hat einen fest eingebauten Meßwandler für die Messung einer speziellen Regelgröße in einem fest vorgegebenen Regelbereich und wandelt nach Differenzbildung mit einem oft

Bild 4.5 Einzweckregler

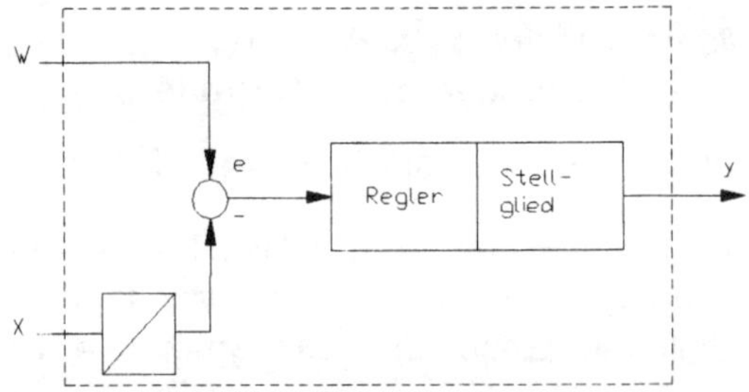

festen Sollwert das Vergleichssignal in ein für einen bestimmten Prozeß ausgelegtes Stellsignal um.

Ein ganz einfaches Beispiel für einen solchen Einzweckregler ist eine mechanische Wasserstandsregulierung über einen Schwimmer und ein Ventil. Diese Vorrichtung stellt eine vollwertige Regelung dar, der Regler selbst besteht aus Schwimmer, Hebel und Ventil für den Wasserzulauf. In dieser einfachen mechanischen Vorrichtung wird zugleich gemessen, verglichen, eine Regelcharakteristik erzeugt und ein Eingriff in den zu regelnden Prozeß vorgenommen.

Eine andere Art von Reglern sind Einheitsregler (siehe Bild 4.6), diese haben einheitliche Signalbereiche an Ein- und Ausgängen und werden heute sehr häufig eingesetzt. Pneumatische Einheitsregler haben einen Signalbereich von 0,02 bis 0,1 MPa (VDI/VDE 2179) und elektrische Einheitsregler Strombereiche von 0 - 20 mA (VDI/VDE 3515) bzw. 4 - 20 mA.

Bild 4.6 Einheitsregler

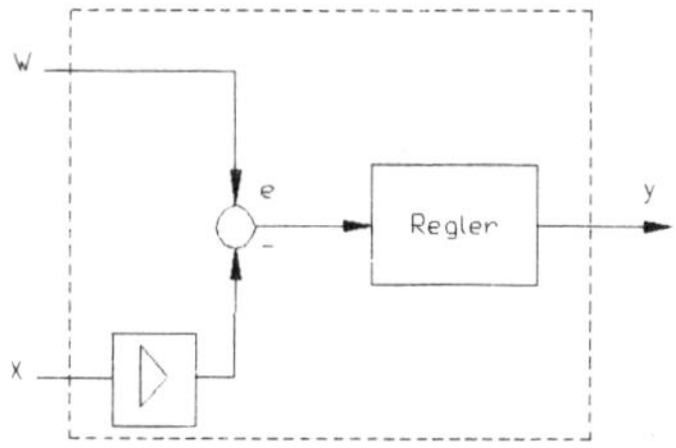

Einheitsregler benötigen zusätzlich Meßwerterfassungseinrichtungen, die die Prozeßsignale in die geforderten Einheitssignale wandeln und Stellglieder, die die Einheitssignale am Reglerausgang umsetzen in für den Prozeß geeignete Signale.

Ein wichtiges Einteilungskriterium für Regler ist die Art des Ausgangssignals. Auf diese Weise unterscheidet man zwischen den in Tabelle 4.1 aufgeführten Reglern.

Tabelle 4.1 Einteilung von Reglern nach der Art des Ausgangssignals

Regler	Ausgangssignal
Zweipunktregler	binäres Ausgangssignal
Mehrpunktregler	diskretes Ausgangssignal oder mehrere binäre Ausgangssignale
stetige Regler	analoges Ausgangssignal

Stetige Regler haben oft Vorteile gegenüber Mehrpunktreglern, da diese die der Regelstrecke zugeführte Energie genauer dosieren können. Mehrpunktregler sind dagegen wegen ihrer technischen Einfachheit und Robustheit besonders dann geeignet, wenn eine größere Schwankungsbreite der Regelgröße zulässig ist.

4.2 Mehrpunktregler

In vielen Fällen ist die einfachste Realisierungsmöglichkeit eines Reglers ein Regler mit einem schaltenden Ausgang. Als Schaltstufe bezeichnet man eine am Ausgang des Reglers zur Verfügung stehende Leistungsstufe. Im einfachsten Fall besitzt ein schaltender Regler die beiden Schaltstufen Ein und Aus. Die Anzahl der Schaltpunkte gibt an, an wievielen Stellen in der Reglerkennlinie eine Umschaltung zwischen Leistungsstufen erfolgt, Tabelle 4.2.

Tabelle 4.2 Zahl von Schaltstufen und Schaltpunkten eines Reglers

Name	Schaltstufen	Schaltpunkte
Zweipunktregler	2	1
Dreipunktregler	3	2
Mehrpunktregler	n	n-1

Diese Art der Reglerrealisierung ist auch diejenige Art, die für den Steuerungstechniker am naheliegendsten ist. Die Mehrpunktregler werden auch unstetige Regler genannt, da sie, bedingt durch die Schaltstufen am Ausgang, auf eine kontinuierlich ansteigende Regeldifferenz ein Stellsignal mit einem Sprung liefern. Mehrpunktregler haben in vielen Fällen ein überraschend gutes Regelverhalten. Dies liegt daran, daß das zeitliche Verhalten im Regelkreis von richtig dimensionierten Mehrpunktreglern nur von der Verzugszeit des Prozesses abhängt.

Zusätzlich gibt es Mehrpunktregler, die auch über eine interne Rückführung verfügen und in der Lage sind, ihre Schalthäufigkeit dem Prozeßverhalten anzupassen. Dadurch wird die Energiezufuhr zu dem Stellglied feiner dosierbar.

4.2.1 Einfacher Zweipunktregler

Zweipunktregler sind sehr häufig anzutreffen, sie bestehen aus

einem Vergleicher,
einem Verstärker, wenn sie elektronisch realisiert werden,
und einem Ausgangssignalumformer mit Zweipunktcharakteristik.

Als Ausgangsstellglied kann je nach Einsatzbereich ein Relais, ein Schütz oder ein Thyristorschalter verwendet werden. Die binären Ausgangsleistungssignalformer sind im Gegensatz zu analogen besonders preiswert. Auch das im Prozeß installierte Stellglied ist besonders einfach und daher preiswert zu realisieren, da es nur zwei Schaltzustände kennt (Bild 4.7).

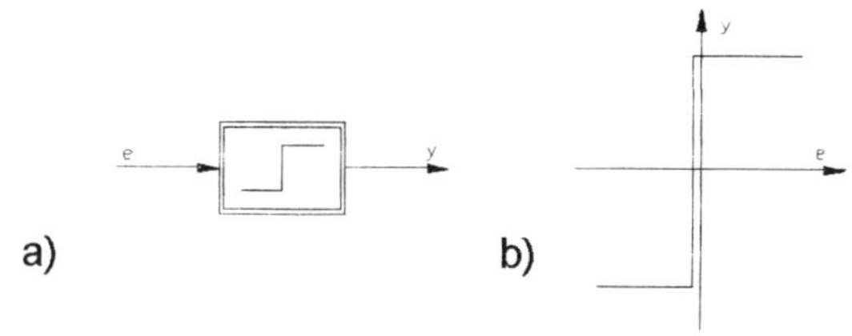

Bild 4.7 Charakteristik eines Zweipunktreglers; a) Blocksymbol, b) Kennlinie

Zweipunktregler lassen sich auch besonders einfach mit Hilfe von speicherprogrammierbaren Steuerungen verwirklichen, da diese immer über binäre Ausgänge verfügen. Der Rechenaufwand zur Programmierung eines solchen Reglers ist besonders klein. Ein Zweipunktregler liefert bei Überschreiten des Sollwertes ein Aus-Signal an das Stellglied, bei Unterschreiten ein Ein-Signal.

In einer Industrieofenanlage nach Bild 4.8 wird Prozeßgut auf eine Temperatur von 300°C aufgeheizt. Zur Regelung wird ein einfacher Zweipunktregler eingesetzt. Man kann sich diesen Zweipunktregler als einen Thermostat vorstellen, dessen Schaltpunkt bei 300°C liegt. Wird nun die Heizung des Industrieofens eingeschaltet, fährt der Ofen mit der Streckencharakteristik der Ofenregelstrecke hoch. Wenn der Thermofühler eine Temperatur mißt, die gleich dem Sollwert ist, wird die Regeldifferenz gleich 0 und der Regler schaltet die Heizung aus.

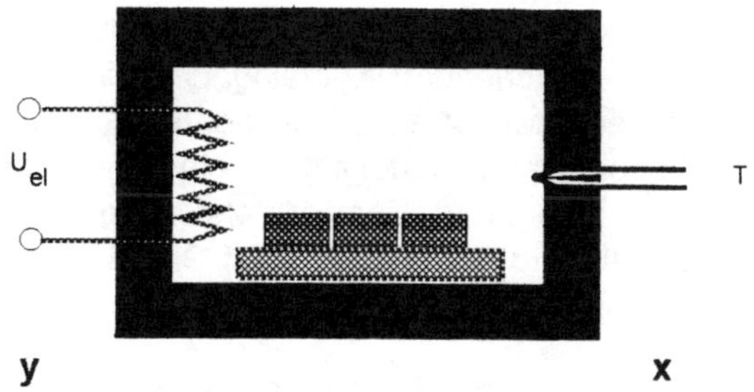

Bild 4.8 Schnitt durch einen Industrieofen; U_{el}: Heizspannung, T : gemessene Temperatur

Das Zeitverhalten einer solchen Regelung ist in Bild 4.9 dargestellt. Da das Thermoelement die Temperatur des Ofens verzögert mißt, ist die tatsächliche Temperatur des Ofens am Ausschaltpunkt größer, als die am Thermostat eingestellte Temperatur.

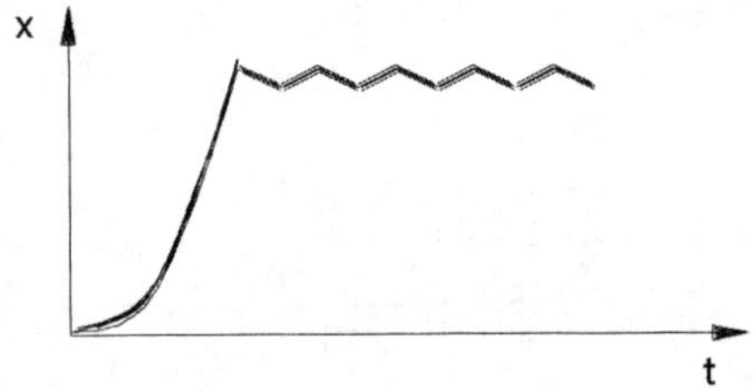

Bild 4.9 Zeitverhalten eines Ofens, der über einen Zweipunktregler geregelt wird

Nach Ausschalten der Heizung kühlt der Ofen ab. Unterschreitet die vom Thermoelement gemessene Temperatur den Sollwert, schaltet die Heizung wieder ein. Auch diese Abkühlung wird mit einer Verzögerung gemessen. Ändern sich die äußeren Bedingungen und der Sollwert nicht, wiederholt sich das Ein- und Ausschalten des Reglers. Man stellt also bei der Regelung mit Zweipunktreglern eine Schwankungsbreite der Regelgröße fest. Die Schwankungsbreite ist bei Zweipunktreglern ohne Hysterese abhängig von der Verzugszeit der gesamten Regelstrecke einschließlich des Meßgliedes.

Wird eine Regelstrecke mit einem einfachen Zweipunktregler geregelt, kann die minimal auftretende Schwankungsbreite bei einer elektronischen oder digitalen Realisierung sehr klein werden. Bei der digitalen Realisierung hat man günstigstenfalls nur ein Digit Schwankungsbreite.

Obwohl die Regeldifferenz erfreulich klein ist, hat man jedoch einen großen technischen Nachteil. Bei kleinen Verzugszeiten T_u ist die Schalthäufigkeit sehr hoch. Dies führt zu einer schleichenden Kontaktgabe bei dem Leistungsstellglied, wenn dieses mechanisch arbeitet. Diese schleichende Kontaktgabe ist gefährlich. Sie tritt auf, wenn Relais oder Schütze ständig mit einer sehr hohen Schaltfrequenz angesprochen werden oder sogar in einer Mittelstellung gehalten werden. Dies führt zu einer raschen Abnützung der Kontakte auf Grund einer Lichtbogenbildung. Daher muß nach einer Lösung gesucht werden, die die Schalthäufigkeit herabsetzt.

Bei kleinen Verzugszeiten T_u des Prozesses wird die Schalthäufigkeit eines Zweipunktreglers ohne Schaltdifferenz sehr hoch. Dies führt zu einer schnellen Abnutzung elektromechanischer Ausgangssignalumformer (Relais, Schütze).

4.2.2 Zweipunktregler mit Schaltdifferenz (Hysterese)

Eine Verringerung der Schalthäufigkeit wird durch Einfügen einer Schaltdifferenz erreicht. Ein Regler mit Schaltdifferenz schaltet bei einer höheren Regeldifferenz ein, als er ausschaltet (siehe Bild 4.10). Dies nennt man auch eine Hysterese. Mit Hilfe von Triggerschaltungen in der Elektronik oder softwaremäßig in SPS-Programmen können Hysteresen realisiert werden.

Bild 4.10 Zweipunktregler mit Schaltdifferenz; a) Blocksymbol, b) Kennlinie

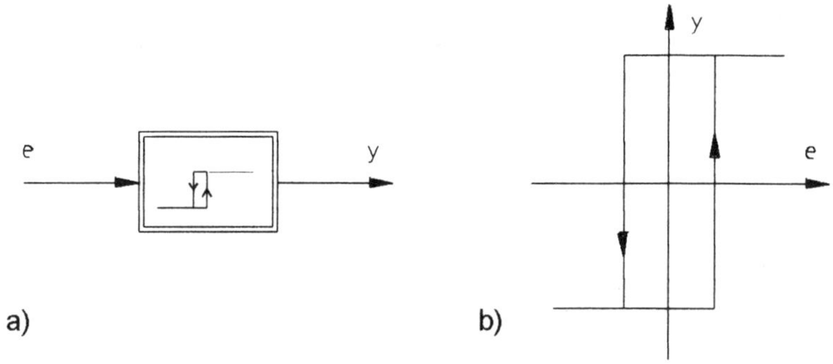

Die Schaltdifferenz erhöht zusätzlich die Schwankungsbreite des Regelkreises. Die Aufheizung erfolgt in der Einschaltphase bis zum Erreichen des oberen Schaltpunktes. Anschließend schaltet der Regler ab und wartet, bis der untere Schaltpunkt wieder erreicht wird, um dann den Aufheizvorgang erneut zu beginnen. Man beobachtet daher ein dreieckförmiges Hin- und Herpendeln der Regelgröße zwischen dem oberen und unteren Schaltpunkt (Bild 4.11).

Bild 4.11 Wirkung der Schaltdifferenz x_{sd} in einem Regelkreis

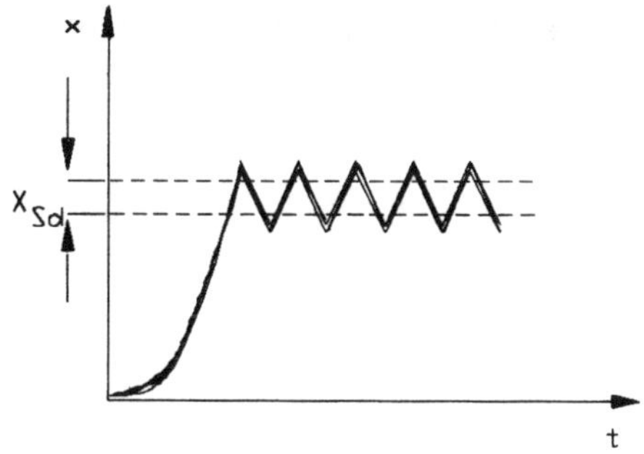

Die Schaltdifferenz führt zu einer Erhöhung der Schwankungsbreite und zu einer Senkung der Schalthäufigkeit. In der Praxis muß ein geeigneter Kompromiß gewählt werden.

Die Regelstrecke erhält über den Zweipunktregler entweder eine zu große oder eine zu kleine Stellgröße, da sich die Wirkung des Stellglieds nicht dosieren läßt. Dies führt zu den dreieckförmigen Schwankungen der Regelgröße.

4.2.3 Dreipunktregler

Dreipunktregler haben drei mögliche Ausgangssignalpegel und zwei Schaltpunkte (siehe Bild 4.12). Dreipunktregler werden meistens eingesetzt, um das Verhalten von Zweipunktreglern zu verbessern, indem eine zusätzliche Schaltstufe des Ausgangssignals benutzt wird. Derartige Regler finden sich oft in Heizungsregelungen mit zwei verschiedenen Schaltstufen.

Bild 4.12 Einfacher Dreipunktregler mit drei Schaltstufen; a) Blocksymbol, b) Kennlinie

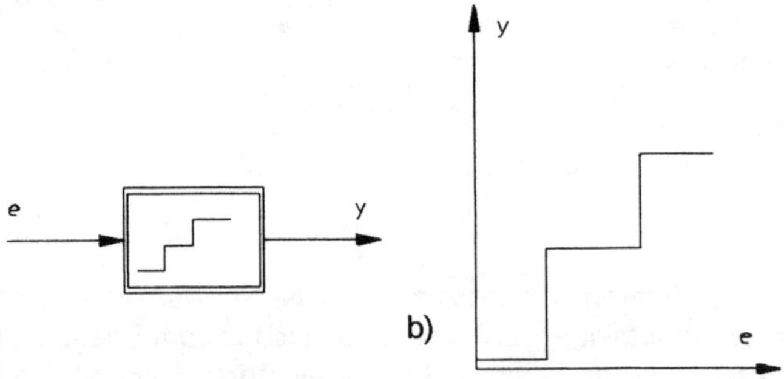

Dreipunktregler werden auch für einfache Aufgaben bei Antriebssystemen benutzt. In diesem Fall, Bild 4.13, ist das unterste Niveau ein negativer Signalpegel und entspricht der Aufgabenstellung Motor rückwärts, der mittlere Signalpegel ist der Ausschaltzustand und der oberste Signalpegel bedeutet Motor vorwärts. Die neutrale oder tote Zone um die Regeldifferenz e = 0 verhindert bei einer solchen Antriebsregelung, daß der Motor ständig vorwärts und rückwärts geschaltet wird.

Bild 4.13 Kennlinie eines bipolaren Dreipunktreglers

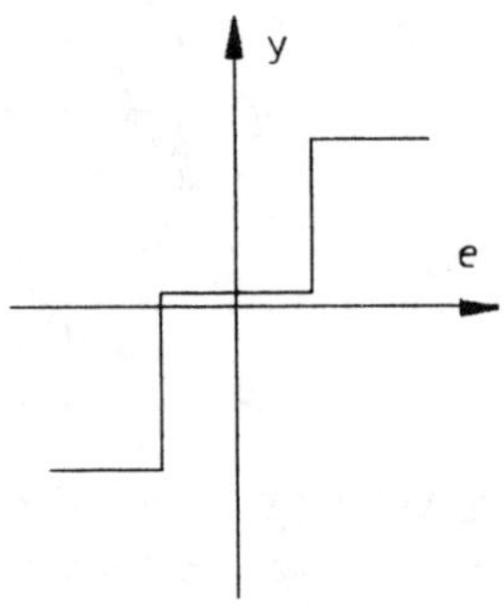

Bleibt die Regeldifferenz innerhalb dieser toten Zone, bleibt der Motor ausgeschaltet. Erst bei Über- oder Unterschreiten der toten Zone setzt sich der Motor in der entsprechenden Richtung in Bewegung, um die Regeldifferenz wieder auf eine Abweichung innerhalb der toten Zone zurückzuführen.

4.2.4 Dreipunktregler mit Schaltdifferenz

Wie beim Zweipunktregler können auch Dreipunktregler mit einer Schaltdifferenz oder einer Hysterese versehen werden (siehe Bild 4.14). Dies verbessert das Verhalten eines Dreipunktreglers in derselben Weise, wie beim Zweipunktregler. Die Schaltdifferenz ist bei Dreipunktreglern besonders dann von Vorteil, wenn die Schaltpunkte des Dreipunktreglers symmetrisch aufgebaut sind, d.h. wenn der mittlere Ausgangssignalpegel 0 ist.

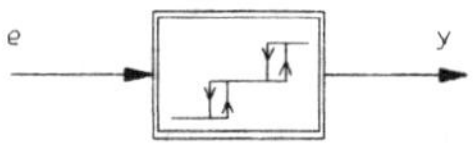

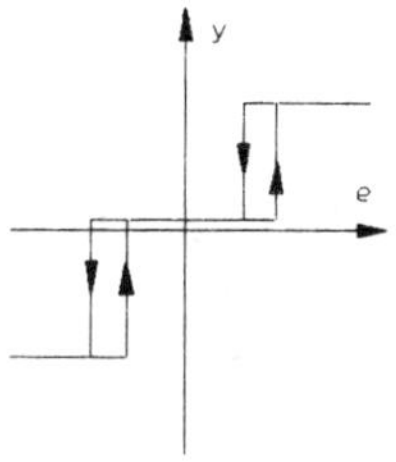

Bild 4.14 Dreipunktregler mit Schaltdifferenz; a) Blocksymbol, b) Kennlinie

4.2.5 Mehrpunktregler mit Rückführung (stetigähnliche Regler)

Die unter 4.2.1 bis 4.2.4 besprochenen Mehrpunktregler sind Regler, die ohne Verzug arbeiten. Das Regelverhalten dieser Regler ist immer durch eine statische Kennlinie beschreibbar. Das Ausgangssignal dieser Regler hängt nicht von der zeitlichen Vorgeschichte der Regeldifferenz ab, sondern nur von der momentanen Regeldifferenz. Solche Regler sind in ihrem Verhalten relativ einfach und haben daher in einigen Einsatzgebieten große Nachteile. Die Variationsmöglichkeiten dieser Regler liegen lediglich in der Wahl der Schaltpunkte, der Ausgangssignalniveaus und der Hysteresebreiten. Mit diesen Parametern lassen sich Mehrpunktregler oft nur unbefriedigend an technische Regelstrecken anpassen.

Für viele Einsatzgebiete wäre es vorteilhaft, wenn diese Mehrpunktregler in ihrem zeitlichen Verhalten an unterschiedliche Aufgaben anpaßbar wären. Das bedeutet, diese Regler sollten sich bei einer bleibenden kleinen Regeldifferenz anders verhalten, als bei einer kurzfristig großen Regeldifferenzänderung. Man versieht solche Regler daher in einigen Fällen, wie in Bild 4.15 dargestellt, mit einer zusätzlichen zeitabhängigen Rückführung. Mit dieser können die Regelstrecken auf schnelle Regeldiffernzänderungen schneller reagieren, als auf langsame.

Die genauen Arten und Vorteile dieser Mehrpunktregler mit Rückführung sollen zu einem späteren Zeitpunkt betrachtet werden, da die entsprechenden Untersuchungen nur in Zusammenhang mit unterschiedlichen technischen Regelstrecken sinnvoll sind. Nähere Informationen finden sich in Kapitel 7.2.

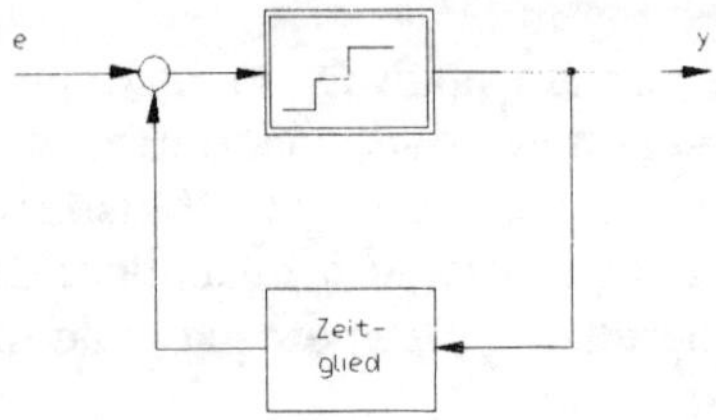

Bild 4.15 Dreipunktregler mit Rückführung über ein Zeitglied

Mittelt man das Ausgangssignal dieses Reglertyps über ein geeignetes Zeitintervall, zeigt es ein ähnliches Verhalten wie das Signal eines stetigen Reglers. Daher heißt dieser Reglertyp auch stetigähnlicher Regler (DIN 19225).

4.3 Stetige Regler

Stetige Regler sind in vielen Regelsystemen von Vorteil, da sie wesentlich genauer arbeiten können. Der Grund dafür ist, daß das Stellsignal innerhalb des Stellbereiches beliebige Werte annehmen kann. Der Eingriff in einen Prozeß läßt sich damit stetig den Anforderungen des Prozeßgeschehens anpassen. Die Regelstrecke kann mit fein dosierbaren Stellsignaländerungen gesteuert werden. Je nach auftretender Regeldifferenz können die Reaktionen des Reglers groß oder klein sein. Stetige Regler unterscheidet man an ihrem Zeitverhalten. Alle normalerweise in der Technik eingesetzten stetigen Regler sind inerhalb ihres Arbeitsbereiches linear. Das heißt, wenn die Regeldifferenz doppelt so groß ist, ist auch das entsprechende Regelsignal doppelt so groß.

4.3.1 Proportionale Regler (P-Regler)

Die einfachste denkbare Regelschaltung besteht in der Aufschaltung der Regeldifferenz auf die Regelstrecke nach Bild 4.16. Eine solche Schaltung ermöglicht schon ein einfaches regelndes Verhalten. Ist die Regelgröße, bedingt durch eine in die Regelstrecke eingreifende Störung zu groß, verringert sich die Regeldifferenz. Durch diese Verringerung der Regeldifferenz wird auch die Stellgröße verringert. Entsprechend erhält man dann nach einer gewissen Zeit ein Absinken der Regelgröße. Unterschreitungen des Sollwertes wirkt dieser einfache Regler entgegen, indem proportional zur Regeldifferenz die Stellgröße hochgefahren wird.

Im allgemeinen haben P-Regler einen beliebigen Verstärkungsfaktor. Der P-Regler setzt sich insgesamt aus dem Vergleicher, der die Differenz zwischen der Führungsgröße und der Regelgröße bildet und einem nachgeschalteten Verstärker bzw. Abschwächer zusammen.

Bild 4.16 Einfache Form einer P-Regelung

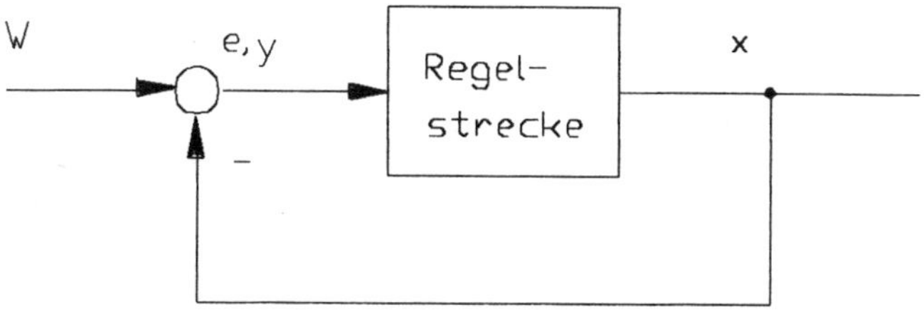

Man kann durch diese Anordnung einstellen, wie stark der proportional wirkende Regler auf Regeldifferenzen reagiert. Der Proportionalbereich realer P-Regler ist begrenzt. In der Regel entsteht diese Begrenzung des Proportionalbereiches durch eine Begrenzung der möglichen Stellgrößen. Der endliche Stellbereich führt über die Kennlinie des Proportionalreglers zu einer Begrenzung des Proportionalbereiches. Liegen Regeldifferenzen innerhalb des P-Bereiches, reagiert der Regler mit einem proportional zur Regeldifferenz wirkenden Stellsignal. Liegen die Regeldifferenzen außerhalb des P-Bereiches, flacht die Kurve des P-Reglers ab und geht in eine Horizontale über. Bei Regeldifferenzen außerhalb des P-Bereiches werden geringere oder sogar keine Stellgrößenänderungen erzeugt. Je größer der Proportionalbeiwert K_p eines P-Reglers ist, desto kleiner ist der entsprechende P-Bereich X_p. Bei sehr hohen Proportionalbeiwerten ähnelt die Kennlinie eines P-Reglers der Kennlinie eines Zweipunktreglers.

Bild 4.17 Proportionalbereich eines technischen P-Gliedes, (Stellgröße y in Abhängigkeit der Regeldifferenz e)

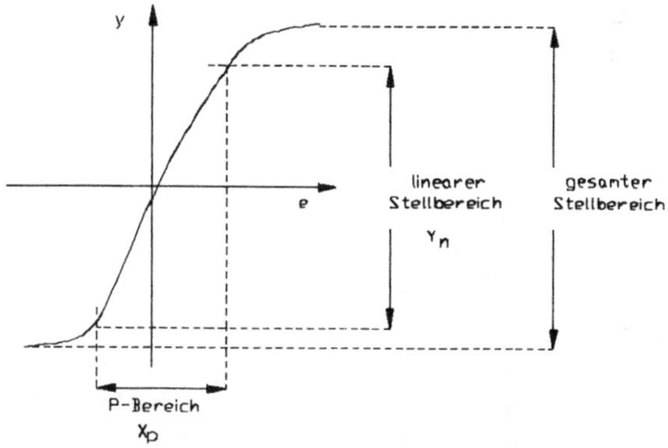

Der Proportionalbeiwert K_p läßt sich sehr einfach aus dem Stellbereich Y_n und dem P-Bereich X_p berechnen:

$$K_p = Y_n / X_p$$

Das Verhalten eines Industrieofens (PT1-Glied), der über einen Proportionalregler geregelt wird, soll näher untersucht werden (siehe Bild 4.18). Tritt während des Betriebs eine zusätzliche Last auf, indem kaltes Prozeßgut in den Ofen eingeführt wird, sinkt die Temperatur des Ofens. Dies bedingt ein Steigen der Regeldifferenz, die damit der Störgröße in dem Ofen entgegenwirkt. Je näher die Ofentemperatur an den Sollwert herankommt, desto geringer wird die Stellgröße y. Bleibt die Störgröße bestehen, tritt eine bleibende Regelabweichung auf. Diese bleibende Regelabweichung ist unabhängig von der technischen Realisierung des Proportionalreglers. Sie tritt sowohl bei mechanischen, pneumatischen als auch bei elektrisch wirkenden Reglern und Stellgliedern auf. Sie liegt in dem Prinzip des P-Reglers begründet.

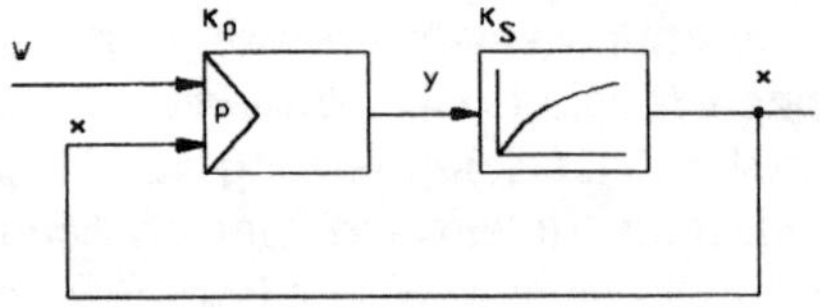

Bild 4.18 Regelkreis mit einem Proportionalregler und einem PT1-Glied

Sieht man sich einmal die Verhaltensweisen der einzelnen Regelkreisglieder in einem Regelkreis mit einem P-Regler in ihrem Langzeitverhalten an, ergibt sich eine einfache Gleichung:

$$e = w - x$$

$$y = K_p e$$

$$x = K_s y + z$$

$$\mathbf{e = (w - z) / (1 + K_p K_s)}$$

Aus dieser Gleichung für die bleibende Regeldifferenz ergibt sich, daß sowohl bezüglich der Führungsgröße, als auch der Störgröße eine bleibende Regeldifferenz auftritt. Aus der Gleichung ist ersichtlich, daß die Regeldifferenz um so kleiner ist, je größer der Proportionalbeiwert der gesamten Regelstrecke ist. Man kann also die Regeldifferenz in Regelkreisen mit P-Reglern dadurch verringern, daß man den Verstärkungsfaktor des P-Reglers heraufsetzt. Dies ist nicht unbegrenzt möglich. Wie in dem Kapitel 7.3. gezeigt wird, neigen viele praktische Regelstrecken bei einem zu hohen Proportionalbeiwert zu einem schwingenden Verhalten. Dadurch können sehr leicht die Vorteile einer langfristig geringeren Regelabweichung zunichte gemacht werden.

P-Regler sind auf Grund ihres regelungstechnischen Prinzips, unabhängig von der technischen Bauart, nicht in der Lage, Störgrößen restlos auszuregeln. Die verbleibende Regelabweichung ist abhängig von dem Proportionalbeiwert K_P des Reglers, bzw. dem P-Bereich X_P des Reglers.

Ein großer P-Bereich X_P bzw. ein kleiner Proportionalbeiwert K_P des Reglers führt zu einer großen bleibenden Regelabweichung.

Zu kleine Proportionalbereiche X_P bzw. zu große Proportionalbeiwerte K_P des Reglers führen in den meisten technischen Systemen zu einem schwingenden Verhalten des gesamten Regelkreises.

Schaltet man auf einen Proportionalregler eine Sprungfunktion auf, ergibt sich als dessen Ausgangssignal ebenfalls eine Sprungfunktion, deren Höhe vom Proportionalbeiwert des P-Reglers abhängt (siehe Bild 4.19). Der Ausgangssignalsprung folgt dem Eingangssignalverhalten im Idealfall ohne Verzug. Je höher der Regeldifferenzsprung e am Eingang des P-Reglers ist, um so höher ist der Stellsignalsprung am Ausgang des Reglers (siehe Bild 4.20). In regelungstechnischen Blockschaltbildern wird daher zur Darstellung eines Proportionalreglers die Blockdarstellung für ein proportional wirkendes Übertragungsglied verwendet.

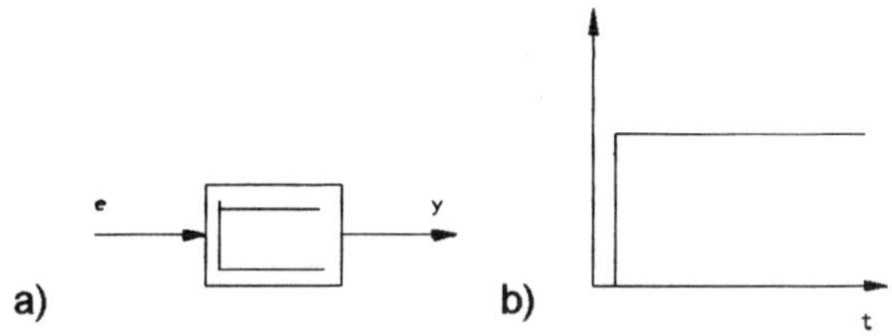

Bild 4.19 P-Glied: a) Blocksymbol, b) Sprungantwort

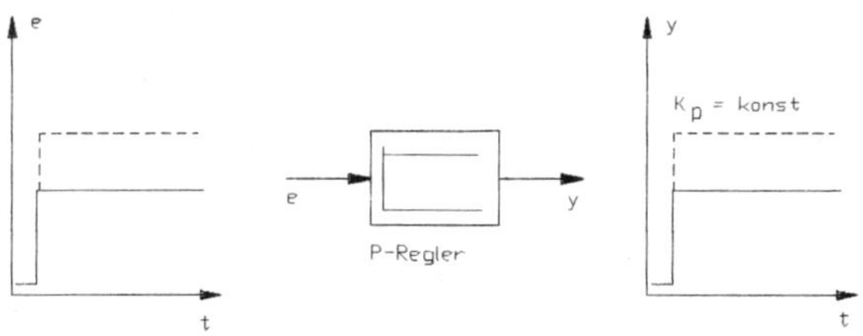

Bild 4.20 Sprungantwort eines P-Gliedes bei verschieden hohen Eingangssignalen

Je größer Kp ist, um so höher ist das resultierende Stellsignal y (siehe Bild 4.21).

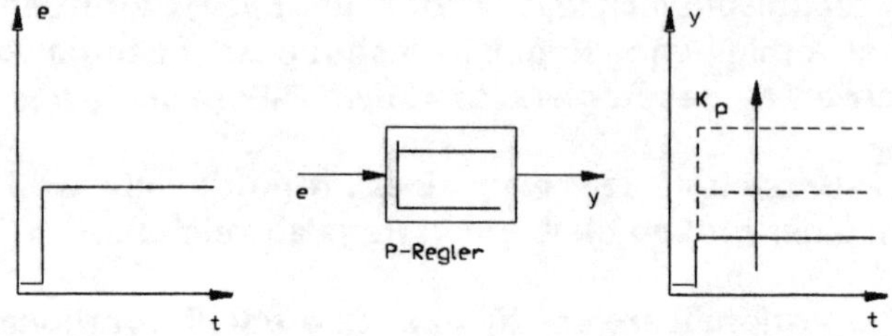

Bild 4.21 Sprungantwort bei verschiedenen Proportionalbeiwerten

4.3.2 Integrale Regler (I-Regler, PI-Regler)

4.3.2.1 I-Regler

Der reine P-Regler ist ein statischer Regler, sein Verhalten hängt nicht von der zeitlichen Entwicklung der Regeldifferenz ab. Anders verhält sich dagegen ein rein integral wirkender Regler. Er summiert die Regeldifferenz über die Zeit. Je länger eine Regeldifferenz an dem Regler ansteht, desto größer wird das Stellsignal des I-Reglers. Schaltet man auf den Eingang eines I-Reglers einen Sprung, beginnt die Stellgröße des Reglers wie in Bild 4.22 dargestellt sofort nach dem Sprung zu steigen. Der Anstieg ist linear.

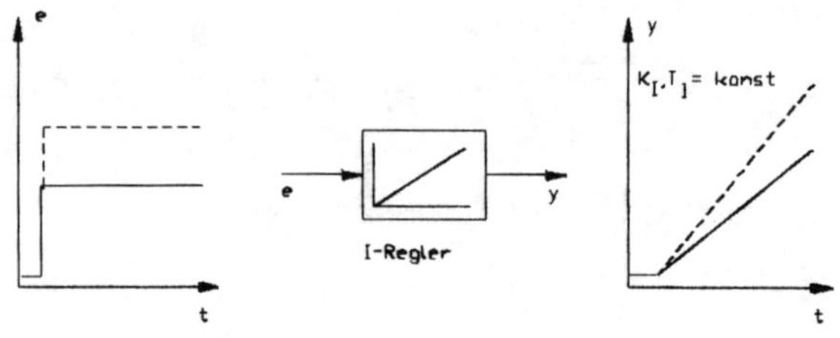

Bild 4.22 Sprungantworten eines I-Reglers bei verschiedenen Höhen des Eingangssignals

Bei dem I-Regler ist die Stellgeschwindigkeit proportional zur Regeldifferenz. Da mathematisch und auch technisch sein Verhalten über eine Integration erreicht wird, nennt man diesen Regler einen integral wirkenden Regler oder abgekürzt I-Regler. Stehen Regeldifferenzen an dem Eingang des I-Reglers nur kurz an, ist das entsprechende Stellsignal klein. Der I-Regler wirkt daher langfristig auf

Regeldifferenzen. Die Wirkungsweise des I-Reglers ist durch folgende Gleichung gegeben:

$$y = \int K_{IR}\, e\, dt = \int e / T_n\, dt$$

Man kann die Wirkungsweise des reinen I-Reglers mit dem Integrierbeiwert K_I beschreiben. In Bild 4.23 ist dargestellt, wie die Änderungsgeschwindigkeit des Ausgangssignals von der Höhe des Integrierbeiwertes K_I abhängt.

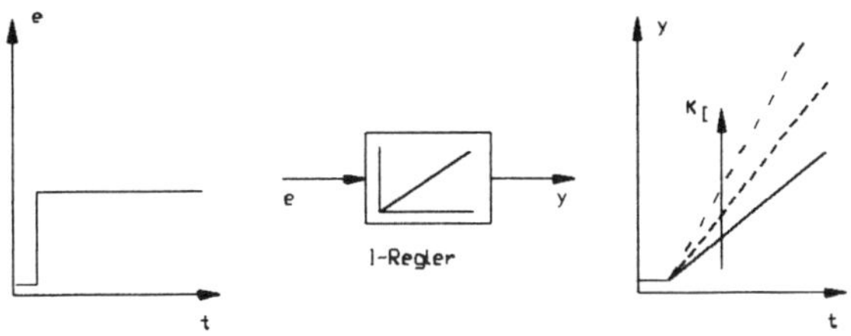

Bild 4.23 Sprungantworten eines I-Gliedes bei verschiedenen Integrierbeiwerten

4.3.2.2 PI-Regler

Um das regelungstechnische Verhalten von P-Reglern zu verbessern, kann man ein zusätzliches integrierendes Glied gemäß Bild 4.24 zu dem Regler hinzufügen. Das integrierende Glied bewirkt, daß langfristig vorhandene, auch kleine Regelabweichungen, in dem integrierenden Glied aufintegriert, bzw. summiert werden. Daher ergibt sich bei einer gleichbleibenden Regelabweichung ein proportional steigendes Stellsignal. In Bild 4.25 ist dargestellt, wie ein PI-Regler auf unterschiedliche Regeldifferenzsprünge reagiert.

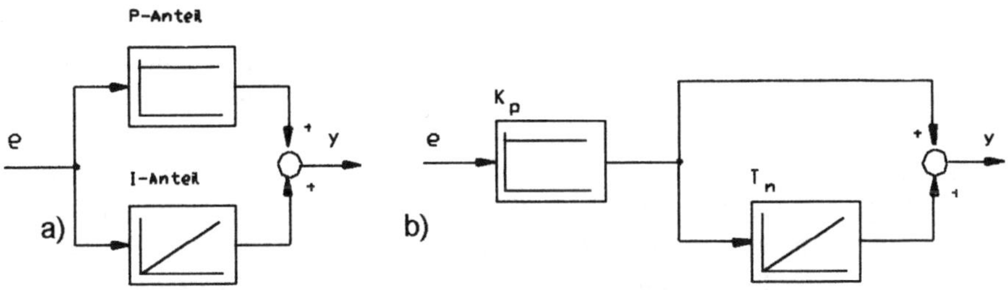

Bild 4.24 Schaltbilder eines PI-Reglers; a) prinzipieller Aufbau, b) technischer PI-Regler nach DIN 19226

Dieses steigende Stellsignal führt dazu, daß der Störung in der Regelstrecke langfristig entgegengewirkt werden kann. Je länger eine solche Regeldifferenz an dem Reglereingang ansteht, desto größer ist der Stellwert, der sich am Reglerausgang aufbaut. Daher kann ein PI-Regler auch kleinste Regeldifferenzen langfristig ausregeln. Je kleiner die Nachstellzeit T_n des Reglers ist, desto schneller erhöht sich das Stellsignal y bei gleichem Zeitverlauf der Regeldifferenz (siehe Bild 4.26).

Bild 4.25 Sprungantworten eines PI-Reglers bei verschieden hohen Eingangssignalen

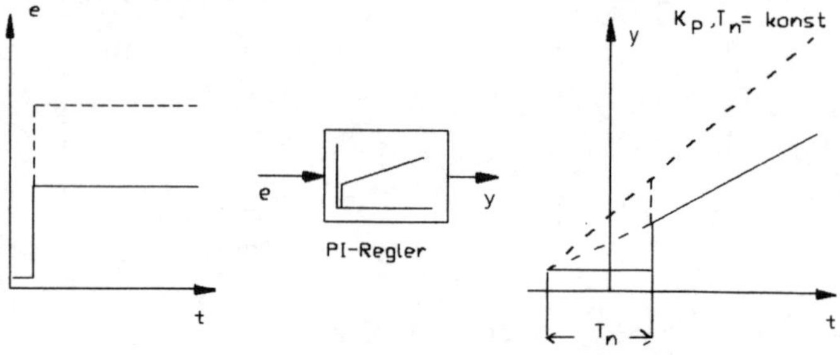

Bild 4.26 Sprungantworten eines PI-Reglers bei unterschiedlichen Nachstellzeiten

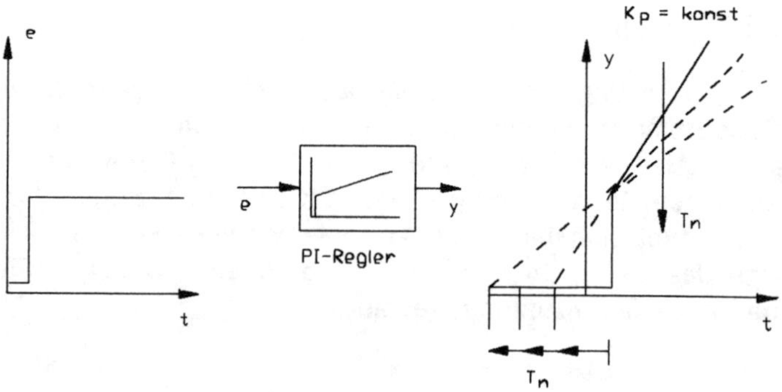

Technisch wird ein solcher Regler durch eine Parallelschaltung eines proportional wirkenden Gliedes und eines Integrators oder auch zeitlich summierenden Gliedes realisiert. Untersucht man diesen Regler näher, indem man zur Ermittlung des Zeitverhaltens eine Sprungfunktion auf den Eingang schaltet, erkennt man, daß die sich am Ausgang ergebende Sprungfunktion zum Teil vom proportional wirkenden Glied stammt, welches sofort nach dem Sprung am Eingang ebenfalls einen Sprung in dem Ausgangssignal bewirkt. Danach beginnt der integrierende Anteil zu wirken, der ein lineares Ansteigen der Stellgröße bewirkt.

Der P-Anteil des Reglers wird durch den Proportionalwert K_p charakterisiert, der I-Anteil durch die Nachstellzeit T_n. Je größer die Nachstellzeit des I-Anteils ist, desto flacher ist der Anstieg der Sprungantwort des PI-Reglers.

Die Nachstellzeit T_n ist die Zeit, die vergeht, bis der I-Anteil des PI-Reglers die Größe des P-Anteils erreicht hat.

Das Verhalten eines PI-Reglers ist durch folgende Gleichung charakterisiert:

$$y = K_p \left(1 + 1/T_n \int e \, dt \right)$$

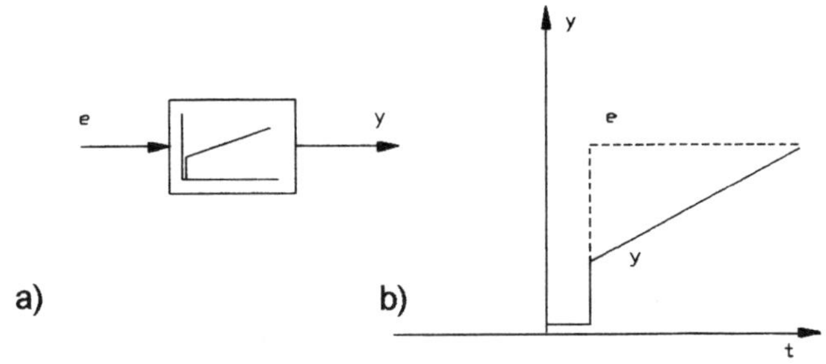

Bild 4.27 PI-Regler;
a) Blocksymbol,
b) Sprungantwort

4.3.3 Differentielle Regler (PD-Regler)

Verstärker mit I-Verhalten sind nur dazu geeignet, Störungen langfristig entgegen zu wirken. Besteht in einem technischen System jedoch die Aufgabe, großen Störgrößenänderungen schnell entgegen zu wirken, oder schnellen Führungsgrößenänderungen sofort zu folgen, benötigt man ein anderes Reglerverhalten.

Der proportional wirkende Regler kann um einen Anteil ergänzt werden, der ausschließlich auf die Schwankungen der Regeldifferenz reagiert (siehe Bild 4.28). Dieser Anteil soll um so stärker wirken, je größer die Änderung der Regeldifferenz ist. Glieder, die ein solches Verhalten zeigen, nennt man differenzierende Glieder. Mathematisch werden solche Glieder durch die Ableitung einer Signalgröße nach der Zeit beschrieben.

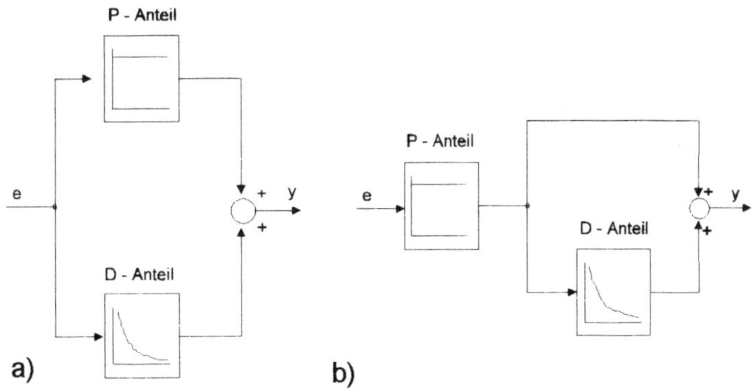

Bild 4.28 Schaltbilder eines PD-Reglers; a) prinzipieller Aufbau, b) technischer PD-Regler

Programmtechnisch realisiert man differenzierende Glieder durch den Vergleich der gespeicherten Regelabweichung mit der aktuellen Regelabweichung. Das Verhalten des D-Anteils in technischen Reglern entspricht einem idealen Differenzierer mit zusätzlichem Verzögerungsglied erster Ordnung. Man nennt dieses Verhalten PDT1. Die Amplitude nach einem Sprung ist nicht so hoch wie bei einem idealen D-Glied, dafür klingt der D-Anteil langsamer ab .

Schaltet man ein proportional wirkendes Glied und ein differenzierendes Glied parallel, erhält man einen PD-Regler, oder auch Proportional-Differential-Regler genannt. Reine D-Regler führen nur selten zu einem stabilen Regelkreisverhalten und werden daher in der Praxis nicht eingesetzt.

Der PD-Regler hat die Eigenschaft, gleichzeitig proportional zur Regeldifferenz und zur zeitlichen Veränderung der Regeldifferenz zu wirken. Schaltet man auf einen isolierten PD-Regler eine Sprungfunktion auf, beobachtet man zum Zeitpunkt des Sprunges einen abrupten Anstieg des Ausgangssignals des Reglers. Dieser fällt dann mit einer gewissen Zeitcharakteristik ab. Ist der D-Anteil des Reglers abgeklungen, bleibt der Proportionalanteil des Reglers in dem Sprungverhalten übrig (siehe Bild 4.29).

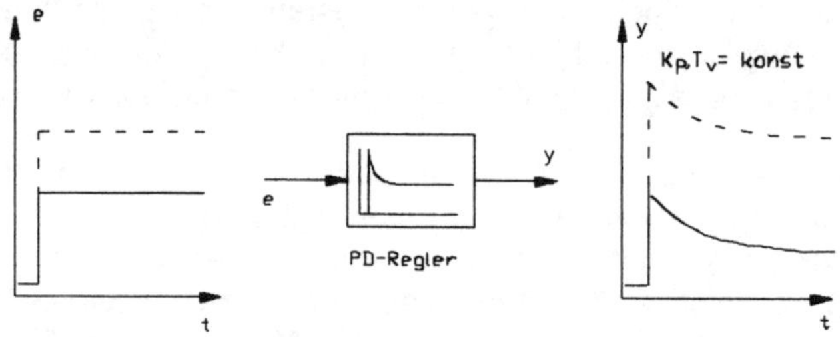

Bild 4.29 Sprungantworten eines PD-Reglers bei verschieden hohen Eingangssignalen

Ein PD-Regler ist durch zwei Parameter gekennzeichnet. Er besitzt einen Proportionalbeiwert K_P und eine Vorhaltezeit T_V. Die Vorhaltezeit bezeichnet die Wirkung des D-Anteils des PD-Reglers. Je größer die Vorhaltezeit ist, desto länger greift das differenzierende Glied nach einem Regeldifferenzsprung in das zeitliche Verhalten eines Reglers ein. Der Proportionalbeiwert K_P bestimmt, wie bei dem P- und dem PI-Regler, den proportional zur Regeldifferenz wirkenden Anteil der Regelung.

Die Vorhaltezeit Tv ist diejenige Zeit, um welche die Anstiegsantwort eines PD-Reglers einen bestimmten Wert der Stellgröße früher erreicht als ein entsprechender P-Regler.

In Bild 4.30 ist dargestellt, wie sich die Antwort eines PD-Reglers in Abhängigkeit der Vorhaltezeit T_V verändert.

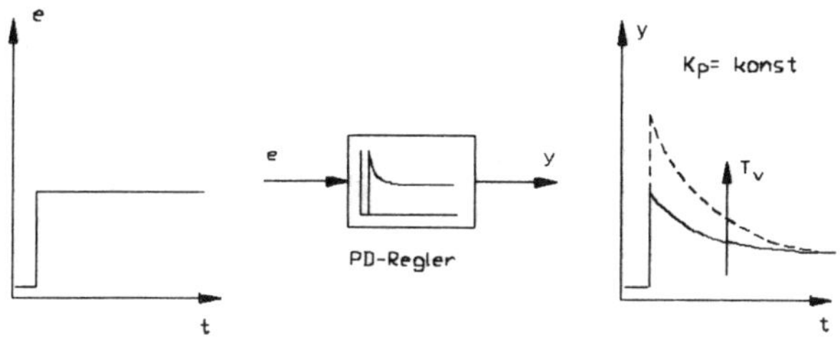

Bild 4.30 Sprungantworten eines PD-Reglers bei verschiedenen Vorhaltezeiten

Auch bei dem PD-Regler gilt, je größer der Proportionalbeiwert des Reglers ist, um so größer ist das Stellsignal am Ausgang des Reglers. Nach einem Regeldifferenzsprung ist das langfristige Verhalten des PD-Reglers allein durch den Proportionalbeiwert K_P gegeben. Blocksymbol und Sprungantwort sind in Bild 4.31 dargestellt.

Bild 4.31 PD-Regler ;
a) Blocksymbol,
b) Sprungantwort

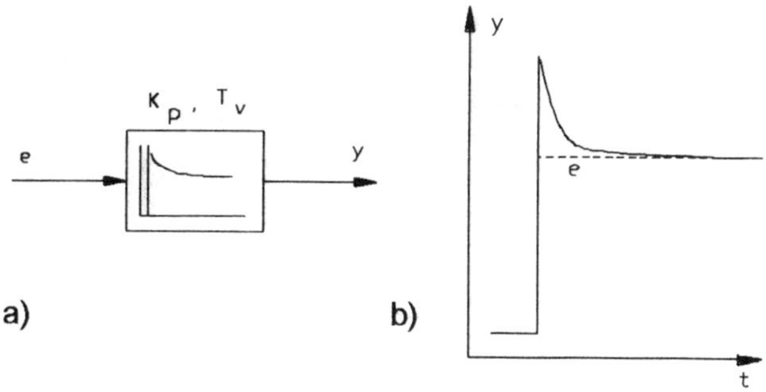

4.3.4 Der PID-Regler

Es ist möglich, die Eigenschaften des PI- und des PD-Reglers in einem Regler zu kombinieren. Einen solchen Regler nennt man PID-Regler. Diesen Regler kann man sich aus drei parallel wirkenden Anteilen zusammengesetzt denken:

1. P-Anteil, der proportional zu Regeldifferenz wirkt,

2. I-Anteil, der die Regeldifferenz integriert,
3. D-Anteil, der proportional zur zeitlichen Änderung der Regeldifferenz wirkt.

Der prinzipielle Aufbau eines PID-Reglers ist in Bild 4.32 dargestellt.

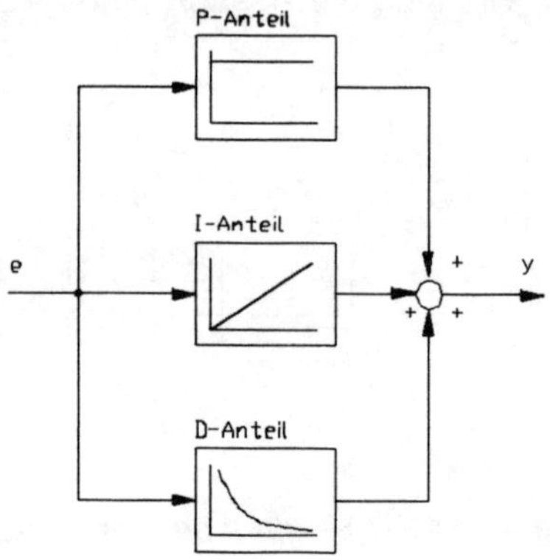

Bild 4.32 Prinzipieller Aufbau eines PID-Reglers

Entsprechend den drei wirkenden Anteilen dieses Reglers benötigt man drei Parameter zur Einstellung des Reglers: den Proportionalbeiwert K_p, die Nachstellzeit T_n und die Vorhaltezeit T_v. Die einzelnen Größen haben dieselbe Bedeutung, wie die entsprechenden Größen bei den PI- und PD-Reglern. Das Blocksymbol und die Sprungantwort sind in Bild 4.33 dargestellt.

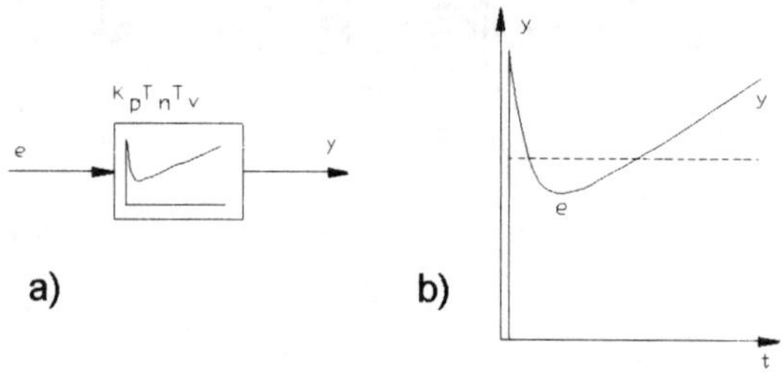

Bild 4.33 PID-Regler; a) Blocksymbol , b) Sprungantwort

Schaltet man auf einen PID-Regler eine Sprungfunktion auf, sieht man in Bild 4.33, daß zunächst der D-Anteil des Reglers wirkt. Er liefert unmittelbar als Antwort auf den Sprung einen steilen Anstieg und dann einen Abfall mit einer differenzierenden Charakteristik. Nach Abklingen des D-Anteiles hat der Regler einen Wert erreicht, der in der Nähe des Proportionalbeiwertes K_p liegt. Langfristig steigt dann das Stellsignal wieder an. Die Steigung, mit der dieser Anstieg erfolgt, ist durch die Nachstellzeit, den I-Anteil, des Reglers gegeben. Bei den in der Technik realisierten Reglern sind in der Regel die drei Parameter K_p, T_n und T_v einzustellen. Dies hat eine Regelstruktur gemäß Bild 4.34 zur Voraussetzung. Ein solcher Regler entspricht den DIN-Normen DIN 19226, 19229. Der Kp-Anteil wirkt auf alle drei Zweige des Reglers. Dies gilt sowohl für elektronische Realisierungen, als auch für Realisierungen mit einer SPS oder einem Computer.

Die mathematische Gleichung zur Berechnung eines PID-Reglers lautet:

$$y = K_p \left(1 + 1/T_n \int e \, dt + T_v \, de/dt \right)$$

PID-Regler sind die in der analogen Regelungstechnik am häufigsten eingesetzten Regler (siehe Bild 4.34). Sie ermöglichen eine universelle Parametrierung für die unterschiedlichsten technischen Aufgabenbereiche und zur Regelung unterschiedlichster Regelstrecken. Daher werden PID-Regler oft auch Universalregler genannt.

Bild 4.34 Aufbau eines technischen PID-Reglers: e: Regeldifferenz, Kp: Proportionalbeiwert, Tn: Nachstellzeit, Tv: Vorhaltezeit, y: Stellgröße

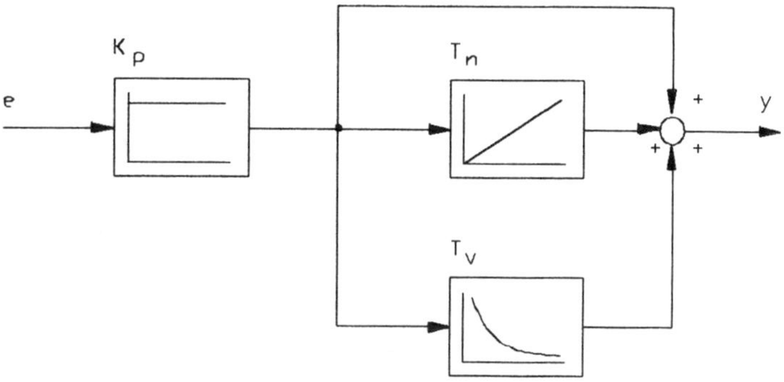

Es ist jedoch wichtig, daß die einzelnen Parameter dieses Reglers gut auf die Anforderungen der Regelstrecke abgestimmt werden. Ein schlecht eingestellter oder parametrierter PID-Regler kann ein sehr ungünstiges, schwingendes Verhalten des gesamten Systems erzeugen. Die Gesichtspunkte, nach denen die Einstellung im einzelnen erfolgen muß, sind detailliert im 7. Kapitel beschrieben.

In vielen regelungstechnischen Geräten ist ein PID-Regelalgorithmus enthalten. Soll statt eines PID-Reglers jedoch ein P-, PI-, oder I-Regler eingesetzt werden, wird dies durch entsprechende Parametrierung erreicht.

Entsprechend der Gleichung eines PID-Reglers muß bei der Parametrierung auf einen speziellen Reglertyp die in Tabelle 4.3 zusammengestellte Parametrierung vorgenommen werden.

Tabelle 4.3 Einstellung eines PID - Reglers

Reglertyp	Parametrierung
P	T_n=groß, T_v=0
I-ähnlich	K_p = klein, T_n = klein, T_v=0
PI	T_v=0
PD	T_n=groß

5 Technische Regler

In Kapitel 4 wurde der grundsätzliche Aufbau und das prinzipielle statische und dynamische Verhalten eines Reglers besprochen. In diesem Kapitel geht es darum zu untersuchen, wie technische Regler eingeteilt und benannt werden und in welcher Form technische Regler aufgebaut sind.

5.1 Benennung technischer Regler nach ihren Aufgaben

Die bisher dargestellten Regler lassen sich für die unterschiedlichsten Aufgabenstellungen einsetzen. Jedes der Regelprinzipien ist grundsätzlich für die Regelung verschiedener Arten von Regelgrößen geeignet.

Die wichtigsten Regler sind :

Temperaturregler,
Druckregler ,
Durchflußregler,
Füllstandsregler,
Drehzahlregler,
Spannungsregler und
Lageregler.

Nach DIN 19225 sollte es vermieden werden, Regler nach der Stellgröße zu bezeichnen, wie zum Beispiel "Einspritzregler".

Die bisher bekannten Regler unterscheiden sich in der physikalischen Dimension der Regelgröße.

Es gibt jedoch auch Regler für spezielle Regelaufgaben:

Gleichlaufregler ,
Verhältnisregler und
Grenzwertregler.

Die Gleichlaufregler findet man in Antrieben, in denen sich mehrere Wellen koordiniert bewegen sollen. Es wird unterschieden zwischen relativem Gleichlauf, der für eine Gleichheit der Drehzahl sorgt und einem absoluten Gleichlauf, bei dem auch die Winkel mehrerer Antriebe zur Übereinstimmung gebracht werden.

Die Verhältnisregelung ist eine sehr häufige Aufgabe in der Regelungstechnik. Es wird gefordert, daß mehrere Regelgrößen mit einer physikalischen Dimension in einem festen Verhältnis zueinander stehen sollen. Diese Aufgabenstellung findet man zum Beispiel in der chemischen Industrie bei der Mischung von Flüssigkeiten, oder bei der Regelung von Temperaturheizzonen.

Die Grenzwertregelung ist eine Regelungsaufgabe, bei der verlangt wird, daß sich eine Regelgröße zwischen einem Minimal- und einem Maximalwert bewegen soll. Sie wird in der Regel mit Dreipunktreglern ausgeführt und führt zu einer geringen Beanspruchung der Stelleinrichtung bei relativ grober Vorgabe der Regelgröße.

5.2 Einteilung der Regler nach der Signalform

Neben der Einteilung der Regler bezüglich der Regelaufgabe ist es üblich, die Regler auf Grund der Art ihrer Ein- und Ausgangssignale in analoge und digitale Regler einzuteilen. Die Signalarten geben gleichzeitig das Wirkprinzip des Reglerkerns wieder. Es soll hier detaillierter der Aufbau elektronischer Regler wiedergegeben werden.

Folgende Regler sollen in diesem Kapitel nicht näher behandelt werden:

Regler ohne Hilfsenergie,
mechanische Regler,
pneumatische Regler und
hydraulische Regler.

5.2.1 Elektronische analoge Regler

Elektronische analoge Regler sind Regler, die intern aus elektronischen Bauelementen aufgebaut sind. Moderne elektronische Regler bestehen heute aus Operationsverstärker-Schaltungen mit denen die Verstärkungen und die Charakteristik des Reglers erzeugt werden. Bild 5.1 enthält eine Skizze eines sehr einfachen PID-Reglers. Bei dem hier skizzierten PID-Regler ist zu erkennen, daß ein Operationsverstärker, ausgerüstet mit einem Kondensator in der Rückführung, zur Darstellung des I-Verhaltens dient und ein Kondensator vor dem Eingang des Operationsverstärkers zur Erzeugung des D-Verhaltens benutzt wird.

Die Kapazität des I-Speichers ist begrenzt, weil der maximale Spannungswert, der am Kondensator anliegen kann, nicht höher sein kann, als die Versorgungsspannung des Operationsverstärkers.

Die Speicherkapazität des Kondensators in der Rückführung des Operationsverstärkers, also zur Darstellung des I-Verhaltens bestimmt die Charakteristiken des I-Gliedes. Die Darstellbarkeit für Signale ist in einem elektronisch aufgebauten PID-Regler immer auf die Versorgungsspannung der Operationsverstärker begrenzt. Dies gilt nicht nur für den Wertebereich des gesamten Stellsignals, sondern für jeden einzelnen Anteil des PID-Reglers. Dies ist insbesondere für das Verständnis des Anfahrvorgangs von Interesse, bei dem längere Zeit eine große Regeldifferenz am Eingang des I-Gliedes ansteht. Dies führt zu einer maximalen Aufladung des I-Speichers.

Die Schaltung mit dem Kondensator am Eingang des Operationsverstärkers bestimmt das Zeitverhalten des D-Gliedes. Der Widerstand R_2 in Bild 5.1 führt zu einem DT1-Verhalten. Bei sprungförmigen Eingangssignalen erhält man keinen Nadelimpuls, sondern ein langsam abklingendes Signal des D-Gliedes. Auch hier tritt wieder eine Begrenzung des D-Signals auf Grund der vorgegebenen physikalischen Grenzen, bedingt durch die Spannungsversorgung der Operationsverstärker auf.

Bild 5.1 Praktische Ausführung eines elektronischen PID-Reglers mit Hilfe eines Operationsverstärkers, (C_D: Kondensator D-Anteil, C_I: Kondensator I-Anteil, R_1, R_2: Einstellung von K_P, T_N, T_V und R_3, R_4: Begrenzung des D- und I-Anteils)

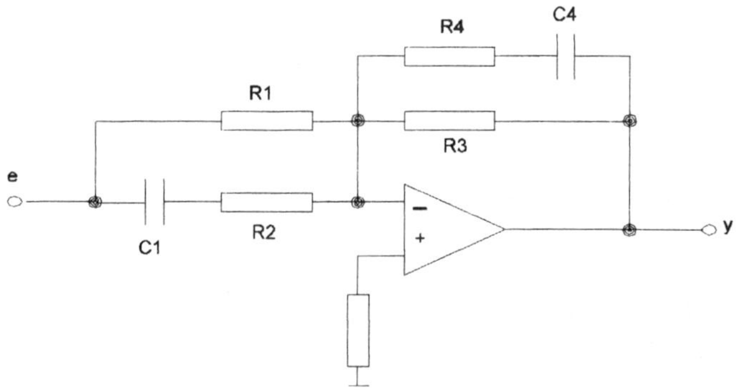

5.2.2 Digitale Regler (Abtastregler)

Digitale Regler besitzen im Inneren des Reglers Digitalschaltungen, die meistens einen Mikroprozessor enthalten. Für den Einsatz derartiger Regler ist Voraussetzung, daß die analoge Regelgröße am Eingang des Reglers, bzw. die Regeldifferenz umgesetzt wird über einen Analog-Digital-Wandler in ein diskretes Signal, Bild 5.2. Anschließend wird dieses Signal über einen Algorithmus verrechnet und daraus ein digitales Stellsignal erzeugt. Das digitale Stellsignal kann entweder nach außen in ein binäres Signal für einen Zweipunkt- oder Dreipunktausgang umgesetzt werden, oder in ein analoges Stellsignal über einen D/A-Wandler (siehe Bild 5.2).

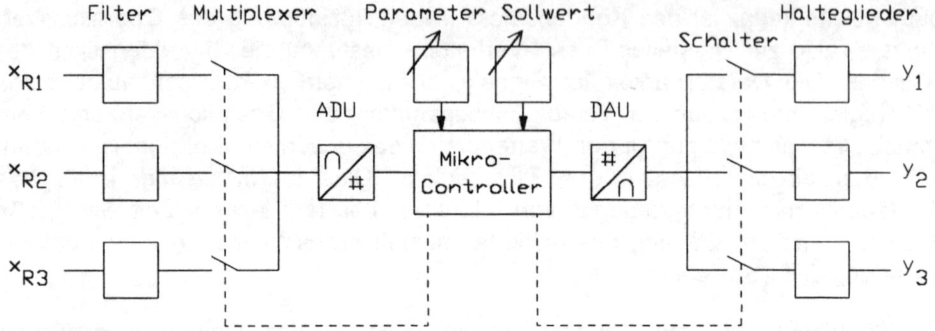

Bild 5.2 Prinzipieller Aufbau eines digitalen Abtastreglers, Prozeßrechners, DDC, (ADU: Analog-Digital-Umsetzer, DAU: Digital-Analog-Umsetzer, x_{R1}, x_{R2}, x_{R3}: Rückführgrößen des Prozesses, y_1, y_2, y_3: Stellgröße)

Derartige digitale Regler benötigen eine bestimmte Rechenzeit, um aus der Regeldifferenz oder der Regel- und der Führungsgröße das entsprechende Stellsignal zu erzeugen. Die Ausgangssignale werden also erst nach einer bestimmten Zeit erneuert. Diese Zeit nennt man Abtastzeit.

Digitale Regler quantisieren daher den Regelungsvorgang in zweifacher Weise. Sämtliche Signale werden digitalisiert, das heißt in ganze Zahlen umgesetzt und außerdem wird das Ausgangssignal nur in einem bestimmten Zeitraster erneuert, Bild 5.3.

Bild 5.3 Verlauf eines analogen zeitkontinuierlichen Signals und eines digitalen, abgetasteten Signals (gestrichelt)

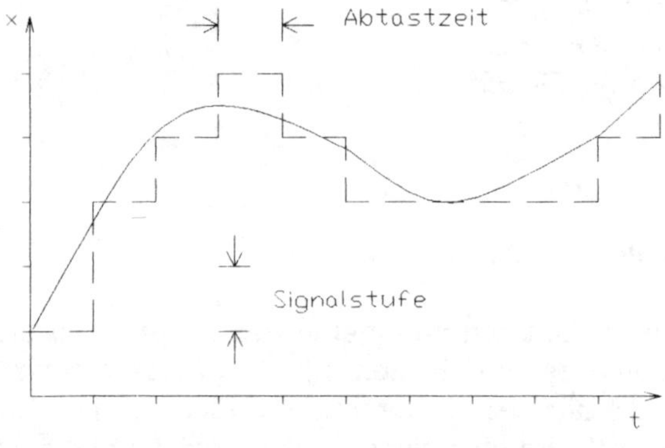

Die Abtastung des digitalen Reglers führt zu einem ähnlichen Verhalten wie bei einem Totzeitglied. Im Gegensatz zu diesem werden alle Vorgänge, die innerhalb eines Abtastschrittes liegen, überhaupt nicht wahrgenommen. Totzeitglieder verschlechtern immer das regelungstechnische Verhalten. Dies gilt ebenso für die Abtastung. Daher ist eine Grundforderung, die man an digitale Regler stellen muß, daß die Abtastzeit des digitalen Reglers wesentlich kleiner ist, als die Zeitkonstanten des Prozesses. Andernfalls wäre die Abtastung des Signals zu grob für den Prozeß. Sind die Abtastzeiten eines digitalen Reglers jedoch klein gegenüber den Zeitkonstanten des Prozesses, so wirken sie nach außen wie kontinuierliche analoge Regler.

Ein Funktionsbild für einen abtastenden PID-Regler ist dem Bild 5.4 zu entnehmen. Zu erkennen ist, daß zur Realisierung eines digitalen PID-Reglers zwei Verzögerungsglieder benötigt werden. In jedem Abtastpunkt wird das Signal durch die entsprechenden Verzögerungsglieder um einen Arbeitszyklus verzögert. Diese Verzögerungsglieder werden auch z^{-1}-Glieder genannt. Aus dem so erhaltenen Signal wird durch Multiplikation mit Konstanten und der Addition der Signale ein neuer Wert gebildet. Diese Schaltung kann ein PID ähnliches Verhalten aufweisen, wenn die drei Parameter entsprechend berechnet werden. Allerdings ist das Ergebnis nicht der absolute Wert der Stellgröße, sondern die Stellgrößenänderung. Daher bezeichnet man diesen Algorithmus auch als Geschwindigkeits-Algorithmus.

Bild 5.4 Funktionsbild für den einfachsten Regler mit einem PID-Geschwindigkeits-Algorithmus, (e: Regeldifferenz, y: Stellgröße, z^{-1}: Abtast-Halte-Glied, K_1, K_2, K_3: Faktoren)

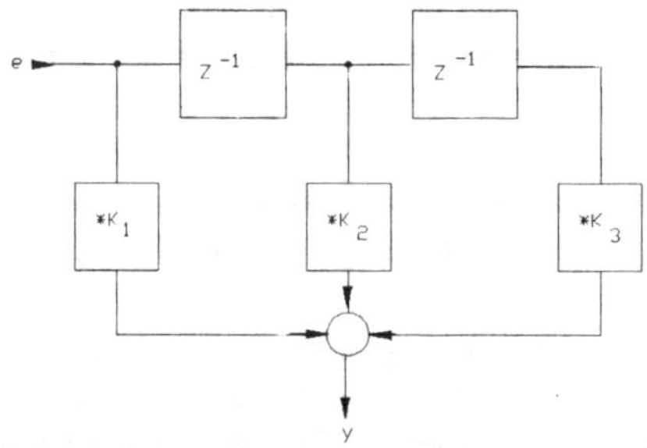

Diese Algorithmen werden in der Regel in den Systemen programmiert. In Bild 5.5 ist ein Pascal-Programm dargestellt. Soweit nicht anders angegeben, entsprechen die Bezeichnungen der Variablen der bisher benutzten Nomenklatur.

Bild 5.5 Pascal-Programm für einen PID-Geschwindigkeitsalgorithmus, der Programmteil setpid wird nur einmal ausgeführt, dpid bei jedem Abtastschritt

```
procedure setdpid (kp,tn,tv,ta : Real; var k:array[3] of Real);
(* Berechnet die Konstanten des Geschwindigkeitsalgorithmus  *)
begin
    k[1] := kp * (1 + tv/ta);
    k[2] := kp * (1 + 2*tv/ta - ta/tn);
    k[3] := kp *  tv/ta;
end;

procedure dpid (w,x: Real;e, k: array[3] of Real; var dy:real);
(* PID-Algorithmus nach dem Geschwindigkeitsalgorithmus  *)
var
   i: Integer;
begin
    e[3] := e[2];
    e[2] := e[1];
    e[1] := w - x;
    dy   := 0;
    for i:=1 to 3 do
    dy := dy + k[i] * e[i];
end;
```

PID- Stellungsalgorithmen liefern sofort den Absolutwert des Stellsignals. Ein Beispiel für einen Stellungsalgorithmus ist in Bild 5.6 dargestellt.

```
procedure pid(w,x,kp,tn,tv,ta:Real; var ea,es,y:Real);
(* PID-Regler nach dem Stellungs-Algorithmus  *)
(* ta : Abtastzeit, es: Speicher für I-Anteil, ea: alte Regeldifferenz *)
var
   e: Real;
begin
   e  := w-x;
   es := es + (ea + e)/2;
   y  := kp * (e + ta/tn*es +tv/ta*(e - ea));
   ea := e;
end;
```

Bild 5.6 Pascal -Programm für einen PID-Stellungsalgorithmus

Dies ist die einfachste und effektivste Form, PID-Regler zu verwirklichen. Solche Schaltungen lassen sich sowohl für SPS-Steuerungen, für Mikrocomputer, als auch für Prozeßrechner verwenden. Die Größe der Abtastzeit geht in die Berechnung der Koeffizienten für den PID-Regelalgorithmus ein. Voraussetzung für eine korrekte Arbeitsweise des Abtastreglers ist daher immer, daß die Abarbeitung des PID-Algorithmus in konstanten vorgegebenen Zeitabständen erfolgt.

Digitale Regler haben gegenüber analogen Reglern den Vorteil, daß Regelalgorithmen frei programmierbar sind und der Regler besser mit übergeordneten Einheiten verbunden werden kann. So lassen sich die Regler besser an die Gegebenheiten des Prozesses anpassen.

Digitale Regler werden zum Beispiel heute innerhalb von SPS-Steuerungen realisiert. Voraussetzung ist immer das Vorhandensein von mindestens einem Analogeingang zur Erfassung der Regelgröße. Der Ausgang kann wahlweise analog oder binär erfolgen.

Solche Regler innerhalb von SPS-Steuerungen oder von Mikrocomputersteuerungen haben besonders dann einen großen Vorteil, wenn die Führungsgrößen oder Reglerparameter zeitlich veränderlich sind und die Führungsgröße innerhalb des Rechners rechnerisch erzeugt werden soll. Dabei gibt es die Möglichkeit, daß die Führungsgröße nach einem voreinstellbaren Zeitplan oder durch andere Ereignisse im Prozeß erzeugt wird.

Bestimmte regelungstechnische Schaltungen, auf die im letzten Kapitel näher eingegangen wird, wie z.B. Split-Range-Schaltungen, lassen sich sehr einfach mit digitalen Methoden realisieren. Eine elektronische Realisierung wäre hier wesentlich aufwendiger. Bei der Realisierung von Reglern innerhalb von SPS-Steuerungen ist nachteilig, daß die Einstellungen der Reglerkenngrößen über das Programmiergerät vorgenommen werden müssen. Dies kann die Einstellzeit für Regelkreise stark vergrößern.

5.3 Kompaktregler

Die wichtigste und am häufigsten eingesetzte Bauform von Mehrzweckreglern sind die Kompaktregler. Dies sind Regler, die sich besonders in der Verfahrenstechnik bewährt haben. Innerhalb eines genormten Einschubes befindet sich ein Regler. In vielen Fällen ist der Reglertyp wählbar. Man kann zwischen P, PI, PD, PID und Grenzwertregler wählen. Diese können entweder einen Zwei- oder Mehrpunktausgang, einen Schrittausgang oder einen analogen Ausgang besitzen.

Die typischen Kompaktregler haben, wie in Bild 5.7 dargestellt, eine einheitliche Frontplatte, gemäß den NAMUR Empfehlungen. Es ist also möglich, Regler verschiedener Hersteller in einer Warte einzubauen und dennoch eine einheitliche Bedienbarkeit zu erhalten. Diese Regler gibt es in pneumatischer, elektronisch analoger und digitaler Ausführung. In allen Fällen ist die Frontplatte dieser Regler gleichartig aufgebaut. In unten stehendem Bild sind die einzelnen Bedien- und Anzeigeelemente eines solchen Reglers dargestellt.

Bild 5.7 Frontplatte eines Kompaktreglers

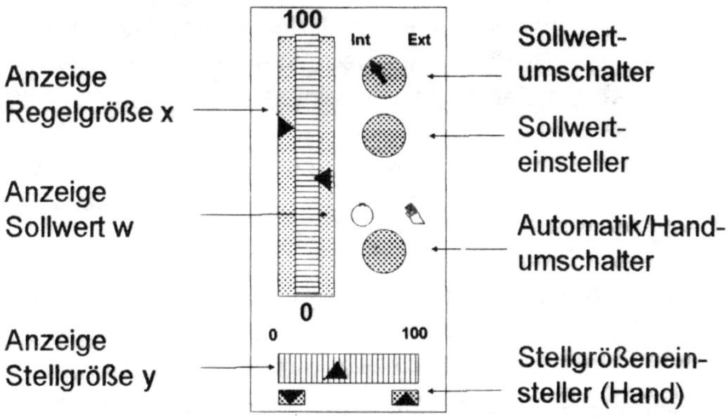

Die Regler haben üblicherweise auf der linken Hälfte eine vertikale Anzeige. Je nach Art des Reglers sind die Anzeigeelemente Zeiger oder Leuchtbänder. Zur Skalierung der Anzeigeelemente werden häufig Angaben in Prozent verwendet. Links wird der Ist-Wert bzw. die Regelgröße x angezeigt, rechts der Sollwert bzw. die Führungsgröße w. In einigen Ausführungen wird die Führungsgröße mit einem grünen durchsichtigen Zeiger dargestellt, während die Regelgröße durch einen roten Zeiger dargestellt wird. Bei Übereinstimmung beider Skalen ist dann nur der grüne Balken sichtbar.

Unten ist waagerecht eine Anzeige für den Wert der Stellgröße y angebracht. Damit kann die momentane Stellgröße überwacht werden.

Auf der rechten Hälfte des Reglers und unten befinden sich die Bedienelemente für die Einstellung des Reglers. Oben rechts befinden sich die Einsteller für den Sollwert, bei reglerinterner Sollwertvorgabe und eine Umschaltmöglichkeit für die Umschaltung von internen zu externen Sollwerten.

Unten rechts ist im allgemeinen das Bedienelement für die Umschaltung von Hand- auf Automatikbetrieb angebracht. Im Automatikbetrieb wird das Stellsignal y durch den Regler erzeugt, im Handbetrieb wird das Stellsignal über einen Stellwerteinsteller per Hand vorgegeben.

Weitere Einstellungs- und Justagemöglichkeiten befinden sich zumeist an der Seite oder im Inneren des Reglers. Diese Einstellmöglichkeiten im Inneren des Reglers werden i. allg.einmal vor Beginn des Betriebes vorgenommen und legen die Charakteristik des Reglers und gegebenenfalls auch dessen Darstellungsmöglichkeiten fest.

Diese Einstellungen werden in der Regel von Meß- und Regeltechnikern vorgenommen. Die Einstellungen an der Frontplatte dagegen sind für Anlagenfahrer von Bedeutung. Die Signale dieser Regler hängen von dem Typ und dem Einsatzgebiet des Reglers ab. Sehr verbreitet sind Normsignale von 0...20 mA, bzw. 4...20 mA. Hier ist auch eine eigensichere Ausführung bei der Regelwert- und Stellgrößenübertragung möglich. In der eigensicheren Ausführung eines Regelkreises wird beispielsweise erkannt, ob ein Wert mit der Größe Null anliegt oder ob das Kabel zu dem betreffenden Sensor unterbrochen ist. In dem Fall, in dem Signale im Bereich 0...20 mA anliegen, ist diese Unterscheidung nicht möglich. Ein weiterer wichtiger Signalbereich ist 0..10 Volt.

Je nach Bauart des Reglers gibt es auch Einschübe, mit denen Signalpegelwandlungen für den Anschluß unterschiedlicher Sensoren vorgenommen werden können. In einigen Fällen müssen zusätzlich, extern zum Regler, Meßumformer, Meßumformerspeisegeräte und weitere Signalverarbeitungsgeräte angeschlossen werden.

Die Kompaktregler haben in der Regel einheitliche Einbaugrößen, daher können Regler unterschiedlicher Hersteller auch später untereinander ausgetauscht werden. Die Einbaugrößen entsprechen Einschüben in 19 Zoll-Technik.

5.4 Einzweckregler

Neben den universell einsetzbaren und sehr stark genormten Kompaktreglern gibt es für verschiedene technologische Bereiche spezielle Regler. Diese Einzweckregler sind im allgemeinen für die Regelung einer speziellen physikalischen Größe geeignet. Insbesondere gibt es Regler für Temperaturen, Drücke, Drehzahlen oder Positionen. Die Drehzahl- und Lageregler sind dabei in der Regel auf bestimmte Antriebssysteme abgestimmt.

In vielen Anwendungsgebieten sind Spezialregler von Vorteil, da keine Meßsignalumformer eingesetzt werden müssen und die Regler von ihrer Charakteristik her auf bestimmte Stellglieder oder Strecken angepaßt wurden.Der Einsatz eines solchen Spezialreglers erfordert relativ wenig regelungstechnische Kenntnisse. Sie sind sehr leicht zu projektieren, weil die Erfahrung und das Wissen eines genau abgegrenzten Anwendungsgebietes in der Konstruktion des Reglers berücksichtigt sind.

5.5 Adaptive Regler

Viele Firmen bieten heute adaptive Regler an. Adaptive Regler zeichnen sich dadurch aus, daß sich der Regler automatisch an die Regelstrecke anpaßt. Dies wird dadurch erreicht, daß sich der adaptive Regler selbständig parametriert.

Adaptive Regler gibt es in sehr unterschiedlichen Qualitäten und zu sehr unterschiedlichen Preisen. In vielen Fällen wird die Reglereinstellung während des Anfahrvorgangs vorgenommen. In diesen Fällen ist ein Einstellvorgang des adaptiven Reglers auf sich zeitlich verändernde Streckengrößen, wie zum Beispiel zeitlich veränderbare Verzugs- und Ausgleichszeiten oder Streckenverstärkungen, nicht möglich. Zur Einstellung des Reglers wird kein ausgebildeter Meß- und Regelungstechniker mehr benötigt.

Obwohl solche adaptiven Regler zunächst einmal dem Anwender versprechen, ihm die schwierigste Arbeit, nämlich die Parametrierung des Reglers von vornherein abzunehmen, ist jedoch bei einer Reihe von adaptiven Reglern Skepsis angebracht, da bei einigen dieser Regler die Regelergebnisse schlechter sind, als bei einem gut eingestellten "normalen" PID-Regler. Vor dem Einsatz von adaptiven Reglern sollten in jedem Falle darüber Informationen beschafft werden, für welche Streckentypen der Regler geeignet ist und wann die Adaption des Reglers stattfindet. Adaptive Regler sind auch meistens teurer als die oft sehr preiswert zu erhaltenden standardmäßigen Kompakt- und Spezialregler.

5.6 Prozeßleitsysteme

Prozeßleitsysteme beruhen auf dem Grundgedanken, steuerungs- und regelungstechnische Elemente größerer Anlagen innerhalb eines Systems zu vereinigen. Prozeßleitsysteme werden hauptsächlich in der Verfahrenstechnik und der Chemietechnik eingesetzt. Hier sind viele binäre und analoge Größen notwendig, um den Prozeß aufgabengerecht zu führen.

Das Prozeßleitsystem besteht aus einem Prozeßrechner und einer oder mehreren Bedienstationen, mit deren Hilfe Eingriffe in Regler und Steuerungen vorgenommen werden können und der Zustand des Prozesses ständig visualisiert werden kann.

Bei Prozeßleitsystemen gibt es recht große, herstellerbedingte Unterschiede im Umfang und der Konzeption der realisierbaren Aufgaben. In vielen Fällen lehnt sich die Darstellungsweise auf den prozeßleittechnischen Bildschirmen an die NAMUR Empfehlungen für Kompaktregler an. So wird der Status von Reglern üblicherweise mit Hilfe von Bargraphen visualisiert, deren prinzipieller Aufbau mit dem der Kompaktregler übereinstimmt.

Die Anlagenzustände selbst werden entweder in R+I-Fließbilder eingeblendet oder über spezielle Prozeßvisualisierungsprogramme dargestellt.

6 Messen der Regelgröße

Regelungen zeichnen sich gegenüber Steuerungen durch eine ständige Erfassung der Aufgabengröße aus. Im Regler wird ständig die Führungsgröße oder der Sollwert mit der Regelgröße verglichen. Eine Abweichung der Regelgröße führt zu entsprechenden Reaktionen des Reglers, der abhängig von Betrag und Vorzeichen der Regeldifferenz, auf die Regelstrecke einwirkt. Daher gehören Meßgeräte, die im Signalfluß vor den Reglern angeordnet sind zur Regeleinrichtung. Ein Meßgerät besteht aus einem Aufnehmer für die Regelgröße und einem Meßumformer (siehe Bild 6.1).

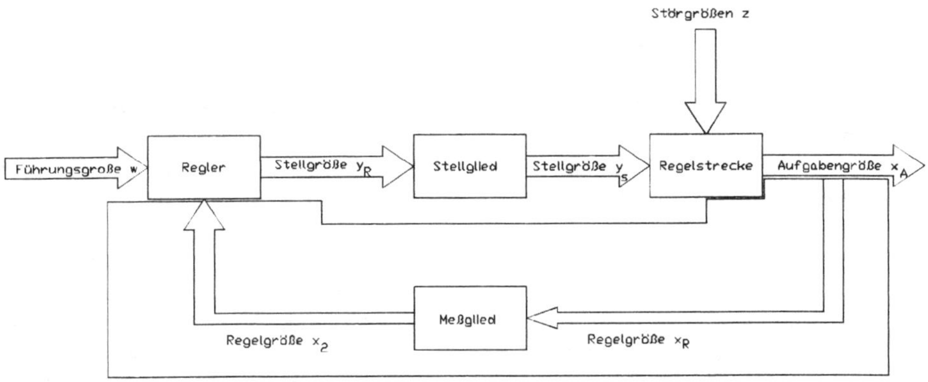

Bild 6.1 Ausschnitt eines Regelkreises, eingerahmt sind die Teile, die bei der Messung der Regelgröße eine Rolle spielen

Wie in Kapitel 2 gezeigt wurde, kann daher kein Regler genauer arbeiten, als die Regelgröße meßtechnisch erfaßt wird.

Fehler, die bei der meßtechnischen Erfassung der Aufgabengröße auftreten, können nicht mehr ausgeglichen werden.

Daher nimmt die meßtechnische Erfassung von Regelgrößen eine Schlüsselstellung bei der präzisen Führung von Aufgabengrößen ein.

Bei der meßtechnischen Erfassung für Regelsysteme ist noch ein zweiter Gesichtspunkt zu beachten. Die Regelgröße muß möglichst ohne Verzug dem Regler gemeldet werden. Jeder Verzug, der zwischen der Veränderung der Aufgabengröße und der entsprechenden Meldung an den Regler auftritt, führt dazu, daß der Regler erst verspätet reagieren kann. In der Zwischenzeit können sich die Störungen stärker aufbauen. Das Regelkreisverhalten verschlechtert sich.

Der dritte Gesichtspunkt bei der Auslegung von Regelkreisen ist die Wirtschaftlichkeit. In der Praxis müssen regelungstechnische Aufgaben mit einem möglichst geringen Aufwand gelöst werden. Jeder unnötige Aufwand erhöht die Kosten bei der Realisierung. Man muß daher zwischen der notwendigen Präzision der meßtechnischen Erfassung und einer möglichst preiswerten Lösung abwägen.

Bei der meßtechnischen Erfassung von Größen für regelungstechnische Aufgaben muß also auf folgende Gesichtspunkte geachtet werden:

Präzision,
Geschwindigkeit und
Wirtschaftlichkeit.

6.1 Gliederung der Meßkette

Bei der Regelung mit modernen Automatisierungsgeräten, wie elektronischen Analogreglern oder digitalen Reglern, wie z.B. speicherprogrammierbaren Steuerungen, wird die aufgabenspezifische Regelgröße immer in ein elektrisches Signal umgewandelt, das auf den Regler aufgeschaltet werden kann.

In der modernen Automatisierungstechnik sind normalerweise Sensor und Regler an räumlich verschiedenen Stellen aufgebaut. Daher muß das Signal von dem Sensor zu dem Regler übertragen werden. Dies geschieht normalerweise elektrisch, in einigen Fällen auch optisch über Lichtwellenleiter. Die Messkette gliedert sich daher, wie in Bild 6.2 dargestellt, im allgemeinen in mehrere Einheiten auf. Der Sensor, wandelt eine physikalische Größe, die der Regelgröße entspricht, in ein meist elektrisches Signal. Dieses Signal eignet sich in vielen Fällen noch nicht direkt zur Signalübertragung zum Regler, daher ist in dem Gehäuse des Sensors, oder in einem zusätzlichen Bauteil ein Meßwandler eingebaut, der das Ausgangssignal des Sensors in ein zur Übertragung geeignetes Signal umwandelt.

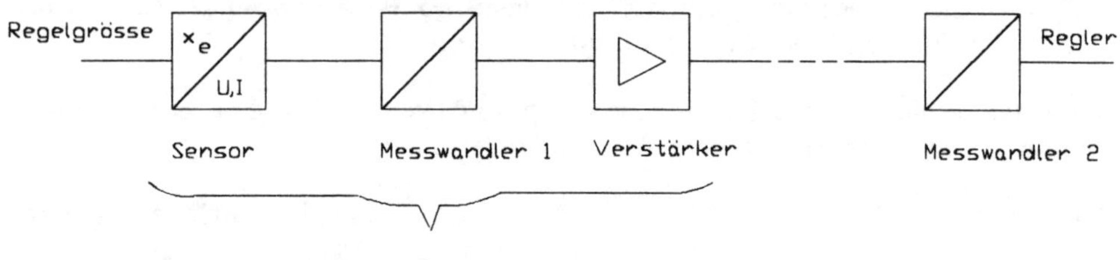

Bild 6.2 Aufbau einer Meßkette

Elektrische Signale können analoge Signale sein, in Form eines Stroms oder einer Spannung, oder digitale Signale. In einigen Fällen nimmt der Meßwandler direkt eine analog-digital Wandlung vor, die ein digitales Signal für die Übertragung liefert.

Am anderen Ende des Übertragungsweges befindet sich ein zweiter Meßwandler, dieser kann entweder gerätetechnisch eine selbständige Einheit bilden oder kann in den Regler integriert sein. Bei Systemreglern gibt es die Möglichkeit, verschiedene Einschübe zu verwenden, die eine Signalwandlung für verschiedene Sensorarten ermöglichen.

Bei einigen Wandlerarten sind verschiedene, der oben aufgeführten Bauglieder nicht notwendig. Beispielsweise erzeugen inkrementale Winkelgeber unmittelbar ein digitales Signal, das von der Automatisierungseinrichtung über binäre Eingänge verarbeitet werden kann.

Für die Regelungstechnik sind folgende Aufgabengrößen von besonderer Bedeutung:

Positionen, Wege und Winkel,
Drehzahlen und Drehbeschleunigungen,
Kräfte und Drehmomente,
Ströme und Spannungen,
Temperaturen,
Durchflüsse und
Füllstände.

6.2 Meßort und Wandlerart

Die Projektierung einer Meßeinrichtung beginnt bei der Wahl eines geeigneten Ortes für die Position des Aufnehmers. Dies gilt insbesondere für die Messung räumlich verteilter Größen.

Beispiel: Industrieofenanlage

In einer Industrieofenanlage wird Stückgut auf eine bestimmte Temperatur aufgeheizt. Die Innentemperatur des Ofens wird mit einem Temperaturfühler erfaßt. In Bild 6.3 sind verschiedene Möglichkeiten für die Anordnung des Temperaturfühlers dargestellt.

Dabei muß beachtet werden, daß das Thermoelement nicht die eigentliche Aufgabengröße, die Erwärmung des Prozeßgutes mißt, sondern eine Temperatur im Ofen. Hat das Prozeßgut eine längere Verweilzeit in dem Ofen, wird seine

Temperatur nach einer gewissen Zeit die des Ofens erreichen. Befindet es sich jedoch nur kurz im Ofen, ist die Aufheizzeit nicht ausreichend, um das Prozeßgut auf die Ofentemperatur zu bringen, dann weicht die Temperatur des Prozeßgutes von der der Ofens ab.

Bild 6.3 Schnitt durch einen Industrieofen mit mehreren möglichen Positionen des Temperaturfühlers (T_1: in der Höhe der Heizung, T_2 Strahlungsthermometer für das Prozeßgut, T_3: Allgemeine Innentemperatur)

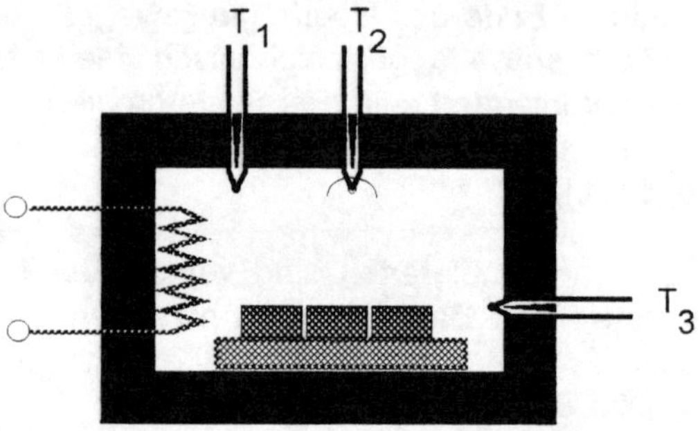

Die Temperatur im Ofen ist in vielen Fällen nicht homogen verteilt, das heißt, würde man das Thermoelement in der Nähe der Heizung anbringen, zeigte der Fühler eine andere Temperatur an, als wenn er entfernt von der Heizung installiert würde.

Der Ort, an dem das Element angebracht wird, entscheidet auch darüber, welche Temperatur gemessen wird. Wählt man einen Ort, bei dem sich das Prozeßgut zwischen dem Temperaturfühler und der Heizung befindet, haben sowohl die Heizung, als auch das Prozeßgut einen Einfluß auf das Thermoelement. Man mißt aber in diesem Fall weder die genaue Temperatur des Prozeßgutes noch die genaue Innentemperatur des Ofens.

Verwendet man statt des Temperaturfühlers ein Strahlungsmeßgerät, welches auf das Prozeßgut ausgerichtet ist, kann mit diesem Meßgerät verzögerungslos die wahre Temperatur des Prozeßgutes bestimmt werden. Bei der Projektierung des Ortes, an dem eine Meßvorrichtung angebracht wird, sind folgende Gesichtspunkte zu berücksichtigen:

- die Einflüsse, die zu der Bildung der meßtechnisch zu erfassenden Größe führen,
- Verzögerungen bei der Erfassung der Aufgabengröße,
- Umwelteinflüsse, die eine negative Auswirkung auf den Meßwandler haben und Meßwerte verfälschen können.

6.3 Wandlungsfehler

Ein idealer Aufnehmer liefert ein Signal, das proportional zu der Aufgabengröße verläuft. Bei realen Meßwandlern bewegt sich diese Kennlinie jedoch in einem Toleranzband, dessen Form von den Eigenschaften des Aufnehmers abhängt.

Das Toleranzband ist entweder durch einen Absolutfehler gegeben (siehe auch Bild 6.4a), bei dem man den absolut größtmöglichen Meßfehler festlegt, oder durch einen relativen Fehler (Bild 6.4b). Bei dem relativen Fehler gibt man die maximale Abweichung der Meßgröße, bezogen auf die Meßgröße in Prozent an. Güteklassen für Meßwandler beziehen sich dabei auf ein relatives Toleranzband. Güteklasse 0,2 heißt zum Beispiel, daß der maximale Fehler 0,2% des ausgegebenen Wertes beträgt.

Arten von Meßfehlern sind :

der Offset,

Skalierungsfehler, die die Steigung der Eichkurve verändern, und

Rauschen oder andere Unregelmäßigkeiten, die zu unterschiedlichen Meßwerten bei kurz hintereinanderliegenden Erfassungen einer Meßgröße führen.

Diese Fehler können entweder zeitlich konstant wirken und eine Eigenart des betreffenden Meßinstrumentes sein oder sie können sich zeitlich verändern. In diesem Fall spricht man von einer Drift. Die Drift kann von ungünstigen Umgebungsbedingungen, wie der Temperatur oder der Alterung des Meßwandlers abhängen.

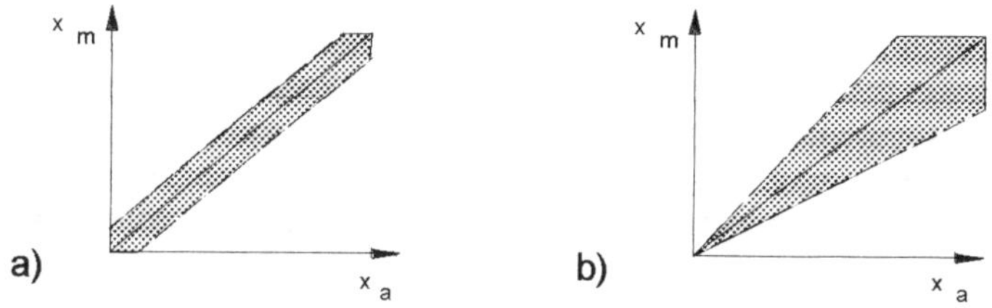

Bild 6.4 Meßfehler eines Meßwandlers; a) Offset, b) Skalierungsfehler

6.4 Übertragung der Meßgröße

Von den Meßumformern gemessene Aufgabengrößen werden meistens mit Hilfe analoger elektrischer Signale in Form von Spannungen oder Strömen zu dem Regler übertragen. Auf dem Übertragungsweg können den Meßsignalen durch Störeinflüsse Fremdsignale überlagert werden. Dies geschieht über induktive, kapazitive und galvanische Kopplung der Störsignalquelle mit der Meßleitung.

Bei der induktiven Kopplung induzieren magnetische Wechselfelder einen elektrischen Strom in der Signalleitung (siehe Bild 6.5). Dieser ist proportional zu der zwischen den Meßleitungen aufgespannten Fläche, zur magnetischen Feldstärke und zur Frequenz des Feldes. Magnetische Wechselfelder können zum Beispiel in elektrischen Maschinen, Transformatoren oder in Starkstromleitungen entstehen. Die induktive Kopplung wird dadurch vermieden, daß die Nähe zu o.g. technischen Einrichtungen gemieden wird. Eine weitere wirksame Maßnahme besteht darin, die beiden Leiter der Meßleitung eng benachbart zu führen und die Leitung mit ca. 20 Schlägen pro Meter zu verdrillen. Die Benutzung koaxialer Meßkabel bringt eine weitere Verbesserung.

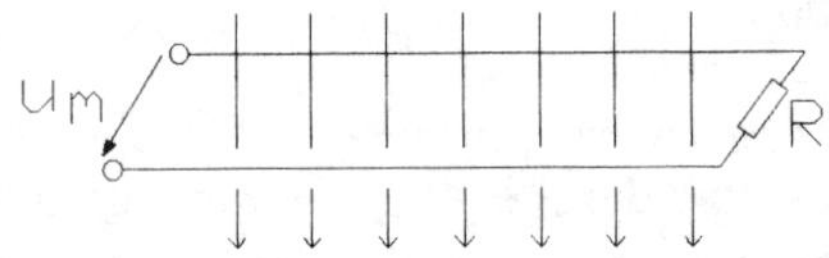

Bild 6.5 Induktive Einkopplung eines Wechselmagnetfeldes auf eine Meßleitung mit der Spannung U_m und dem Abschlußwiderstand R

Wechselspannungen können auch kapazitiv in eine Meßleitung eingekoppelt werden. Dies ist besonders dann der Fall, wenn der Meßleitung eine Leitung benachbart ist, die einen Wechselstrom führt. Die kapazitive Kopplung zweier Leitungen ist umso größer, je geringer der Abstand und je größer die Parallelführungslänge ist. Durch diese Kopplung wird eine Spannung übertragen, die umso niedriger ist, je kleiner die Kapazität C und je höher die Impedanz Z des Meßkreises ist (siehe Bild 6.6). Daher sind niederohmige Meßkreise nicht so empfindlich auf kapazitive Einstreuung. Maßnahmen gegen diese Einstreuung sind die räumliche Trennung von Leistungsgliedern und Leitungen mit Wechselspannungen von Meßsignalleitungen und eine geerdete Abschirmung der Meßleitungen.

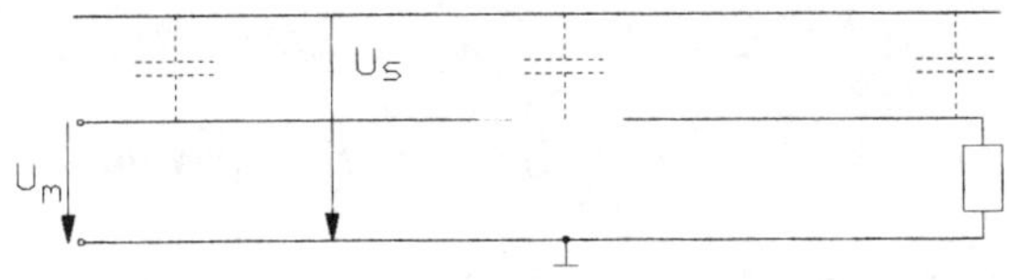

Bild 6.6 Kapazitive Kopplung einer Störspannung U_s auf das Meßsignal U_m, die Meßleitung ist mit der Impedanz Z abgeschlossen

Galvanische Kopplungen treten auf, wenn ein Spannungsabfall in einem gemeinsamen Leiter des Meßkreises mit einem anderen Stromkreis auftritt. In der Praxis ist in den meisten Fällen ein geerdeter Nulleiter die Problemursache. Viele Probleme gehen darauf zurück, daß der Meßsignalnulleiter, bzw. die Meßsignalabschirmung mit der Schutzerdung Kontakt besitzen. Die Schutzerdung von verschiedenen Geräten ist jedoch nicht notwendigerweise dasselbe Potential. In Bild 6.7 ist eine solche Situation dargestellt. Ein Meßgerät ist mit einem elektrischen Gerät verbunden, an dem eine Messung durchgeführt werden soll. Befinden sich die Punkte 1 und 2 nicht auf gleichem Potential, so fließt ein Strom durch den Erdleiter EL und durch die Abschirmung der Meßleitung. Je nach dem Leitungswiderstand entsteht eine Spannungsdifferenz. Zusätzlich bildet sich eine Leitungsschleife aus der Erdleitung EL und der Abschirmung der Meßleitung, in der Magnetfelder induktiv einkoppeln können. Maßnahmen gegen die galvanische Kopplung sind sternförmig aufgebaute Nulleiter und Erdungssysteme. Ist dies nicht möglich, so kann die galvanische Kopplung über Trennverstärker aufgehoben werden. Diese arbeiten intern über kapazitive, transformatorische oder optische Kopplung.

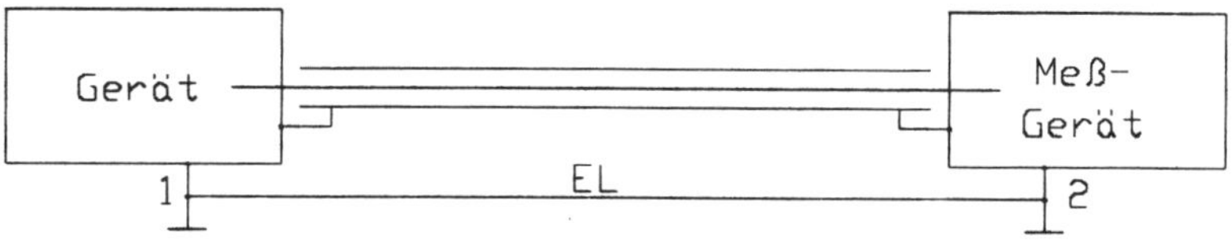

Bild 6.7 Entstehung einer galvanischen Kopplung über einen Erdleiter EL zwischen den Potentialpunkten 1 und 2

Bei analogen Spannungssignalen werden meistens Signalpegel zwischen 0-10 V DC benutzt. Die Spannungsausgänge sind in der Regel mit bis zu 2 kΩ belastbar. Für eine Umsetzung von Sensorsignalen in Spannungssignale und den Anschluß von Spannungssignalen an Regler benötigt man einen etwas geringeren Aufwand, als bei der Stromübertragung. Ein Grund dafür ist, daß bei der digitalen Weiterverarbeitung von Regelgrößen A/D-Wandler eingesetzt werden, die Gleichspannungswerte in digitale Signale wandeln.

Die Verwendung von Spannungen hat aber den Nachteil, daß sich, wegen der hohen Eingangswiderstände der angeschlossenen Meßgeräte, Störspannungen sehr leicht auf dem Übertragungsweg einkoppeln können. Würde man die Eingangsimpedanzen empfängerseitig verkleinern, würde sich der Leitungswiderstand als Störgröße bemerkbar machen, weil Kontaktspannungen bei dem Übergang von Leitungen zu Klemmen im mV Bereich auftreten können. Die Kontaktspannungen führen zu einem konstanten Offset bei der Meßsignalerfassung.

Daher verwendet man in vielen Bereichen, besonders in der chemischen Technik Stromsignale im Bereich von 0...20mA bzw. 4...20 mA. Diese Signalpegel sind wesentlich störsicherer. Diese Übertragungsart hat zusätzlich die Eigenschaft, daß sie auch in explosionsgefährdeten Bereichen eingesetzt und eigensicher installiert werden kann. Bei der eigensicheren Ausführung verwendet man Strombereiche von 4...20 mA. Bei einem Drahtbruch fließt kein Strom, man kann also einen

Drahtbruch noch von einem nicht vorhandenen Meßsignal unterscheiden. Für die 4...20 mA- Stromübertragung benötigt man eine zusätzliche Stromquelle, die im allgemeinen über eine 24 V Spannungsversorgung gespeist wird.

Oft werden zusätzliche Trennverstärker eingesetzt, die den eigensicheren Teil, der meistens im explosionsgefährdeten Teil liegt, von dem nicht eigensicheren Steuerungs- und Regelungsteil trennt. Diese Trennverstärker sorgen für eine galvanische Trennung beider Kreise (siehe Bild 6.8).

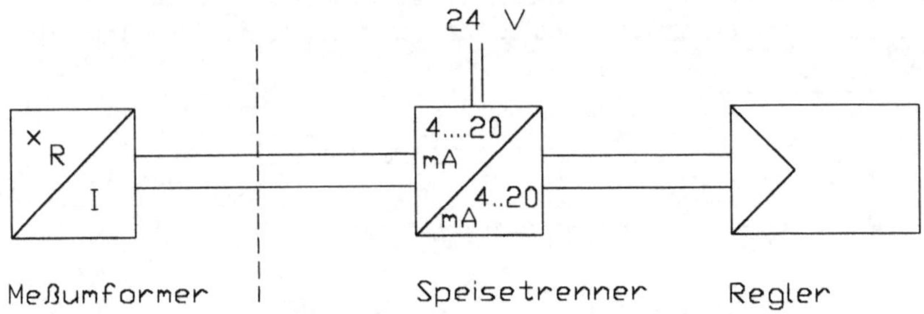

Bild 6.8 Kopplung eines Meßumformers mit einem Regler über einen Speisetrenner

Bei der Verlegung von Leitungen zwischen den Meßumformern und dem Regler ist darauf zu achten, daß Störeinflüsse minimal gehalten werden. Dies wird entweder durch abgeschirmte und verdrillte Leitungen und durch die Art der Verlegung erreicht. Man vermeidet bei der Verlegung von meßtechnischen Leitungen die Nähe zu Leitungen, in denen hohe Ströme und elektrische Impulse übertragen werden und die Nähe zu Leistungssignalumformern. Setzt man geerdete Leitungen ein, muß bei der Verkabelung darauf geachtet werden, daß durch die Abschirmung keine Ströme fließen können. Die Abschirmung muß beidseitig so angeschlossen werden, daß über die Abschirmung nicht zwei verschiedene gerätetechnische Erden miteinander verbunden werden.

Will man den Problemen bei der analogen Signalübertragung aus dem Weg gehen, kann man heute in vielen Fällen Meßumformer einsetzen, die als Ausgangssignal digitale oder binäre Signale zur Verfügung stellen. Bei diesen Signalumformern treten auf dem Übertragungsweg erheblich weniger Störungen auf. In diesem Fall werden die Sensoren über Feldbusse mit den Automatisierungsgeräten gekoppelt. Diese Bussysteme führen nicht nur zu einer störungsfreien Übertragung von Signalen zu den Automatisierungsgeräten, sondern auch zu einer Reduzierung des Verkabelungsaufwandes.

7 Der geschlossene Regelkreis

In diesem Kapitel werden die einzelnen Glieder zu einem Regelkreis zusammengefügt, und es wird untersucht, wie sich einschleifige, lineare Regelkreise verhalten. Dabei wird deutlich, daß sich nach dem Zusammenfügen der einzelnen Komponenten zu einem Regelkreis ein qualitativ andersartiges Verhalten zeigt. Dies ist zum Teil das Verhalten, welches auf Grund der technischen Aufgabenstellung erfüllt werden muß. Zum Teil stellen sich aber auch unerwünschte Nebeneffekte ein, die es zu beherrschen gilt (siehe Bild 7.1).

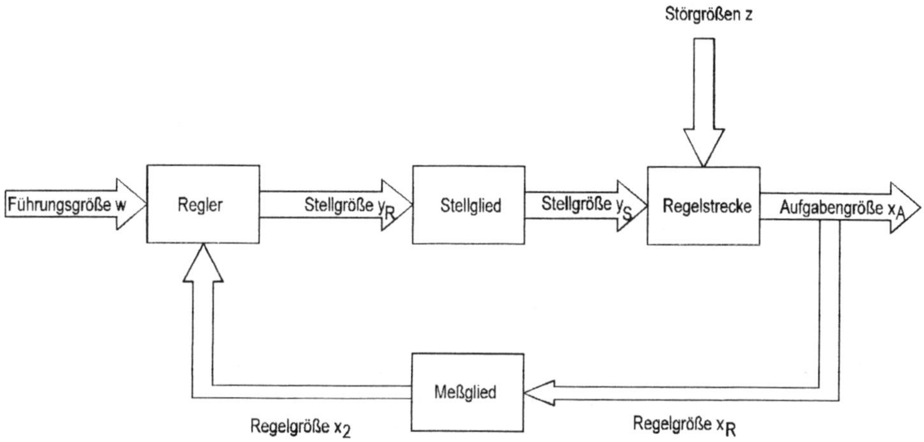

Bild 7.1 Darstellung eines geschlossenen Regelkreises mit Stellglied und Meßglied

Zunächst werden die unstetigen Regler detailliert untersucht. Bei diesen tritt eine sprungförmige Änderung des Ausgangssignals trotz stetigem Eingangssignal auf. Anschließend wird das Regelstreckenverhalten von Regelkreisen mit stetigen Reglern behandelt. Dann wird das Augenmerk auf die Beschreibung und Bewertung von linearen, einschleifigen Regelkreisen gelegt. Es werden elementare Regelstrecken zusammen mit den elementaren Reglern untersucht. Dabei wird bestimmt, welcher Regler zu welcher Regelstrecke optimal paßt. Dies ist für die Projektierung besonders wichtig.

7.1 Beurteilung der Güte von Regelungen

Regelungen werden aus zwei Gründen eingesetzt:

> Regelungen sollen Störungen, die in die Regelstrecke eingreifen, ausregeln und unterdrücken.
> Regelungen sollen ein optimales Nachfolgen der Strecke bei nicht konstanter Führungsgröße erreichen.

In jedem Fall ist es wichtig sich anzuschauen, wie ein Regler prinzipiell auf eine Störung reagieren kann.

In Bild 7.2 sind die verschiedenen Arten von Regelkreisverhalten bezüglich eines Störgrößensprungs dargestellt:

a) Der Regelkreis regelt alle Störungen sofort aus und folgt mit geringer Regeldifferenz der Führungsgröße. Der Idealfall eines Reglers, der keine Regeldifferenz besitzt, ist prinzipiell jedoch nicht realisierbar.

b) Der Regelkreis regelt Störungen ohne Überschwingen aus. Die Antwort des Regelkreises auf eine Störung ist aperiodisch.

c) Bei sprungförmigen Regeldifferenzänderungen wird der Regelkreis kurzzeitig zu schwingendem Verhalten angeregt (periodische Antwort)

d) Die Regelung wird bei einer Störung oder Führungsgrößenänderung instabil. Der Regler schaukelt sich zu extremen Schwingungen auf.

Für die Projektierung einer Regelung ist zuerst festzulegen, wie schnell und wie genau die Regelstrecke reagieren muß. Zur Definition der Güte des Regelkreises gibt es verschiedene, auch in den DIN Normen festgelegte, Maße, die das Verhalten von Regelkreisen bewerten. Diese Maße sind sowohl für das Störverhalten als auch für das Führungsverhalten von Reglern definiert.

7.1.1 Störverhalten von einschleifigen, linearen Regelkreisen

Zur Untersuchung und normierten Beschreibung des Störungsverhaltens von Regelkreisen werden Sprungfunktionen verwendet. Die Vorgehensweise ist also ähnlich, wie bei der Untersuchung des Streckenverhaltens. Es wird, wie in Bild 7.3, ein sprungförmiges Störsignal z auf die Regelstrecke aufgeschaltet und die Reaktion des gesamten Regelkreises auf eine solche sprungartige Störgrößenänderung untersucht. Diese Form hat zwei Vorteile, sie ist technisch leicht überprüfbar, ist anschaulich und bildet das gesamte relevante Verhalten des

Regelkreises in einer Störsprungantwort ab. Während dieser Messung bleibt die Führungsgröße w konstant.

Bild 7.2 Mögliche Antworten der Regelgröße x auf einen Störgrößensprung z(t),
a) Störgrößenverlauf,
b) idealer Regelkreis,
c) aperiodische Antwort,
d) periodische Antwort,
e) instabile Antwort

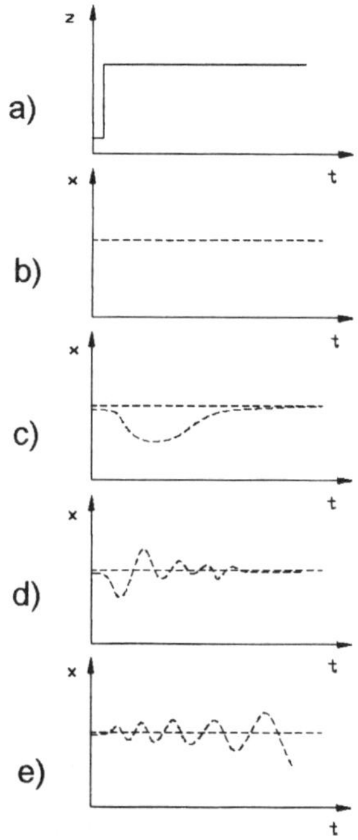

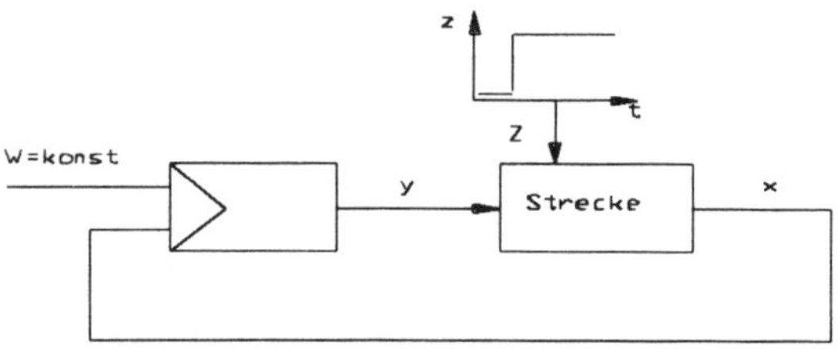

Bild 7.3 Bestimmung der Störsprungantwort in einem Regelkreis durch Aufschaltung einer sprungförmigen Störgröße z bei konstanter Führungsgröße w.

Trägt man die Ergebnisse dieser Messung in einer normierten Form auf, indem man den Verlauf der Regelgröße dividiert durch die Höhe des Störgrößensprunges, spricht man von einer Störübergangsfunktion. Dies ist dann eine von der Größe des jeweiligen Störsignalsprunges unabhängige Darstellung des Störverhaltens. Übergangsfunktionen sind nur in linearen bzw. linearisierten Systemen zu verwenden.

Das erste Kriterium, welches man zur Bewertung der Störsprungantwort heranziehen kann, ist die Überschwingweite x_m der Regelgröße (siehe Bild 7.4 und 7.5). Nach DIN 19226 wird die Überschwingweite folgendermaßen definiert:

> Die ***Überschwingweite*** der Regelgröße ist die größte vorübergehende Sollwertabweichung, während des Überganges von einem Beharrungszustand in einen neuen Beharrungszustand, nach einer Änderung der Störgröße oder Führungsgröße.

Da die Überschwingweite sowohl von dem zeitlichen Verlauf, als auch von der Höhe der Störgröße abhängig ist, muß zusätzlich der Störgrößenverlauf spezifiziert werden. Die Überschwingweite ist sowohl bei schwingenden als auch bei kriechenden Störsprungantworten definiert und beträgt meistens die Höhe des ersten auftretenden Maximums (siehe Bild 7.4 und 7.5). Zusätzlich zu der Überschwingweite gibt es zwei weitere wichtige Kriterien, die das Zeitverhalten im Regelkreis bewerten.

Bild 7.4 Sprungantwort eines einschleifigen Regelkreises, aperiodische Antwort mit Überschwingweite X_m, Anregelzeit T_{an}, Ausregelzeit T_a bei der Störgrößenänderung Δz

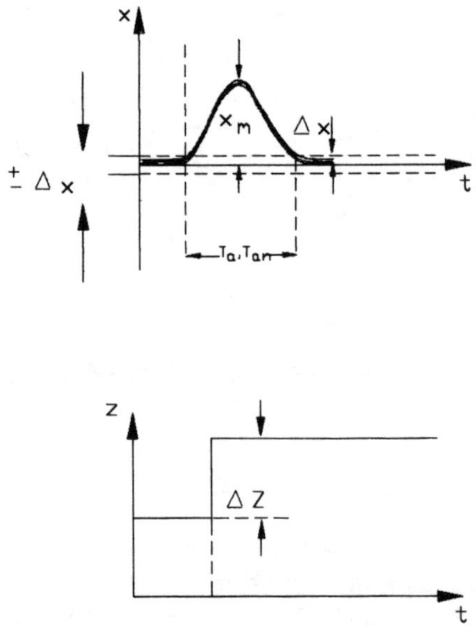

Alle Zeitkriterien, die man für das Regelkreisverhalten angeben kann, beziehen sich auf einen vorgegebenen Toleranzbereich. Dieser Toleranzbereich sollte ebenfalls bei der Projektierung und Aufgabendefinition einer Regelung festgelegt werden, da der Betrag nicht in den Normen festgelegt ist. Der Toleranzbereich gibt die langfristig tolerierbaren Regeldifferenzen eines Regelkreises vor. Die Toleranzgrenze bildet normalerweise einen symmetrischen Schlauch um den zeitlichen Verlauf der Führungsgröße w und wird mit $\pm\Delta x$ bezeichnet.

Das erste Zeitkriterium, die Ausregelzeit T_a, gibt die Zeit an, die nach einem Stör- oder Führungsgrößensprung verstreicht, bis die Regelung wieder dauerhaft in diesen Toleranzbereich eintritt.

Bild 7.5 Sprungantwort eines einschleifigen Regelkreises, periodische Antwort mit Überschwingweite X_m, Anregelzeit T_{an}, Ausregelzeit T_a bei der Störgrößenänderung Δz

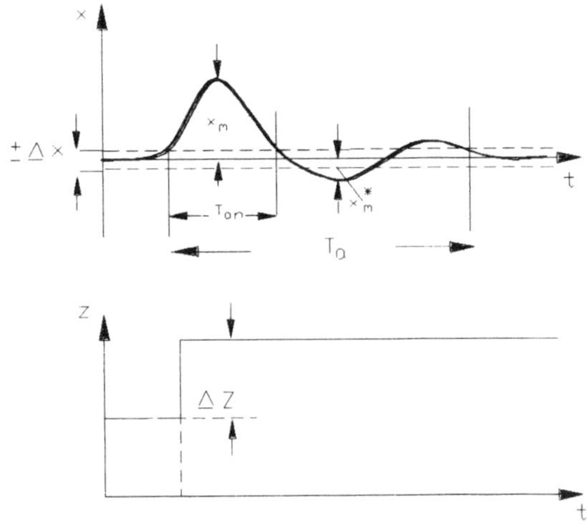

Nach DIN 19226 ist dies so definiert:

> Die *Ausregelzeit* ist die Zeitspanne, die beginnt, wenn der Wert der Regelgröße nach einem Sprung der Störgröße oder Führungsgröße einen vorgegebenen Toleranzbereich der Regelgröße verläßt und die endet, wenn er in diesen Bereich zum *dauernden* Verbleib wieder eintritt.

Das zweite Zeitkriterium ist die Anregelzeit. Je kürzer die Anregelzeit ist, desto kürzer ist das Reaktionsverhalten einer Regelung. Nach DIN 19226 ist die Anregelzeit T_{an} folgendermaßen definiert:

> Die *Anregelzeit* ist die Zeitspanne, die beginnt, wenn der Wert der Regelgröße nach einem Sprung der Störgröße oder Führungsgröße einen vorgegebenen Toleranzbereich der Regelgröße verläßt und die endet, wenn er in diesen Bereich *erstmalig* wieder eintritt.

Die Anregelzeit T_{an} ist vorwiegend für die Beurteilung des Führungsverhaltens von Regelkreisen von Bedeutung. In dem Falle kriechender Sprungantworten fällt die Definition der Anregelzeit mit der Ausregelzeit zusammen.

Zusätzlich zu den Zeitkriterien gibt es noch Regelflächenkriterien, mit denen das Regelkreisverhalten bewertet werden kann. Diese Regelflächenkriterien hatten bisher für den Praktiker eine geringe Bedeutung. Werden Simulationsprogramme eingesetzt, bekommen diese Regelflächenkriterien eine entscheidende Bedeutung. Sie sind rechnerisch leicht zu bestimmen und ermöglichen eine präzise Formulierung von regelungstechnischen Optimierungskriterien und der Optimierung von Regelkreisen mit Hilfe von Rechnern.

Die mathematisch einfachste Form Regelflächen zu bilden, besteht in der Aufintegration der Regeldifferenz über die Zeit. Wird dies durchgeführt, erhält man Regelflächenanteile, die je nach Vorzeichen der Regeldifferenz positiv oder negativ zu der Gesamtfläche beitragen. Dies ist jedoch für praktische Aufgaben sehr ungünstig, daher ist das einfachste in der Praxis verwendete Regelflächenkriterium das betragslineare. Bei diesem wird das Vorzeichen der Regeldifferenz nicht berücksichtigt, sondern alle Regelflächen werden unabhängig von ihrem Betrag zu der gesamten Regelfläche aufsummiert.

a)

b)

c)

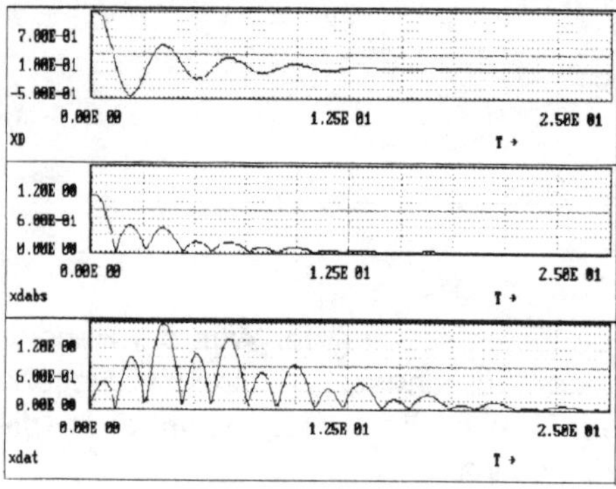

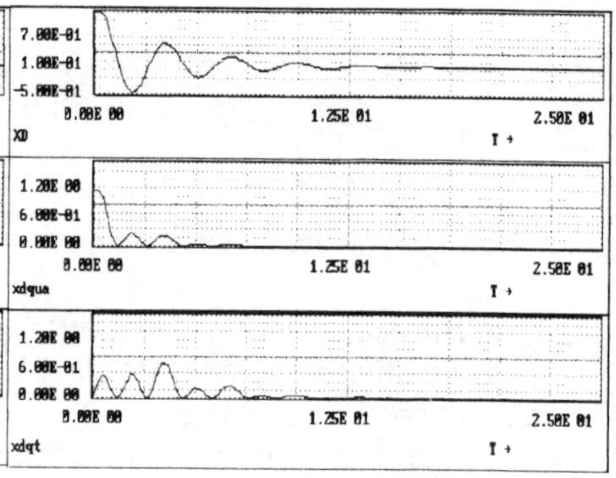

Bild 7.6 Betragslineare Regelfläche; a) unbewertete Regeldifferenz e(t), b) Betragslineare Regeldifferenz e(t), c) Zeitbeschwerte betragslineare Regeldifferenz t e(t)

Bild 7.7 Quadratische Regelfläche; a)Regeldifferenz e (t), b) quadratische Regeldifferenz e^2 (t), c) zeitbeschwerte quadratische Regeldifferenz $te^2(t)$

Für Regelflächenkriterien gilt dasselbe wie für die Störsprungantwort allgemein. Ihre Auswertung ist nur im Zusammenhang mit der absoluten Größe und dem Verlauf der Störfunktion bewertbar. Meistens dient sie zu dem Vergleich unterschiedlicher Systemantworten auf eine identisch verlaufende Störung. In vielen Fällen geht man bei der Regelflächenbildung noch anders vor, man bewertet nicht die Regeldifferenz, sondern das Quadrat der Regeldifferenz. Dies hat den Vorteil, daß große Regeldifferenzen besonders stark in die Regelflächenbildung eingehen. Dies führt dazu, daß schnelle Regelungen mit periodischem Verhalten positiv bewertet werden. Man kann diese quadratische Regelfläche zusätzlich noch in ihrem Verlauf bei der Integration mit der Zeit multiplizieren. Man nennt dies die zeitbeschwerte quadratische Regelfläche oder zeitbeschwerte betragslineare Regelfläche.

Die bisherigen Kriterien sind dynamische Kriterien, mit denen man den Verlauf von Störgrößenantworten beschreiben kann. Es gibt auch ein statisches Kriterium, dies ist die bleibende Regeldifferenz nach einem Störgrößensprung. Das Kriterium ist sowohl für stetige Regler von Interesse als auch für schaltende Regler. Im letzteren Falle muß man die bleibende Regeldifferenz genauer definieren.

7.1.2 Führungsverhalten von einschleifigen Regelkreisen

Das Führungsverhalten beschreibt die Reaktion der Regelstrecke auf eine zeitlich veränderliche Führungsgröße bei konstanten Störgrößen.

Die verlaufs- und betragsmäßige Reaktion der Regelgröße auf eine zeitliche Veränderung des Führungssignals hängt sowohl von dem Betrag, als auch von dem Zeitverlauf der Führungssignaländerung ab. Man muß daher wie bei der Untersuchung des Störverhaltens vorher definieren, welche Führungsgrößenänderungen untersucht werden.

Bei der Beurteilung des Führungsverhaltens von Regelkreisen geht man im Prinzip genauso vor, wie bei der Beurteilung des Störverhaltens. Hier verwendet man jedoch einen Führungsgrößensprung, den man auf den Reglereingang entsprechend Bild 7.8 aufschaltet.

Bild 7.8 Bestimmung des Führungsverhaltens bei einem Führungsgrößensprung w(t)

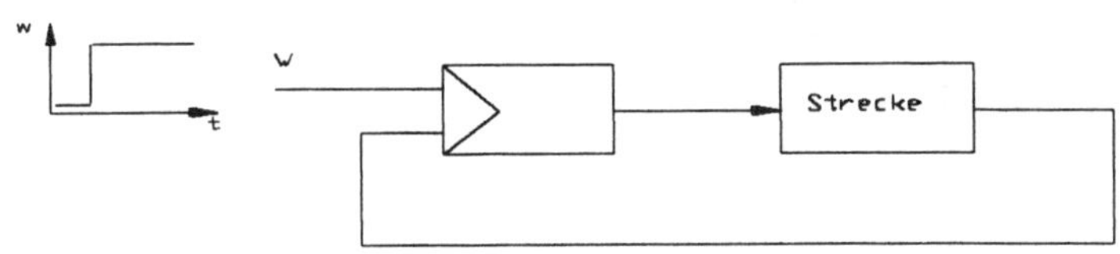

Das meistbenutzte Kriterium bezieht sich auf sprungförmige Änderungen des Führungssignals, obwohl man in der Praxis in vielen Fällen keine sprungförmige Führungsgrößenänderung an verschiedenen Prozessen durchführen darf. Oft sind praxisgerechte Führungsgrößenänderungen eher rampenförmige Signale. Besonders in der Antriebstechnik und bei Batch-Prozessen der Verfahrenstechnik ist das Führungsverhalten von Regelkreisen von großer Bedeutung. Die Definitionen für die Überschwingweite, die An- und die Ausregelzeit gelten in der Form, wie sie in dem Abschnitt über das Störverhalten definiert wurden (siehe Bild 7.9 und 7.10).

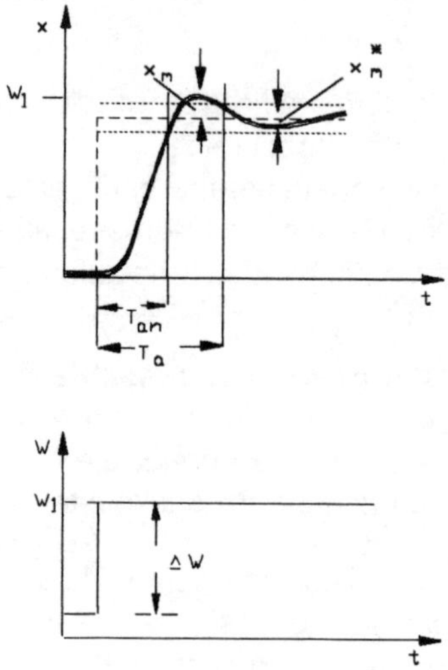

Bild 7.9 Antwort auf einen Sprung der Führungsgröße w, periodisches Verhalten (T_{an}: Anregelzeit, T_a: Ausregelzeit, X_m:Überschwingweite, Δw: Führungsgröße, w1: Endwert der Führungsgröße)

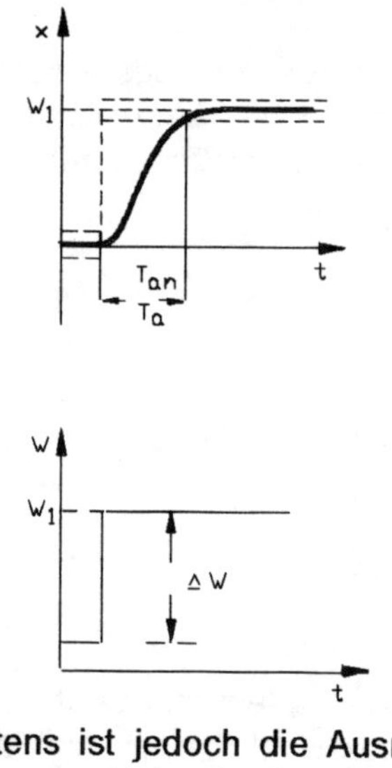

Bild 7.10 Antwort auf einen Sprung der Führungsgröße w, aperiodisches Verhalten (T_{an}:Anregelzeit, T_a:Ausregelzeit, X_m: Überschwingweite, Δw: Führungsgröße, w1: Endwert der Führungs- größe)

Für die Beurteilung des Führungsverhaltens ist jedoch die Ausregelzeit T_a von kleinerem Interesse. Hier interessiert in erster Linie die Anregelzeit T_{an}, die die Geschwindigkeit des Regelverhaltens eines solchen Regelkreises definiert. Das Maß für das statische- oder auch Langzeitverhalten ist die bleibende Regeldifferenz einer Führungsgrößenänderung.

7.1.3 Weitere Kriterien zur Beurteilung der Güte von Regelungen

Zeigen die Sprungantworten des Störverhaltens oder des Führungsverhaltens von Regelkreisen einen schwingenden Verlauf, so ist es in vielen Fällen praktisch, den Grad der Dämpfung zu beurteilen. Diese ist das Maß für die Dämpfung der Schwingung. Die Dämpfung läßt sich meistens sehr einfach aus der Amplitude zweier aufeinanderfolgender Halbschwingungen ermitteln.

Bei linearen Systemen 2.Ordnung ist dieses Amplitudenverhältnis konstant und läßt sich daher zur Kennzeichnung der Stärke der Dämpfung mathematisch streng definieren. Näherungsweise läßt sich der Dämpfungsgrad D aus dem Amplitudenverhältnis x_m/x_m^* bei einem Regelkreis 2.Ordnung aus der Grafik in Bild 7.11 entnehmen:

Bild 7.11 Kenngröße zur Bestimmung der Dämpfung einer periodischen Antwort

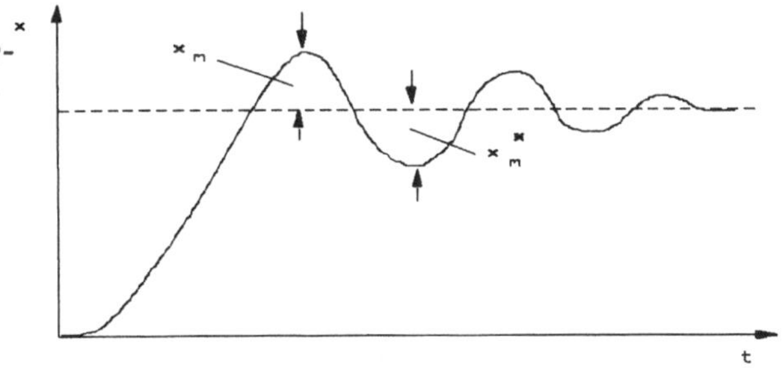

Je größer das Amplitudenverhältnis x_m/x_m^* ist, desto größer ist die Dämpfung. Der Zusammenhang zwischen dem Amplitudenverhältnis und D hat dabei einen näherungsweise logarithmischen Verlauf. Oft wird für bestimmte Anwendungen eine bestimmte Dämpfung des Regelkreises gefordert. Diese Dämpfung wird oft einfach als das Verhältnis x_m/x_m^* vorgegeben. Eine solche Vorgabe wäre z.B. der Wert 30% für x_m^*. Dies bedeutet, daß x_m/x_m^* gleich 3,3 ist (siehe Bild 7.12).

Bild 7.12 Diagramm zur Ermittlung der Dämpfung D aus dem Verhältnis x_m/x_m^*

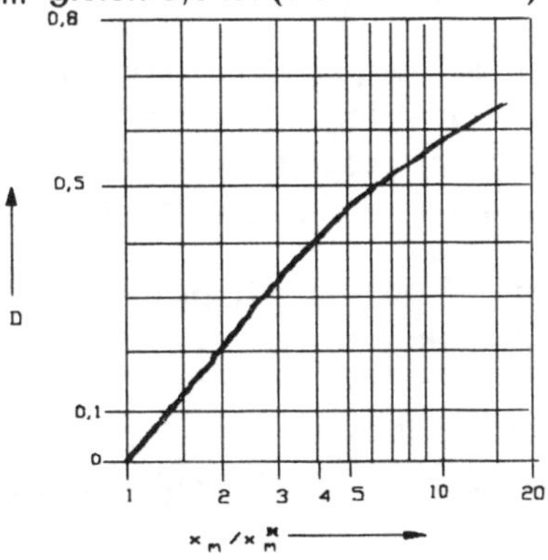

7.1.4 Optimales Verhalten

Es gibt, absolut gesehen, kein optimales Verhalten einer Regelstrecke schlechthin. Die Anforderungen der Praxis sind sehr unterschiedlich. In dem einen Fall wird eine besonders schnell greifende Regelung gefordert, in der ein Überschwingen nur eine untergeordnete Rolle spielt. In anderen Fällen dagegen darf das Überschwingen der Regelgröße nicht zugelassen werden, hier wird das schnellste aperiodische oder auch kriechende Regelkreisverhalten verlangt. Andere Anforderungen an das Verhalten eines Regelkreises können auch sein, daß der Gesamtwirkungsgrad und damit der Energieverbrauch einer Anlage minimiert werden soll.

Diese unterschiedlichen Anforderungen sind meistens sehr schwierig miteinander zu vereinbaren, insbesondere sind Geschwindigkeit, Präzision und geringer Energieverbrauch in der Regel einander widersprechende Forderungen.

Es gibt einige Regelkreise, bei denen Überschwingweiten möglichst klein zu dimensionieren sind. Dies kann bei Anlagen der Fall sein, in denen bei einer Überschreitung der Führungsgröße irreversible Veränderungen des Prozeßgutes auftreten. Anzusprechen sind hier thermische, verfahrenstechnische oder chemische Prozesse, bei denen es bei einer Temperaturüberschreitung zu Schädigungen des Prozeßgutes kommt.

Ein anderes Beispiel ist die mechanische Bearbeitung von Werkstücken. Tritt während eines solchen Bearbeitungsvorganges ein zu starker Abtrag des Materials auf, ist dies nicht mehr rückgängig zu machen. Dies kann bei numerisch gesteuerten Werkzeugmaschinen auftreten, die Teile bearbeiten. Jedes Überschwingen über die zulässige Toleranz bedeutet, daß das gefertigte Produkt Ausschuß ist. In einigen Bereichen kann das Überschwingen von Regelkreisen auch zu einer Gefährdung von Menschen oder Anlagen führen. Dies kann in Krananlagen, in Kraftwerksanlagen oder chemischen Anlagen der Fall sein.

Bei anderen Regelkreisen kommt es wiederum hauptsächlich auf schnelle Reaktionen des Regelkreises an. Ein Überschwingen des Systems kann toleriert werden. Solche Regelkreise findet man in der Antriebstechnik besonders dann, wenn mehrere Antriebe koordiniert gefahren werden müssen.

Das Überschwingen der Regelgröße ist auch dann tolerierbar, wenn sich zwischen Regelgröße und eigentlich zu beherrschender Aufgabengröße große anlagen- oder prozeßbedingte Speicher befinden. Ein Beispiel wäre eine Industrieofenanlage, in der das zu erhitzende Gut eine große thermische Kapazität besitzt. Kurzfristige Schwankungen in der Ofentemperatur wirken sich hier nur stark gedämpft auf das

Prozeßgut aus. Hier ist das wichtigste Kriterium, daß die Regelgröße langzeitstabil ist.

Ein anderer Anwendungsbereich sind Durchfluß- oder Kursregelungen. Bei Durchflußregelungen ist meistens ein im zeitlichen Mittel konstanter Mengenstrom zu gewährleisten. Kurzfristige Schwankungen sind dabei von untergeordneter Bedeutung. Hier ist die lineare Regelfläche entscheidend. Auftretende Schwingungen werden meistens durch nachfolgende Speicherglieder ausgeglichen. Bei Kursregelungen kann es unter Umständen toleriert werden, wenn zwischenzeitlich eine Regeldifferenz auftritt.

7.2 Unstetige Regler

Unstetige Regler reagieren auf stetig verlaufende Eingangssignale mit unstetigen Ausgangssignalen. Bei diesen Reglern handelt es sich i. allg. um schaltende Regler.

7.2.1 Zweipunktregler

Zweipunktregler sind unstetige Regler, die bei einer bestimmten Regeldifferenz e am Eingang das Stellsignal auf einen anderen Wert umschalten. In Regelkreisen mit Zweipunktreglern ist der Verlauf der Regelgröße x, während der Stellausgang y in demselben Zustand verharrt, identisch mit einer Sprungantwort. Beim Anfahren eines Zweipunktregelkreises erhält man daher die Sprungantwort der Regelstrecke. Die Anregelzeit bestimmt sich bei allen Regelkreisen mit Zweipunktreglern ohne Rückführung aus dem Schnitt der Sprungantwort mit dem oberen Schaltpunkt des Zweipunktreglers.

7.2.1.1 Zweipunktregler mit PT1-Regelstrecke

Es soll als Beispiel eine Behälterheizung nach Bild 7.13 mit einem Zweipunktregler mit Schaltdifferenz untersucht werden. Die thermische Charakteristik des Behälters sei durch ein PT1- Verhalten erfaßt (Bild 7.14).

Bild 7.13 Beispiel einer PT1-Strecke; a) Temperaturregelstrecke, b) Sprungantwort

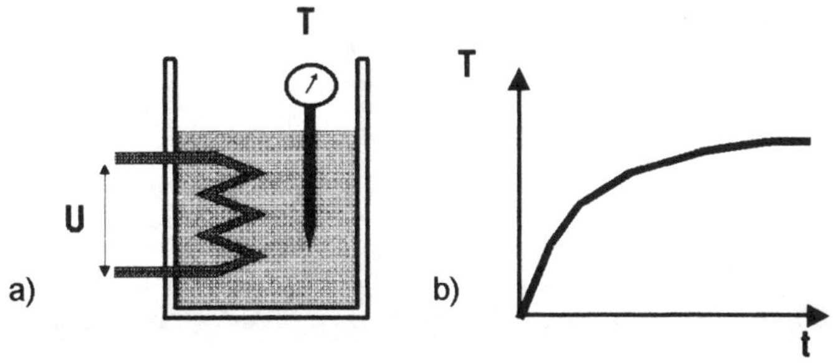

Bild 7.14 Blockschaltbild der Regelung einer PT1-Strecke mit einem Zweipunktregler (w:Führungsgröße, x:Regelgröße, y: Stellgröße)

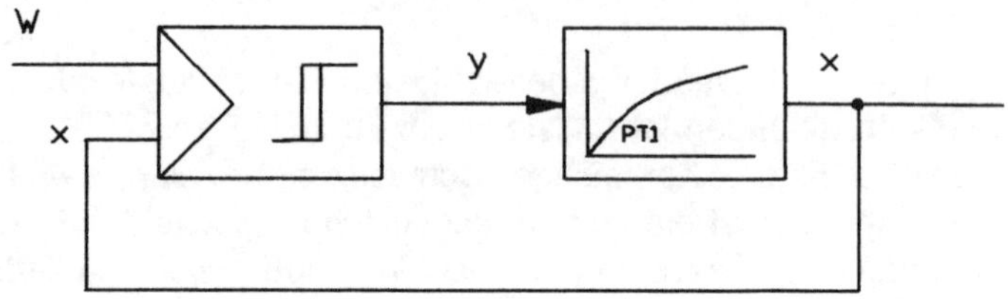

Schaltet man die Heizung ein, erhält man einen Sollwertsprung. Die Flüssigkeit wird, beginnend bei der Umgebungstemperatur, aufgeheizt. Man beobachtet folgendes Verhalten: In der Anfangsphase meldet der Vergleicher, daß der Sollwert durch die Regelgröße unterschritten wird. Daraufhin schaltet das Schütz ein und heizt die Flüssigkeit auf. Es ergibt sich ein Aufheizverhalten gemäß der Sprungantwort der PT1-Charakteristik der Regelstrecke. Wird der obere Schaltpunkt des Reglers erreicht, schaltet das Schütz aus. Daraufhin kühlt sich die Flüssigkeit langsam gemäß dem Charakter der PT1-Regelstrecke ab, bis die Temperatur den unteren Schaltpunkt erreicht. Dann schaltet sich die Heizung wieder ein. Dieser Vorgang wiederholt sich ständig. Die Regelgröße pendelt innerhalb einer Schwankungsbreite, die durch die Schaltdifferenz des Reglers vorgegeben ist (siehe Bild 7.15).

a)

b)

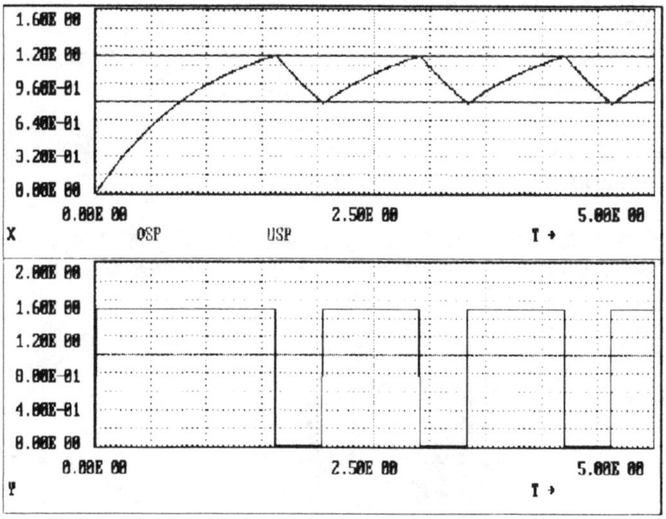

Bild 7.15 Regelung einer PT1-Strecke mit einem Zweipunktregler; a) oberer und unterer Schaltpunkt, sowie Regelgröße x, b) Zeitverlauf der Stellgröße y

Die einzelnen Kurvenstücke, aus denen sich die Sägezahnschwingung zusammensetzt, sind Teilstücke der Sprungantwort der Regelstrecke. Wird die Schaltdifferenz heruntergesetzt, erhöht sich zwangsläufig die Schaltfrequenz des Stellausganges. Ebenso erhöht sich die Schaltfrequenz, wenn die Zeitkonstante der Regelstrecke kleiner wird. Dadurch werden die entsprechenden Kurvenzüge der Sprungantwort steiler und die Sägezahnschwingung hat eine höhere Frequenz. Weiterhin hat der Leistungsüberschuß des Stellausgangs eine Auswirkung auf die Schalthäufigkeit. Ist der Leistungsüberschuß niedrig, verläuft die Aufheizung bis zu dem oberen Schaltpunkt sehr langsam. Entsprechend senkt sich die Schalthäufigkeit.

Bei einer verzögernden Regelstrecke erster Ordnung hat die Verzögerungszeit keinen Einfluß auf die Genauigkeit eines Zweipunktreglers mit Schaltdifferenz. Die Schwankungsbreite ist immer gleich der Schaltdifferenz.

Bei Zweipunktreglern mit PT1-Regelstrecke steigt die Schalthäufigkeit mit:
- kleinerer Zeitkonstante der Strecke,
- kleinerer Schaltdifferenz,
- kleinerem Leistungsüberschuß.
Die Schwankungsbreite ist gleich der Schaltdifferenz.

7.2.1.2 Zweipunktregler mit Regelstrecke ohne Ausgleich

Ein Zweipunktregler mit einer Regelstrecke ohne Ausgleich (siehe Bild 7.16), wie sie durch eine integrierende Regelstrecke gegeben ist, hat ein ähnliches Verhalten wie mit einer PT1-Regelstrecke (Bild 7.17). Da die Sprungantworten einer integrierenden Regelstrecke linear sind, ist das Verhalten eines Zweipunktreglers noch einfacher zu beschreiben und zu berechnen. Solche Systeme findet man in der Praxis bei Füllstandsaufgaben, bei denen der Zufluß über ein Schaltventil gestellt wird.

Bild 7.16 Schaltbild eines Zweipunktreglers mit Schaltdifferenz und einer I-Strecke bei konstanter Führungsgröße w (y:Stellgröße, x:Regelgröße)

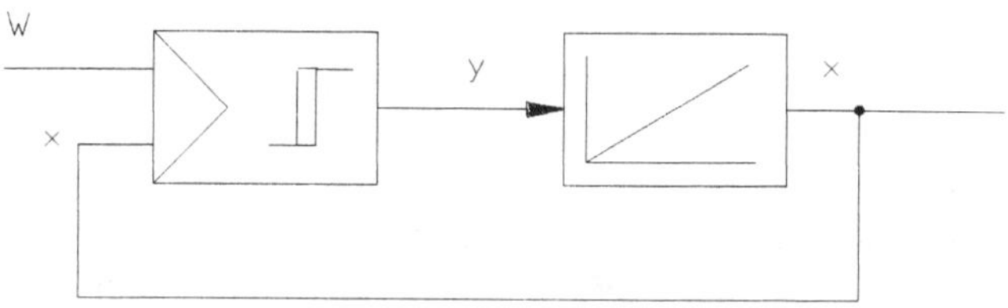

Auch hier ist die Regelgenauigkeit unabhängig von der Zeitkonstanten der Regelstrecke. Die Schaltfrequenz eines solchen Regelkreises kann nach folgender einfacher Formel berechnet werden:

$$f = K_I * Y \ / \ 2 \ X_{sd}$$

f : Schaltfrequenz,
KI : Proportionalbeiwert der I-Strecke,
X_{sd} : Schaltdifferenz,
Y : Stellgröße des Zweipunktreglers.

Ein Zweipunktregler mit einer Regelstrecke ohne Ausgleich verhält sich ähnlich, wie ein Zweipunktregler mit einer PT1-Regelstrecke.

a)

b)

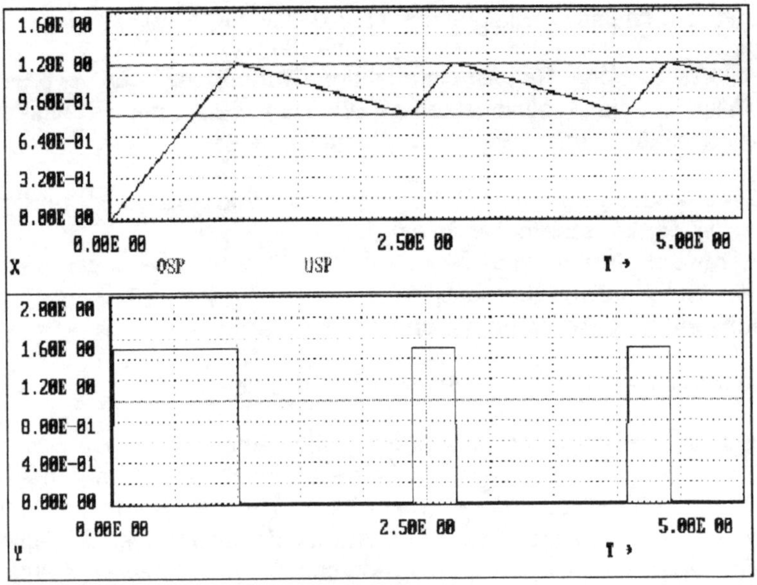

Bild 7.17 Regelung einer I-Strecke mit einem Zweipunktregler mit Schaltdifferenz ; a) oberer und unterer Schaltpunkt, sowie Regelgröße x, b) Zeitverlauf der Stellgröße y

7.2.1.3 Zweipunktregler mit PTn-Regelstrecke

Viele in der Technik vorkommende Regelstrecken haben zusätzlich zu der Ausgleichszeit noch eine Verzugszeit. Betrachtet man den grundsätzlichen Verlauf einer Regelstrecke höherer Ordnung oder einer verzögernden Regelstrecke mit einer Totzeit, erhält man ein modifiziertes Verhalten.

Es soll die Behälterheizung nach Bild 7.18 untersucht werden, bei der die Verzögerungszeit, bedingt durch das Thermoelement, zusätzlich berücksichtigt wird. Dies ergibt dann eine PT2-Regelstrecke mit einer in Bild 7.19 dargestellten Struktur. Der resultierende Zeitverlauf ist in Bild 7.20 dargestellt.

Bild 7.18 Beispiel einer PT2-Regelstrecke (Thermoelement mit Hülse, U: Heizspannung, T: Temperatur); a) Prinzipbild, b) Sprungantwort

a)

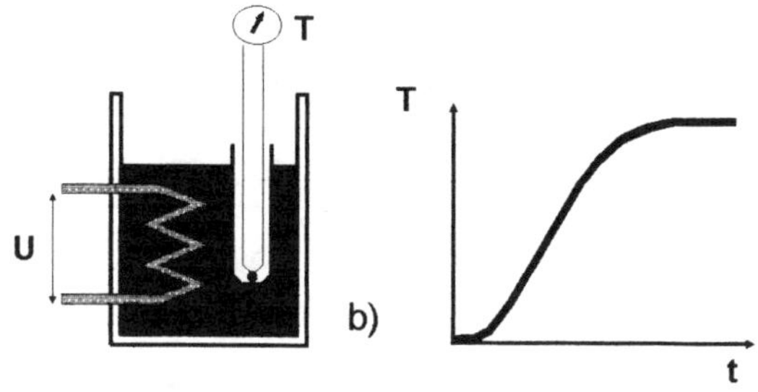

Bild 7.19 Darstellung eines Regelkreises mit einem Zweipunktregler mit Schaltdifferenz und einer PT2-Strecke (w: Führungsgröße, x: Regelgröße, y: Stellgröße)

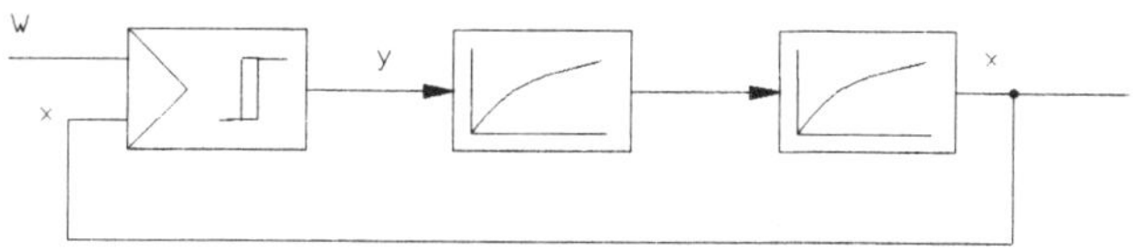

Wird ein Sollwertsprung auf den Führungseingang des Reglers aufgeschaltet, schaltet die Heizung ein. Nach der Verzugszeit T_u beginnt die Regelgröße entsprechend der Stellgröße zu steigen. Bis erstmalig der obere Schaltpunkt erreicht wird, erhält man die Sprungantwort der Regelstrecke.

a)

b)

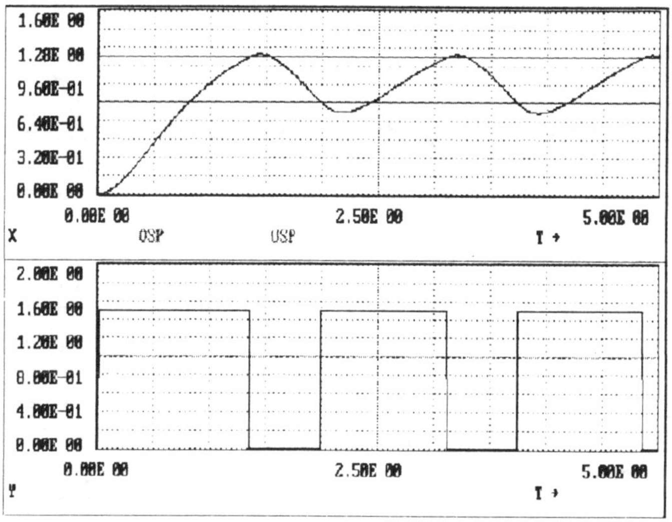

Bild 7.20 Regelung einer PT2-Strecke mit einem Zweipunktregler; a) oberer und unterer Schaltpunkt, sowie Zeitverlauf der Regelgröße x, b) Zeitverlauf der Stellgröße y

Da jedoch die Regelstrecke eine endliche Verzugszeit besitzt, **erhöht sich die Regelgröße auch noch nach dem Abschalten über den oberen Abschaltpunkt hinaus.** Dies ist bedingt durch die verzögerte Erfassung der wahren Ofentemperatur. Erst nach Ablauf der Verzugszeit beginnt nun die Regelgröße wieder zu sinken. Erreicht die Regelgröße den unteren Schaltpunkt, schaltet sich das Stellglied wieder ein. Eine Reaktion auf die Regelgröße macht sich jedoch erst nach der Verzugszeit T_u bemerkbar. Nach dieser beginnt die Regelgröße wieder zu steigen.

Insgesamt beobachtet man eine Verschlechterung des Regelverhaltens, bedingt durch die Verzugszeit T_u. Bei Regelstrecken mit Verzögerung ist die Schwankungsbreite der Regelgröße von der Größe der Verzugszeit abhängig. Zusätzlich hat die Verzugszeit eine Auswirkung auf die Schaltfrequenz, die sich entsprechend erhöht.

Man muß bei der Dimensionierung der Schaltdifferenz für Regler, die eine Regelgröße mit Verzug regeln sollen, die Verzugszeit entsprechend berücksichtigen. Je größer die Verzugszeit ist, desto niedriger muß die Schaltdifferenz dimensioniert werden. Selbst bei einer Schaltdifferenz 0 beobachtet man eine von der Regelstrecke und der Stellgröße abhängige Schwankungsbreite.

Bei Regelstrecken mit Verzug, die durch einen Zweipunktregler geregelt werden, steigt die Schalthäufigkeit mit:
- kleinerer Zeitkonstante der Strecke,
- kleinerer Schaltdifferenz,
- kleinerem Leistungsüberschuß,
- kleinerer Verzugszeit.
Die Schwankungsbreite ist größer als die Schaltdifferenz. Sie steigt mit zunehmender Verzugszeit.

7.2.1.4 Technische Auslegung von Zweipunktreglern

Vor dem Einsatz eines Zweipunktreglers muß ermittelt werden, wie groß die zulässige Schwankungsbreite der Regelgröße ist und wie groß die maximal zulässige Schaltfrequenz des Schaltgliedes ist. In den vorausgegangenen Beispielen wurde deutlich, daß sich eine beliebig gute Erfüllung dieser Forderungen widerspricht. Nur wenn beide Forderungen gleichzeitig erfüllt werden können, läßt sich eine Regelstrecke mit einem Zweipunktglied regeln. Die Begrenzung der Schaltfrequenz ist bedingt durch die Lebensdauer des Ausgangssignalformers und des Stellgliedes. Insbesondere wenn es sich hier um elektromechanische Bauteile, wie Schütze oder Ventile handelt, ist die Lebensdauer durch die Anzahl der Schaltungen gegeben.

Ein weiterer Gesichtspunkt ist die geforderte Anregelzeit. Bei der Ermittlung der maximal zulässigen Schwankungsbreite der Regelgröße ist zu beachten, daß Regelgröße und Aufgabengröße nicht immer identisch sind. Dies ist zum Beispiel der Fall, wenn sich zwischen beiden Größen speichernde Glieder im Prozeß befinden.

In einem Industrieofenprozeß, in dem Stückgut auf eine bestimmte Temperatur zu erhitzen ist, sind die Aufgabengröße und die Regelgröße im allgemeinen unterschiedlich. Als Regelgröße dient ein im Inneren angebrachtes Thermoelement, das die Temperatur innerhalb des Ofens mißt. Die eigentliche Aufgabe ist aber die Erhitzung des im Ofen befindlichen Stückgutes. Dieses Gut kann durchaus eine andere Temperatur annehmen als der Ofen. Da jedes einzelne Teil des zu erwärmenden Gutes eine eigene Wärmekapazität hat, überträgt sich die Schwankungsbreite der Ofentemperatur nur bedingt auf das zu erwärmende Gut. In diesem Fall darf die Regelgröße stärker schwanken, als die Aufgabengröße, da die eigentliche Aufgabengröße gegenüber der Regelgröße einen zusätzlichen Speicher besitzt.

Bei der Ermittlung der Schwankungsbreite in einem Regelkreis mit Zweipunktregelung sind folgende Faktoren zu berücksichtigen:

die Verzugszeit T_u der Regelstrecke,
die Ausgleichszeit T_g der Regelstrecke,
der Leistungsüberschuß des Stellgliedes und
die geforderte Anregelzeit des Prozesses beim Hochfahren.

Eine Verbesserung des Verhaltens von Regelkreisen mit Zweipunktreglern ergibt sich, wenn der Regler nicht zwischen y=0 und der Maximalleistung schaltet, sondern zwischen der Grundlast und der Spitzenlast. Dies führt zu einer deutlichen Herabsetzung der Schaltfrequenz und einer Verringerung der Schwankungsbreite. Als Grundlast wählt man in der Praxis einen Wert zwischen 60% und 90% der mindestens benötigten Last.

7.2.2 Dreipunktregler

Durch Erhöhung der Anzahl von Ausgangssignalpegeln eines Reglers auf drei statt zwei Ausgangssignalniveaus, kann das Verhalten gegenüber Zweipunktreglern entscheidend verbessert werden. Das prinzipielle Hauptproblem der Zweipunktregler ist die Dosierung der Leistungszufuhr zu der Regelstrecke. Die Leistung, die der Regelstrecke zugeführt wird, ist entweder zu hoch oder zu niedrig. Daraus folgt die Schwankungsbreite von Zweipunktreglern. Je genauer die Leistungszufuhr zur Regelstrecke dosiert werden kann, desto besser arbeitet der Regler.

Zur Regelung eines Ofens, für den eine PT2-Charakteristik angenommen wird (Bild 7.21), wird ein Dreipunktregler ohne Schaltdifferenz eingesetzt. Der Dreipunktregler dieses Ofens wird so ausgelegt (Bild 7.22), daß bei Regeldifferenzen kleiner als -10% des Führungswertes der Stellausgang ein Stellsignal 0 aufweist. Zwischen -10% und +10% Regeldifferenz wird ein Stellsignal von 1,2 verwendet. Überschreitet die Regeldifferenz 10% wird die Ausgangsleistung 1,6 geschaltet.

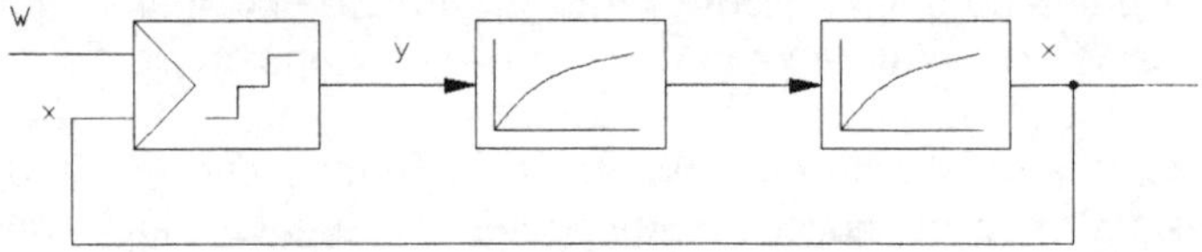

Bild 7.21 Schaltbild für die Regelung einer PT2-Strecke mit einem Dreipunktglied (w: Führungsgröße, x: Regelgröße, y: Stellgröße)

Bild 7.22 Aufteilung der Schaltstufen für die Ofenregelung (e: Regeldifferenz, y: Stellgröße)

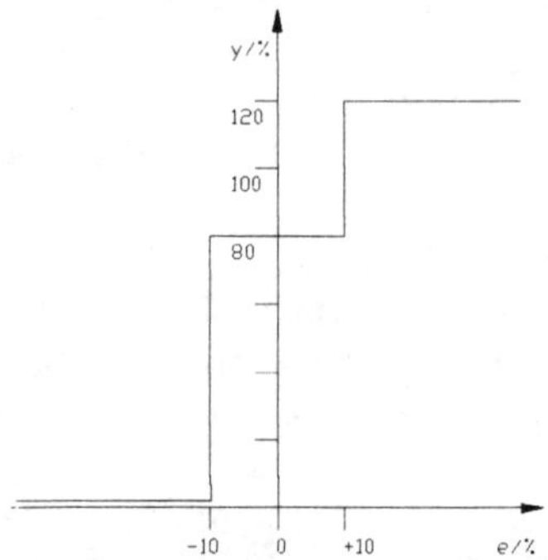

Eine solche Regelung verfügt über eine überraschend hohe Genauigkeit, auch bei dem Auftreten größerer Störungen, wie sie durch Lastschwankungen des Ofens, durch Schwankungen der Umgebungstemperatur oder unterschiedliche Abkühlraten, bedingt durch unterschiedliche Öffnungszeiten der Ofentüren, gegeben sind.

Der Dreipunktregler hat allerdings den Nachteil, daß er auf die benötigte Last hin eingestellt werden muß. Ist die thermische Last des Ofens gering, spielt sich der Regelvorgang zwischen dem oberen und dem mittleren Schaltpunkt ab (siehe Bild 7.23). Die gesamte Schaltleistung differiert damit nur um 40%. Daher ist die entsprechende Schwankungsbreite dieses Ofens entsprechend kleiner. Erst bei größeren Störungen wird auf den gesamten Stellbereich zurückgegriffen.

In der Praxis werden Dreipunktregler für die Regelung von Ofenregelstrecken auf zwei verschiedene Arten ausgeführt. Die erste Ausführung ist ein Zweigruppenregler, in dem zwei Heizwiderstandsgruppen vorhanden sind (siehe Bild 7.24). Je nach Regeldifferenz wird der Hauptwiderstandskreis geschaltet oder der Hauptwiderstandskreis plus dem Zusatzwiderstandskreis. Zweigruppenregler sind hauptsächlich dann sinnvoll, wenn die beiden Schaltleistungen nicht sehr weit auseinander und nahe an dem normalerweise notwendigen Betriebspunkt der Regelstrecke liegen. Dies bedingt, daß die Anregelzeiten derartiger Zweigruppenregler relativ groß sind und Störungen, die über eine gewisse Bandbreite hinausgehen, nicht ausgeregelt werden können .

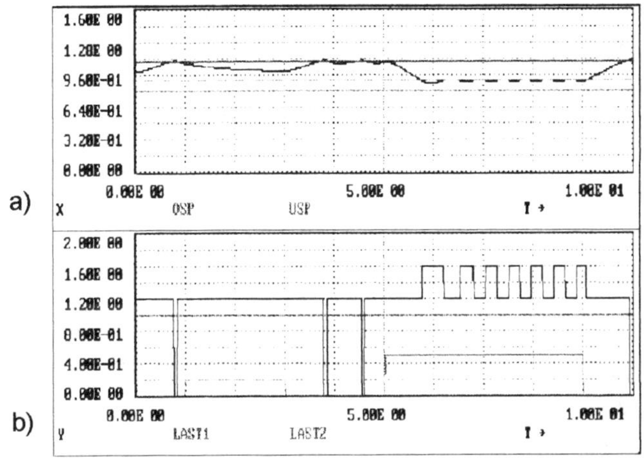

Bild 7.23 Regelung einer PT2-Strecke mit einem Dreipunktregler mit Schaltstufen gemäß Bild 7.22; a) Schaltpunkte und Zeitverlauf der Regelgröße, b) Zeitverlauf der Schaltleistung y und der Störgrößen (Last 1 und Last 2)

Bei der Steuerung von Industrieöfen hat sich die Dreieck-Stern-Regelung bewährt. Voraussetzung für ihren Einsatz ist der Anschluß des Ofens an ein Drehstromnetz. Es wird eine Dreiphasen-Heizwicklung benutzt. Der Regler schaltet diese Heizwicklung entweder aus oder in Dreieck- bzw. Sternschaltung an das Netz. Dies geschieht in der Regel durch zwei gegeneinander verriegelte Schaltschütze. Die höchste Heizleistung besitzt der Ofen in der Dreieckschaltung.

Bild 7.24 Schaltbild eines Ofens mit Zweigruppenregelung (w: Führungsgröße, x: Regelgröße, U:Heizspannung)

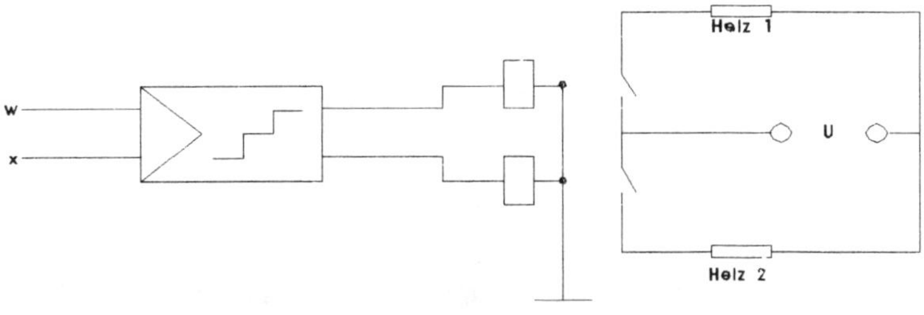

Durch Umschaltung von der Dreieck- auf die Sternschaltung sinkt die Heizleistung auf ein Drittel des Wertes ab. Die Heizung des Ofens wird daher so dimensioniert, daß der Ofen bei normalen Störungen über die Sternschaltung auf seiner durch den Sollwerteinsteller gegebenen Temperatur gehalten wird.

Bei dem Anfahren des Ofens benutzt man die Dreieckschaltung, die die höchste Heizleistung liefert. Dadurch erreicht man ein relativ schnelles Aufheizen des Ofens. Wird nun der untere Schaltpunkt erreicht, wird von der Dreieck- auf die Sternschaltung umgeschaltet. Dies verringert die Heizleistung des Ofens von 100% auf 33%. Überschreitet der Ofen auch den oberen Schaltpunkt, wird die Heizung des Ofens ganz ausgeschaltet. Nach dem Anfahren des Ofens schwankt dann die Heizleistung des Ofens zwischen 0 und 30%, d.h. der Regler arbeitet dann lediglich in seinem unteren Schaltbereich. Nur bei größeren Störungen muß auf die gesamte Heizleistung des Ofens zurückgegriffen werden. Die Schwankungsbreite bei Zweigruppenreglern ist in der Regel wesentlich größer als bei Dreieck-Stern-Reglern (siehe Bild 7.25). Man erreicht dafür aber eine wesentlich kürzere Anregelzeit und erhält die Möglichkeit große Störungen auszuregeln. Daher hat sich in vielen konventionellen Ofenregelungen die Dreick-Stern-Regelung durchgesetzt.

a)
b)

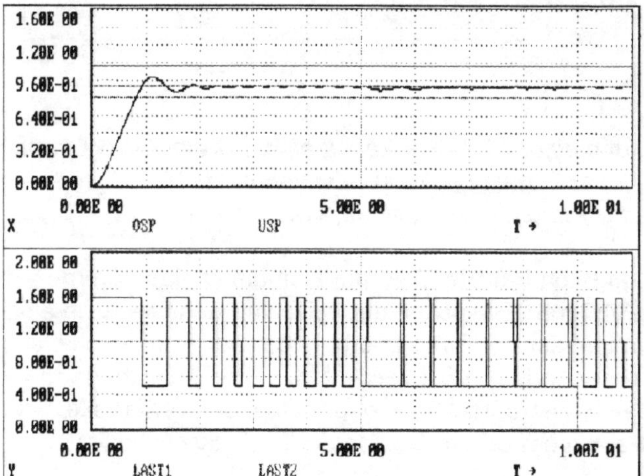

Bild 7.25 Regelung eines PT2-Gliedes mit Dreipunktregler für eine Dreieck-Stern-Umschaltung; a) Schaltstufen und Zeitverlauf der Regelgröße, b) Zeitverlauf der Stellgröße und der Störgröße (Last 1 und Last 2)

Mit Dreipunktreglern werden häufig Stellantriebe geregelt (siehe Bild 7.26). In diesem Fall liegt der obere und untere Schaltpunkt symmetrisch um die Regeldifferenz 0, der Regler ist also Dipolar. Je nach dem, ob die Regeldifferenz stark negativ oder stark positiv ist, wird der Motor entweder auf Links- oder

Rechtslauf geschaltet. Der Bereich zwischen den beiden Schaltpunkten ist in diesem Fall eine neutrale oder tote Zone, in der der Motor nicht angesteuert wird. Daher reagiert dieser Regler nicht auf kleine Störamplituden der Regelgröße. Dies führt zu einer deutlich geringeren Beanspruchung der Stellglieder auf Kosten der Genauigkeit des Stellantriebs.

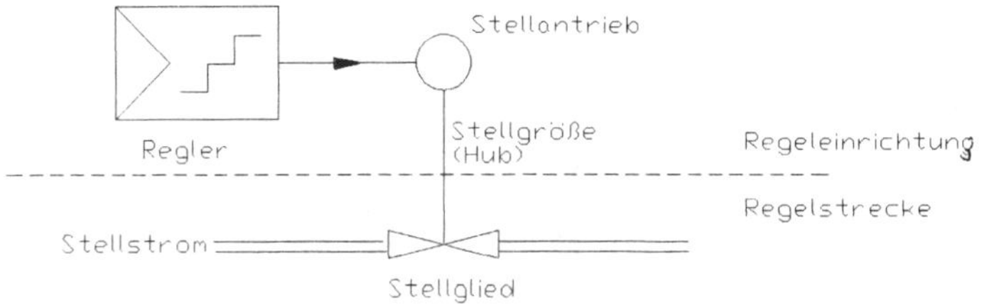

Bild 7.26 Prinzipieller Aufbau eines Stellantriebs mit Dreipunktregler

Bei dieser Applikation wird normalerweise ein Dreipunktregler mit einer Schaltdifferenz verwendet (siehe Bild 7.27). Die Schaltdifferenz sorgt dafür, daß es bei einem Pendeln um einen Schaltpunkt zu keiner schleichenden Kontaktgabe bei den Leistungsschützen kommt. Es wird damit in der Praxis eine Mindesteinschalt- bzw. Ausschaltzeit des Motors bei kleinen Regeldifferenzänderungen garantiert.

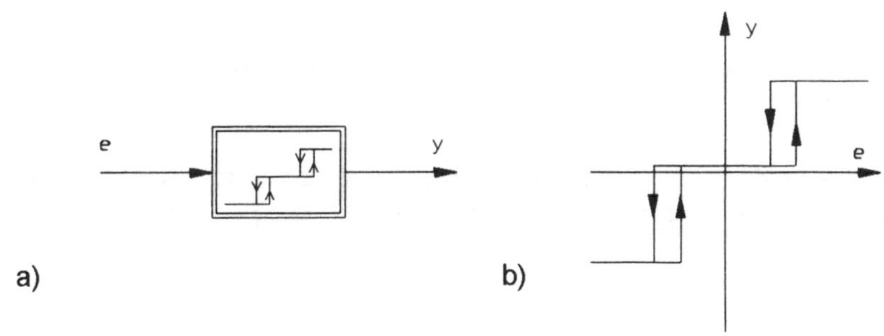

Bild 7.27 Dreipunktregler mit Schaltdifferenz, (e: Regeldifferenz, y: Stellgröße) a) Blocksymbol, b) Kennlinie

7.2.3 Regelkreise mit stetigähnlichen Reglern

Das Hauptproblem bei dem Einsatz von Zwei- und Dreipunktreglern ohne Rückführung ist die ungenügende Anpaßbarkeit an die zu regelnde Strecke, da die einzigen Einstellparameter lediglich die Schaltpunkte mit ihren zugehörigen Schaltleistungen sind.

Diesen Nachteil kann man ausgleichen, wenn man Mehrpunktregler mit Rückführungen über ein Zeitglied versieht (Bild 7.28). Durch die Rückführung wird eine wesentlich genauere Dosierung der Stelleistung erreicht, indem die Ein- und Ausschaltpunkte der Stellgröße in Abhängigkeit von dem zeitlichen Verlauf der Regeldifferenz beeinflußt werden. So wird aus einem schaltenden Regler ein stetigähnlicher Regler.

Bei Mehrpunktreglern mit Rückführung wird reglerintern die Stellgröße über ein Glied mit einer dynamischen Übertragungsfunktion auf den Eingang des Reglers zurückgeschaltet. Über diese Rückführung ist es möglich, Regler mit einer zusätzlichen zeitlichen Charakteristik, ähnlich wie bei den analog stetigen Reglern, zu versehen. Man kann damit ein Regelverhalten erreichen, das einem PI-, PD-, oder einem PID-Regler ähnelt.

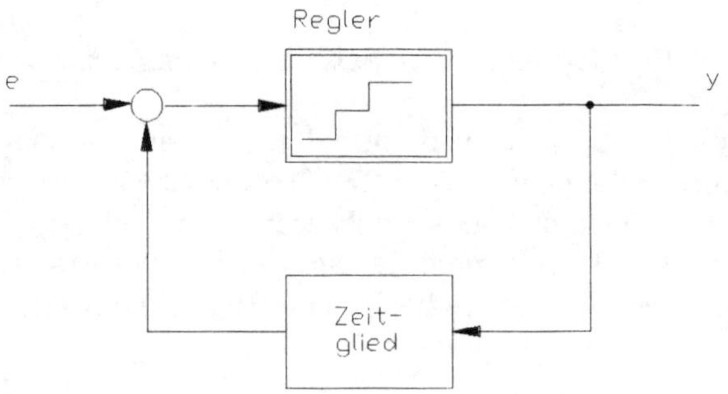

Bild 7.28 Aufbau eines Dreipunktreglers mit einem Zeitglied in der Rückführung

Beispiel: Ofenregelung mit einem Zweipunktregler mit verzögerter Rückführung (PD-Verhalten)

Wählt man, wie in Bild 7.29, als Rückführglied ein verzögerndes Glied 1.Ordnung (PT1), ändert sich das Schaltverhalten des Zweipunktreglers in entscheidender Weise.

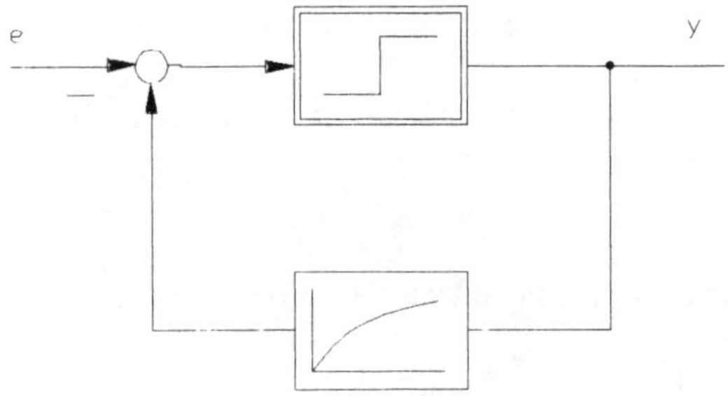

Bild 7.29 Schaltbild eines Zweipunktreglers mit einer verzögernden Rückführung

Fährt man diesen Regelkreis an, schaltet sich wie bei einem einfachen Zweipunktregler die Energiezufuhr ein. Am Anfang wird der Regeldifferenz nur eine kleine zusätzliche Spannung überlagert. Während des Hochfahrens des Ofens erhöht sich die überlagerte Spannung ständig und führt dazu, daß die Gesamtspannung am Eingang des Zweipunktreglers eher den oberen Abschaltpunkt erreicht. Dies führt dazu, daß der Ofen früher als bei der Regelung mit einem einfachen Zweipunktregler abschaltet und daher das Überschwingen bei dem Anfahren des Ofens verringert wird.

Nach dem ersten Erreichen des oberen Schaltpunktes heizt sich der Ofen weiter auf. Gleichzeitig verringert sich die Rückführspannung. Geht man davon aus, daß die rückgeführte Spannung schneller abfällt, als die Temperatur am Ofen steigt, schaltet der Regler nach einiger Zeit wieder ein. Die Überlagerung von der, über ein PT1-Glied zurückgeführten Spannung und der Regeldifferenz führt insgesamt dazu, daß die Heizung des Ofens früher abgestellt wird, als bei einem einfachen Zweipunktregler. Dies äußert sich in einem wesentlich glatteren Kurvenverlauf der Regelgröße (siehe Bild 7.30). Gleichzeitig ist eine bleibende Regelabweichung festzustellen, da durch die Rückführung die Regeldifferenz des Regelkreises verstellt wird. Die Länge der Stellsignalimpulse paßt sich dabei besser dem wirklichen Heizbedarf an, als bei einer Regelung mit einem einfachen Zweipunktregler.

a)

b)

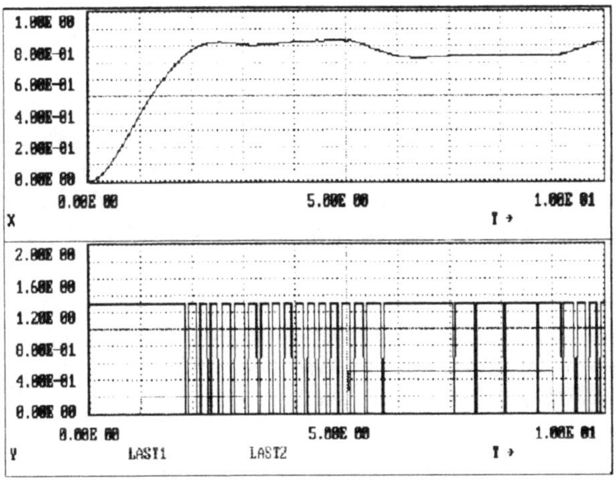

Bild 7.30 Regelung einer verzögernden Strecke zweiter Ordnung mit verzögernder Rückführung; a) Zeitverlauf der Regelgröße, b) Zeitverlauf der Stellgröße und der Störgröße (Last 1 und Last 2)

Da bei diesem Regelungsglied bei länger anstehenden Regelungsabweichungen der Regler vorzeitig heruntergefahren wird, handelt es sich um ein PD-Verhalten.

Verwendet man eine Rückführung mit einem verzögernden und nachgebenden Verhalten, wird dem Zweipunktregler ein PID- ähnliches Verhalten aufgeprägt. In der Rückführung wird ein Übertragungsglied benutzt, welches nach einem Sprung zunächst ein PT1-Verhalten zeigt, das aber dann nach einer gewissen Zeit wieder heruntergefahren wird, so daß man im Langzeitverhalten ein Herunterfahren des Rückführsignals erhält.

Insgesamt hat ein solches regelungstechnisches Glied ein PID-Verhalten, weil es auf Regeldifferenzsprünge zunächst mit einer starken Stellsignaländerung reagiert, diese herunterfährt, um dann bei gleichbleibender Regeldifferenz langfristig das Stellsignal wieder hochzufahren. Bei einer solchen Zweipunktreglerschaltung wird auch die bleibende Regelabweichung vermieden. Dies gilt sowohl für Führungsgrößenänderungen, als auch für die Ausregelung von Störgrößen.

Dreipunktregler mit Rückführung werden oft in Verbindung mit Elektromotoren als Stellantrieb eingesetzt. Stellantriebe sind in vielen industriellen Bereichen wichtige regelungstechnische Grundelemente. Sie werden zum Betätigen von Stellgliedern wie Ventilen, Klappen, Schiebern, Zuteilern usw. benötigt. Der Elektromotor als Stellantrieb wird von einem Grenzwertregler angetrieben. Der Grenzwertregler besteht aus zwei gegensinnig betätigten Grenzwertschaltern. Insgesamt ergibt eine solche Grenzwerteinheit einen Dreipunktschalter mit Schaltdifferenz.

Durch die Zusammenschaltung eines solchen Grenzwertreglers mit einer Stelleinheit ergibt sich ein anderes systemdynamisches Verhalten. Da der Stellantrieb die Wirkungen des Grenzwertreglers aufintegriert, hat man bei der einfachen Kombination des Grenzwertreglers mit dem Stellantrieb ein integrierendes Verhalten. Aus dem P-Anteil wird ein I-Anteil. Benutzt man einen solchen Grenzwertregler mit einer internen Rückführung, wird aus dem D-Anteil ein I-Anteil. Man erhält aus einem PD-Regler einen PI-Regler, wenn man ihn zusammen mit der Stelleinheit betrachtet.

Es gibt für diese Anwendungsbereiche auch eine Schaltung, die insgesamt ein DPID-Verhalten erzeugt. Dieses DPID-Verhalten bewirkt mit der Kombination eines Stellantriebes ein PID- ähnliches Verhalten.

In vielen praktischen Fällen sind derartige Regeleinrichtungen echten analogen Reglern überlegen. Der Grund liegt darin, daß in der neutralen Zone des Reglers keine Reaktion auf kleine Störungen in der Regelgröße erfolgt. Dadurch werden die Stellglieder nicht so stark beansprucht. Er ist aber auf der anderen Seite in der Lage, bei großen Störungen oder beim Anfahren rasch zu reagieren. Durch den D-Anteil in dem Regelungsverhalten wird auf der anderen Seite ein zu starkes Überschwingen vermieden.

7.3 Stetige Regler

Die Verwendung von stetigen Reglern hat bei vielen Regelkreisen große Vorteile. Nur der stetige Regler ermöglicht, der Regelstrecke eine beliebig fein dosierbare Energie zuzuführen. Lineare Regelstrecken sind daher von Natur aus in der Lage, die Regelstreckensignale sowohl sehr feinfühlig zu verändern, als auch große Stellgrößenänderungen zu veranlassen.

Will man einen stetig wirkenden Regelkreis aufbauen, müssen sämtliche Regelkreisglieder ein stetiges Verhalten aufweisen, d.h. alle Signale innerhalb des Regelkreises müssen analoge oder digitalisierte Signale sein. Dies bedeutet, daß der Regler analoge Ein- und Ausgangssignale besitzen muß, ebenso die nachgeschalteten Leistungssignalumformer und Stellglieder. Das gemessene Signal von der Regelstrecke muß ebenfalls über ein analoges Signal zurückgeführt werden. In der Praxis bedingt dies einen erhöhten Aufwand für alle Teile der Regeleinheit. Stetige Regler sind daher teurer als unstetige Regler. Werden stetige Regler mit elektronischen analogen oder digitalen Automatisierungsgeräten ausgeführt, benötigt man analoge Signaleingänge und Signalausgänge. Mit Computern realisierte Regler benötigen D/A- und A/D- Wandler, die teurer sind als binäre Ein- und Ausgänge.

Bei den unstetigen Reglern wurde deutlich, daß im geschlossenen Regelkreis ein gegenüber dem Verhalten der einzelnen Regelkreisglieder qualitativ neuartiges Verhalten auftritt. Bei unstetigen Reglern war allerdings noch die Charakteristik der Sprungantwort der Strecke während der einzelnen Schaltzustände des Regler-Stellsignals erkennbar. Hat man in einem Regelkreis ausschließlich stetig wirkende Regelungsglieder, so ist dies nicht mehr der Fall. Die Ursache dafür liegt darin, daß die Signale innerhalb des Regelkreises zirkulieren. Ein Stellsignal, das von dem Regler erzeugt wurde, beeinflußt zunächst die Strecke, dann die Regelgröße und gelangt damit zurück auf den Eingang des Reglers. Je nach Zeitverhalten des Reglers und der Strecke stellt sich über diese Signalrückführung ein eigenes dynamisches Verhalten des Gesamtregelkreises ein.

7.3.1 Statisches Verhalten

In den Kapiteln 3 und 4 wurde das Verhalten von Regelstrecken und Reglern mit Hilfe von Sprungantworten charakterisiert. Beschäftigt man sich mit dem statischen Verhalten eines Regelkreises, sind in den Sprungantworten diejenigen Teile von Interesse, die das Langzeitverhalten der Regelstrecke oder des Reglers charakterisieren, die also das Verhalten nach Ablauf aller zeitabhängigen dynamischen Vorgänge beschreiben. Dieses Verhalten wird mit Hilfe von Kennlinien beschrieben.

Bei PT1-, PT2-, Ptn- und PTt-Gliedern ist der Langzeitanteil ein reiner P-Anteil. Daher ist bei einer Reihenschaltung dieser Glieder für die Untersuchung des statischen Verhaltens nur der Proportionalanteil von Interesse.

Eine sehr wichtige und einfache Kenngröße, um dieses Verhalten zu charakterisieren ist die Kreisverstärkung in dem Regelkreis. Die Kreisverstärkung gibt an, welche Verstärkungen bzw. Abschwächungen ein Stellsignal vom Regler bei einem Durchlauf durch einen Regelkreis erfährt. Das Zeitverhalten der Regelkreisglieder spielt bei dieser Untersuchung keine Rolle. Die gesamte Verstärkung, die ein Signal im Regelkreis erfährt, erhält man durch Multiplikation der Proportionalbeiwerte aller hintereinander geschalteten Glieder einschließlich des Reglers.

Man bildet zunächst den Proportionalbeiwert der Regelstrecke H. Besteht dieser aus hintereinander geschalteten Streckengliedern, werden deren Proportionalbeiwerte zu dem Gesamtproportionalbeiwert K_S multipliziert. Die Kreisverstärkung des Regelkreises ist $V_K = K_S * K_R$.

In den folgenden Abschnitten soll wieder das Verhalten des Regelkreises auf sprungförmige Störungen untersucht werden. Die Störungen können prinzipiell an unterschiedlichen Stellen in der Regelstrecke eingreifen.

Das statische Verhalten eines Regelkreises ist durch den Betriebspunkt gekennzeichnet, auf den sich der Regler nach dem Abklingen aller kurzfristigen Regelvorgänge einstellt. Der Betriebspunkt ist gekennzeichnet durch die Regelgröße x und die Stellgröße y, die gleichzeitig auftreten.

Das statische Verhalten eines Regelkreises läßt sich sehr einfach durch das Überlagern der Kennlinie der Regelstrecke und des Reglers errechnen. Wird dies in grafischer Form durchgeführt, hat man eine sehr einfache Möglichkeit, ohne Rechenaufwand das statische Verhalten des Regelkreises zu bestimmen. Diese grafische Bestimmung ist für beliebige Regelkreisglieder gültig, insbesondere auch für nichtlineare Regler und für nichtlineares Streckenverhalten. Anwendbar ist diese Methode nur für einschleifige Regelkreise.

In dem Kapitel 3 wurden die Regelstrecken durch statische Kennlinien für x in Abhängigkeit von y charakterisiert. Die Regler wurden in Kapitel 4 durch Kennlinien, welche die Stellgröße y in Abhängigkeit von e darstellen, aufgezeichnet. In einem Regelkreis ist der Stellausgang y des Reglers mit dem Eingang der Regelstrecke fest verbunden. Diese beiden Werte stimmen daher immer überein (siehe Bild 7.31). Außerdem ist der Streckenausgang x mit dem Reglereingang verbunden. Hier wird lediglich eine Differenzbildung mit der Führungsgröße w vorgenommen.

Bild 7.31 Regelkreis zur Erläuterung des statischen Verhaltens

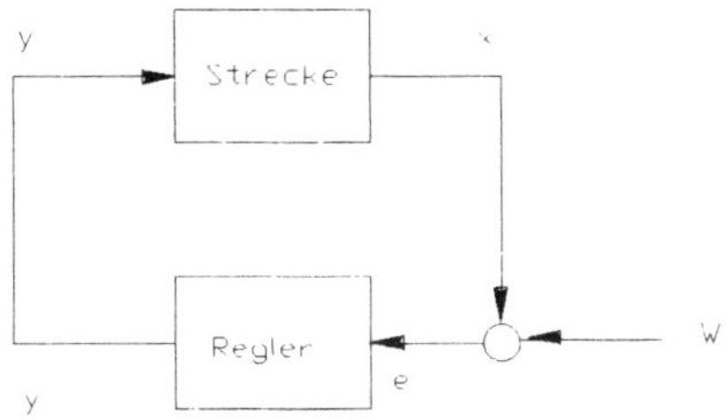

Für die Ermittlung des statischen Verhaltens wird eine etwas andere Kennzeichnung des Reglerverhaltens benutzt als in Kapitel **4**. Jetzt wird der Regler durch die Funktion, die sich aus der Stellgröße y in Abhängigkeit von der Regelgröße x ergibt, aufgezeichnet. Diese Funktionen sind spiegelsymmetrisch zu den Funktionen y von e. Für verschiedene Führungsgrößen w verschiebt sich diese Kurve in horizontaler Richtung (Bild 7.32a). Um nun beide Kurven überlagern zu können, wird die statische Kennlinie für die Strecke nicht als Kurve x von y, sondern als y von x aufgetragen (Bild 7.32b). Nach diesen Veränderungen sind die Koordinatenachsen für die Regler und die Steckenkennlinie identisch. Die beiden so erhaltenen Kurven können nun überlagert werden (Bild 7.32c). Man kann aus diesem Bild sofort erkennen, welcher Betriebspunkt sich einstellt, wenn die Führungsgröße w des Reglers verstellt wird.

Bild 7.32 Ermittlung des Betriebspunktes eines Regelkreises, bestehend aus einem P-Glied als Regler und einer P-Strecke; a) Kennlinie des Reglers für unterschiedliche Führungsgrößen w0 und w1, b) Kennlinie der Strecke, c) Bild mit Regler und Streckenkennlinie, d) gespiegelte Kennlinie der Strecke

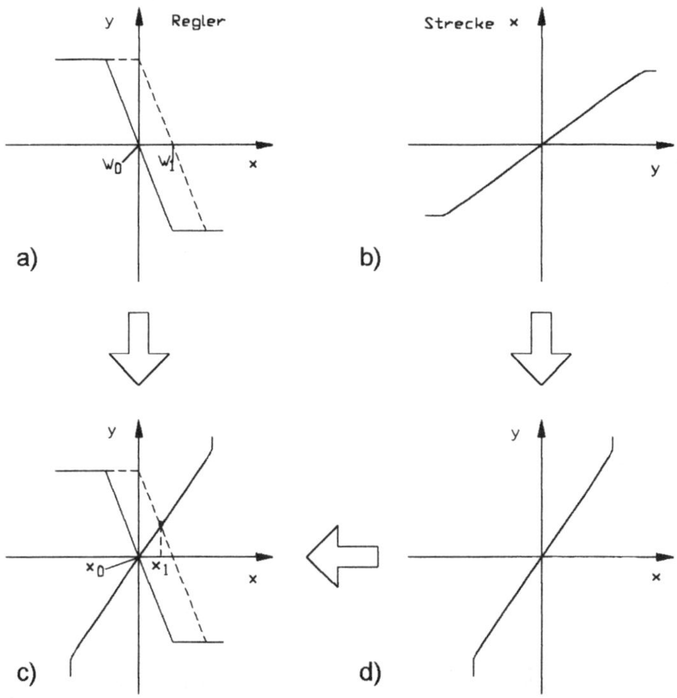

7.3.1.1 Regelstrecke mit Ausgleich und P- oder PD-Regler

Regelstrecken mit Ausgleich haben in ihrem Langzeitverhalten immer das Verhalten einer P-Regelstrecke. Das bedeutet, PT1-, PT2-, oder andere PTn-Regelstrecken unterscheiden sich in ihrer statischen Kennlinie nicht von einer P-Regelstrecke.

Proportionalregler sind durch eine statische Kennlinie gekennzeichnet. P- und PD-Regler sind in ihrem statischen Verhalten identisch, da der zusätzliche D-Anteil nur die kurzfristige Reaktion des Reglers beschreibt. Die sich langfristig einstellenden Betriebspunkte sowohl bei Führungsgrößenänderungen, als auch bei eingreifenden Störgrößen sind daher beim P- und PD-Regler identisch.

In Bild 7.32 ist zu erkennen, daß bei einem proportionalen Regler und einer P-Strecke die Verschiebung des Betriebspunktes von der Steilheit bzw. dem Proportionalbeiwert K_p des Reglers abhängig ist. Der Führungswert w und die Regelgröße x sind verschieden. Es entsteht also eine bleibende Regelabweichung.

Dasselbe Verfahren läßt sich ebenfalls, wie in Bild 7.33 dargestellt, zur Ermittlung der bleibenden Regeldifferenz nach dem Auftreten der Störgröße anwenden. Bei der Verwendung eines P-Reglers verschiebt sich hier ebenfalls der Betriebspunkt. Der Proportionalregler ist nicht in der Lage, die Störung vollständig auszuregeln.

Bild 7.33 Ermittlung des Einflusses einer Störgröße auf einen Regelkreis mit einem P-, oder PD-Regler und einer P-, PT1-, PT2- oder PTn-Strecke, wie in Bild 7.32

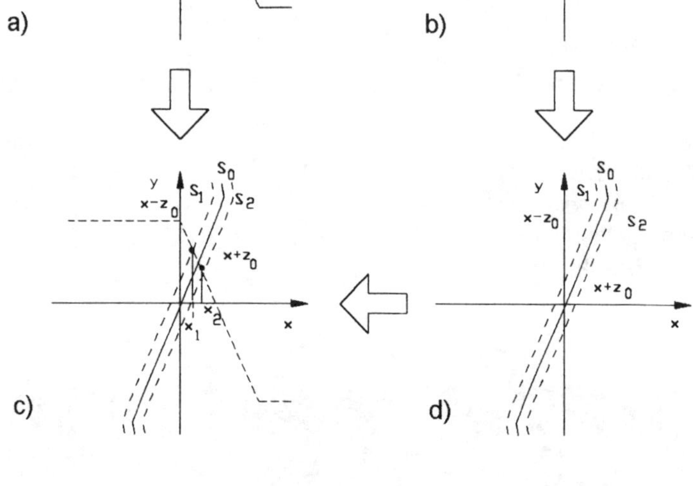

7.3.1.2 Regelstrecke mit Ausgleich I-, PI- oder PID-Regler

Regler mit einem Integralanteil haben die Eigenschaft, daß sich die Stellgröße bei einer bleibenden Regeldifferenz ändert, bis der Regler in die Stellgrößenbegrenzung gefahren ist. Diese Regler haben eine senkrechte, statische Kennlinie. wie sie auch beim Zweipunktregler vorkommt.

Überlagert man diese Kennlinie in Bild 7.34 mit einer linearen Regelstrecke, zeigt sich in dem Schaubild, daß in die Regelstrecke eingreifende Störungen immer kompensiert werden. Daher tritt bei Verwendung von PI- oder PID- Reglern keine bleibende Regeldifferenz auf.

Bild 7.34 Einfluß einer Störgröße in einem Regelkreis, bestehend aus einem I-, PI- oder PID-Regler und einer P-, PT1-, PT2- oder PTn-Strecke, wie in Bild 7.32

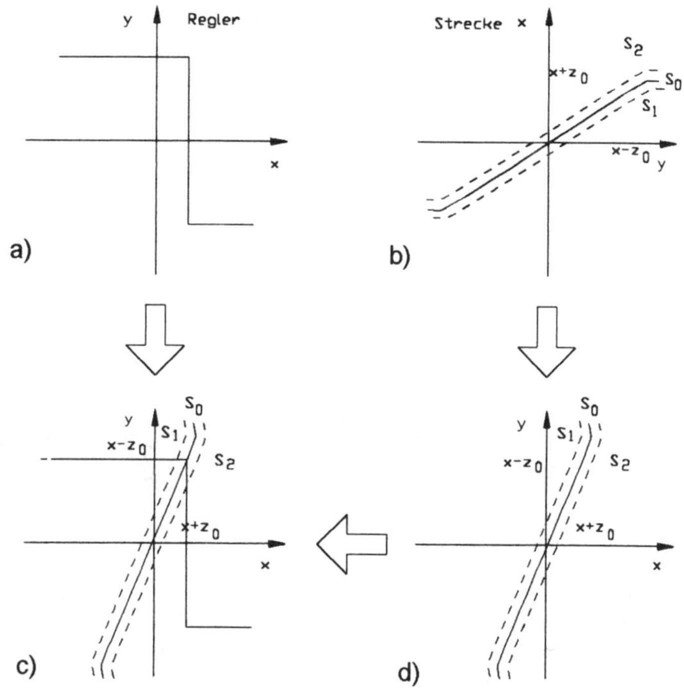

7.3.1.3 Regelstrecken ohne Ausgleich

Regelstrecken ohne Ausgleich haben im strengen Sinne keine statische Kennlinie, dennoch läßt sich dieses Verfahren auch auf Strecken ohne Ausgleich anwenden.

Nehmen wir eine Füllstandssteuerung. Bei ihr läßt sich folgendes Verhalten beobachten. Bleibt die Stellgröße y konstant und fließt mehr Flüssigkeit in den Behälter als abfließt, steigt der Füllstand stetig. Die Regelgröße x verändert sich ständig. Es ergibt sich eine Senkrechte für y = f(x). Hat die Differenz aus Zu- und Abfluß einen anderen Wert, erhält man eine andere y-Koordinate.

Trägt man die entsprechenden Geraden in das Diagramm Bild 7.35 zur Ermittlung des Betriebspunktes ein und bringt sie wieder mit der Reglerkennlinie zum Schnitt, erhalten wir das Ergebnis von Regelungen für Regelstrecken ohne Ausgleich.

Bild 7.35 Einfluß einer Störgröße in einem Regelkreis mit einer Strecke ohne Ausgleich, wie in Bild 7.32

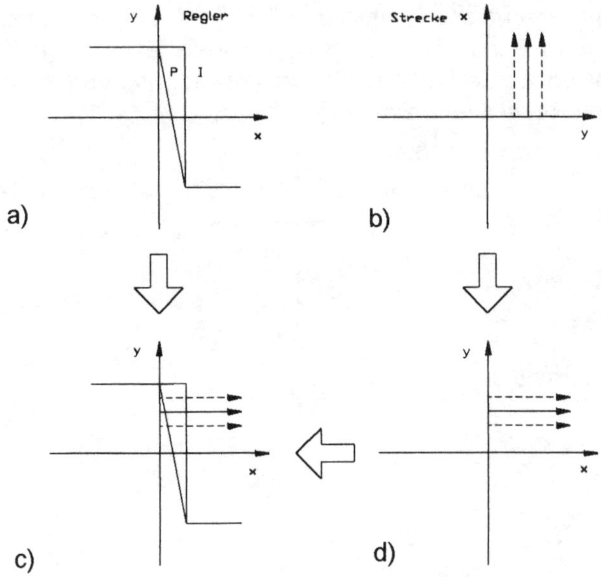

Aus dem Schnitt der beiden Kurven ist klar zu erkennen, daß bei dem Einsatz eines P- oder PD-Reglers der Betriebspunkt auf der entsprechenden Kennlinie wandert, wenn eine Störung in die Regelstrecke eingreift. Bei der Verwendung von PI- oder PID-Reglern ist dies nicht der Fall.

Zu bemerken ist jedoch, daß bei Regelstrecken ohne Ausgleich keine reinen Integralregler verwendet werden dürfen, obwohl diese Graphik das nahelegt. Der Grund liegt in dem dynamischen Verhalten des Gesamtsystems. Diese Problematik wird später behandelt.

7.3.2 Dynamisches Verhalten von Regelstrecken

7.3.2.1 Angriffsort der Störung

Betrachtet man zum Beispiel einen gasbeheizten Industrieofen, ist die Druckschwankung in der Gaszufuhr eine Störgröße. Eine Druckschwankung macht sich sofort am Eingang der Strecke bemerkbar, da sie an derselben Stelle wie die

Stellgröße auf die Regelstrecke einwirkt. Verändert sich dagegen die Beladung des Ofens, indem kaltes Prozeßgut eingeführt wird, wirkt dies direkt auf die Innentemperatur des Ofens und wird von dem Thermoelement sofort erfaßt. Dies ist eine Störung, die an dem Ausgang der Strecke eingreift.

Je nach dem, ob Störungen an dem Ein- oder Ausgang der Strecke angreifen, erfahren diese Störungen zwischen ihrem Angriffsort und der Wirkung am Ausgang der Regelstrecke eine unterschiedliche Verzögerung. In den nachfolgenden Untersuchungen wird der Einfachheit halber immer davon ausgegangen, daß die Störungen am Anfang der Regelstrecke angreifen, da dies der ungünstigste Wirkungsort für Störgrößen ist.

7.3.2.2 Regelung verzögerungsfreier Regelstrecken (P)

Bei verzögerungsfreien Regelstrecken wirkt sich jede Stellgrößenänderung y sofort wieder auf den Streckenausgang x aus. Der Regler (siehe Bild 7.36) erhält sofort Antwort auf seine Aktionen. Daher könnte man daran denken, eine solche Regelstrecke mit einem P-Regler zu regeln. Das Verhalten wäre identisch mit dem Verhalten, wie es sich bei der Diskussion des statischen Verhaltens von Regelstrecken ergibt.

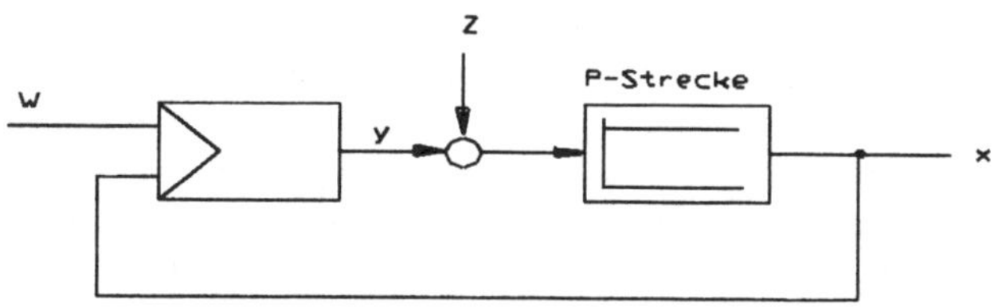

Bild 7.36 Regelung einer verzögerungsfreien P-Strecke mit Störgröße z

Bei einer völlig verzögerungsfreien Regelstrecke hätte man daher ein ideales Verhalten, da der Regler Führungs- und Störgrößenänderungen sofort ausregeln kann. Dies entspricht aber nicht den praktischen Erfahrungen. Alle praktischen Regelstrecken haben eine zusätzliche Verzugs- oder Totzeit. Diese kleinen Verzugs- oder Totzeiten führen dazu, daß, wie in den späteren Abschnitten gezeigt wird, bei der Benutzung eines P-Reglers ein instabiles Verhalten auftritt. Eine derartige Regelstrecke würde sehr leicht zu einer selbsterregten Schwingung führen. Ein P-Regler ist also für verzögerungsarme Regelstrecken in der Praxis denkbar ungeeignet, weil er ungedämpft und sofort auf Änderungen der Regelgröße reagiert.

Verzögerungsarme Regelstrecken sind zum Beispiel Durchflußregelstrecken oder die in Kapitel 3 gezeigte Regelstrecke eines Transportbandes, bei dem die Stellgröße die Drehzahl des Motors ist. Setzt man für eine solche Regelstrecke einen I-Regler ein, hat man ein wesentlich stabileres Verhalten. Die Störung schlägt zwar im Anfang auf die Regelgröße voll durch, da der I-Regler zunächst langsam auf die Störung reagiert. Dann regelt der I-Regler die Störung langsam wieder aus.

Bei dem Ausregeln eines Regeldifferenzsprunges beginnt der I-Regler mit einer hohen Stellgeschwindigkeit und verringert diese dann mit der Abnahme der Regeldifferenz zunehmend. Theoretisch könnte man den Proportionalbeiwert des Integralreglers beliebig groß, d.h. die Zeitkonstante dieses Reglers beliebig klein machen. Die in der Praxis auftretenden zusätzlichen Verzögerungszeiten in dem Regelkreis verbieten jedoch ein solches Vorgehen.

Für eine solche verzögerungsarme Regelstrecke kann auch ein PI-, oder PID-Regler eingesetzt werden. Diese Art von Reglertyp ist jedoch nicht notwendig. Wenn man einen solchen Regler einsetzt, muß man darauf achten, daß der Proportional- und der Differentialanteil nicht zu hoch werden, um eine zu heftige Reaktion auf Änderungen der Regelgröße zu vermeiden.

7.3.2.3 Regelstrecke mit einer Verzögerung (PT1)

Auch wenn die meisten technischen Regelstrecken nicht ideal mit einem Verzögerungsglied allein dargestellt werden können, soll hier der Fall untersucht werden, wie sich ein Regelkreis mit einer reinen PT1-Regelstrecke verhält (Bild 7.37). Es wird die Ausregelung eines Störgrößensprunges durch verschiedene Reglerarten untersucht. Der Störgrößensprung greift am Anfang der Regelstrecke zusätzlich zu dem Stellsignal y in das Regelstreckenverhalten ein. Man beobachtet nach dem Störgrößensprung bei einer PT1-Regelstrecke ebenfalls einen PT1-förmigen Anstieg der Regelgröße auf Grund dieser Störung.

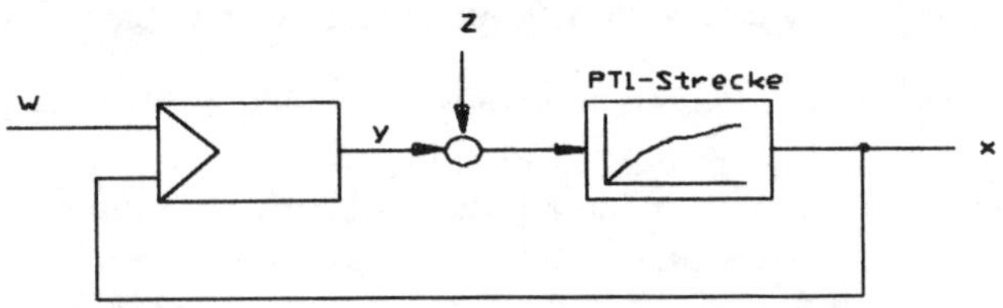

Bild 7.37 Regelung einer PT1-Strecke bei einer Störgröße z

Der einfachste Regler, den man hier zum Einsatz bringen kann, ist ein reiner Proportionalregler. Der P-Regler reagiert sofort auf die Auswirkungen der Störung und verstellt dabei den Stellausgang y proportional zu der sich am Ausgang der Strecke zeigenden Störung und verringert diese um einen bestimmten Faktor. Je größer die Störung an dem Ausgang der Regelstrecke ist, desto stärker wirkt ihr der P-Regler entgegen und bewirkt dadurch eine Verringerung der Regeldifferenz.

Bei dieser Art von Regelstrecke reagiert der Proportionalregler ohne Überschwingen auf eine sprungförmige Störung am Eingang der Regelstrecke. Bedingt durch den endlichen Proportionalbeiwert des P-Reglers bleibt, wie unter 7.3.1. dargestellt, eine endliche Regeldifferenz erhalten.

Wählt man statt des Proportionalreglers einen integral wirkenden Regler, ergibt sich zusammen mit einer PT1-Regelstrecke wiederum ein stabiler Regelkreis, dessen Überschwingen von dem Integralbeiwert des Reglers abhängt.

Nachdem sich die Störung an dem Ausgang der Regelstrecke zeigt, wird diese von dem I-Regler integriert. Je länger die Störung anhält, desto größer wird die Regelfläche. Da die Störung zuerst einen linearen Anstieg der Regeldifferenz bewirkt, reagiert der Integralregler mit einem quadratisch anwachsenden Stellsignal. Dies führt nach einer gewissen Zeit dazu, daß die Störung vollständig ausgeregelt werden kann. In dem Augenblick, in dem die Störung vollständig ausgeregelt ist, ist der Stellwert, den der Integralregler erzeugt, zu hoch. Die Regeldifferenz wird nun negativ und der Integralregler fährt nun langsam wieder den Stellwert herunter. Dies ergibt eine gedämpfte Schwingung, die schließlich die Regeldifferenz vollständig ausregelt.

Benutzt man statt eines reinen Integralreglers einen PI-Regler, läßt sich das Verhalten weiter optimieren. Ist dieser Regler günstig eingestellt, durchläuft die Regelgröße ein Maximum und strebt dann asymptotisch auf die Regeldifferenz 0 zu, Bild 7.38. Ein PI-Regler ist also sehr günstig für die Ausregelung einer solchen

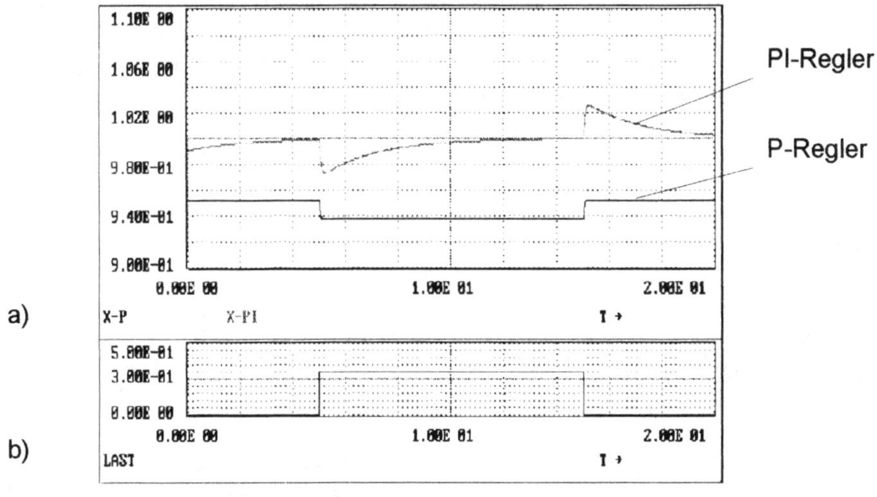

Bild 7.38 Regelung einer PT1-Strecke mit einem P- und einem PI-Regler; a) Verlauf der Regelgrößen für unterschiedliche Regler, b) Verlauf der Störgröße Z

Regelstrecke. Es ist nicht notwendig, für reine PT1-Regelstrecken zusätzlich einen D-Anteil zu verwenden.

7.3.2.4 Regelstrecke mit zwei Verzögerungsgliedern (PT2)

Viele praktische Regelstrecken lassen sich relativ gut durch ein PT2-Verhalten kennzeichnen. Verzögerungsglieder 2.Ordnung haben immer eine endliche Verzugszeit T_u. Zur Vereinfachung der Untersuchung wählen wir hier eine Modellregelstrecke (siehe Bild 7.39), bei der beide PT1-Glieder dieselbe Zeitkonstante haben. Dies entspricht dem ungünstigsten Fall dieses Streckentyps. Hier ergibt sich die ungünstigste Regelbarkeit, wie in Kapitel 3 gezeigt wurde.

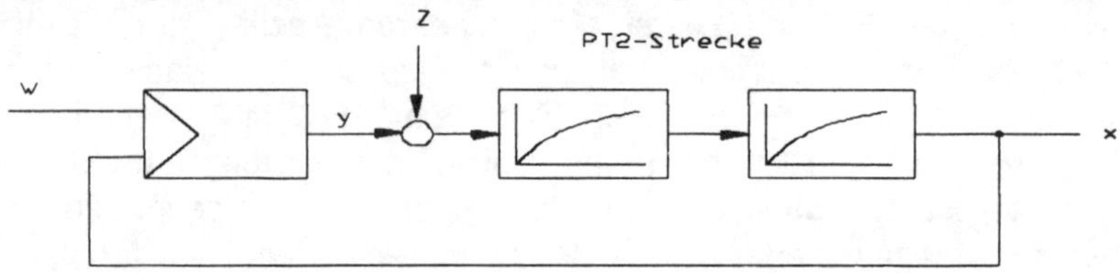

Bild 7.39 Störgrößenregelung einer PT2-Strecke bei einer Störgröße z

Schaltet man eine solche Regelstrecke mit einem proportional wirkenden Regler zusammen, ergibt sich als Antwort auf ein sprungförmiges Störsignal am Eingang der Regelstrecke je nach Proportionalbeiwert des Reglers ein aperiodisches oder ein schwingendes Verhalten. Auf der Grenze zwischen periodischem und aperiodischem Verhalten ist die Ausregelzeit eines solchen Systems mit einem Proportionalregler minimal. Steigt der Proportionalwert weiter, findet eine Überreaktion auf das zeitliche Verhalten der Regelgröße statt. Bedingt durch die Verzögerung erhält man dann ein schwingendes Verhalten der Regelgröße.

Nach dem Ausschwingen des P-geregelten Kreises erhält man eine bleibende Regelabweichung (siehe Bild 7.40).

Setzt man bei dieser Regelstrecke einen reinen Integralregler ein, sieht man, daß, bedingt durch die endliche Verzugszeit der Regelstrecke, immer Schwingungen auftreten. Der Proportionalbeiwert des Integralreglers muß nach oben sehr sorgfältig begrenzt werden, da ein großer Integralbeiwert das Schwingungsverhalten weiter unterstützt. Man kann daher einen Integralregler in Zusammenhang mit dieser Regelstrecke als unbrauchbar bezeichnen.

Wählt man stattdessen einen PI- Regler, erhält man ein sehr günstiges Verhalten. Der P-Anteil sorgt für die kurzfristige Ausregelung der Störung, während der I-Anteil die langfristige Regelabweichung kompensiert. Der PI-Regler weist eine wesentlich größere Überschwingweite auf, als der reine P-Regler. Dafür besitzt dieser keine bleibende Regelabweichung (siehe Bild 7.40).

Benutzt man zusätzlich zu dem Integralanteil noch einen Differentialanteil, verwendet man also einen PID-Regler, erhält man eine weitere Verbesserung des gesamten Regelverhaltens. Der D-Anteil bewirkt einen Vorhalt bei der Stellgröße. In dem Augenblick, in dem sich an dem Ausgang der Regelstrecke (bei der Regelgröße), eine starke Änderung, bedingt durch die Störung, zeigt, reagiert der PID-Regler zunächst sehr heftig, um dieser Störung sehr schnell entgegen zu wirken. Es ergibt sich eine sehr starke Verbesserung des Regelkreisverhaltens gegenüber einem reinen PI-Regler (Bild 7.40).

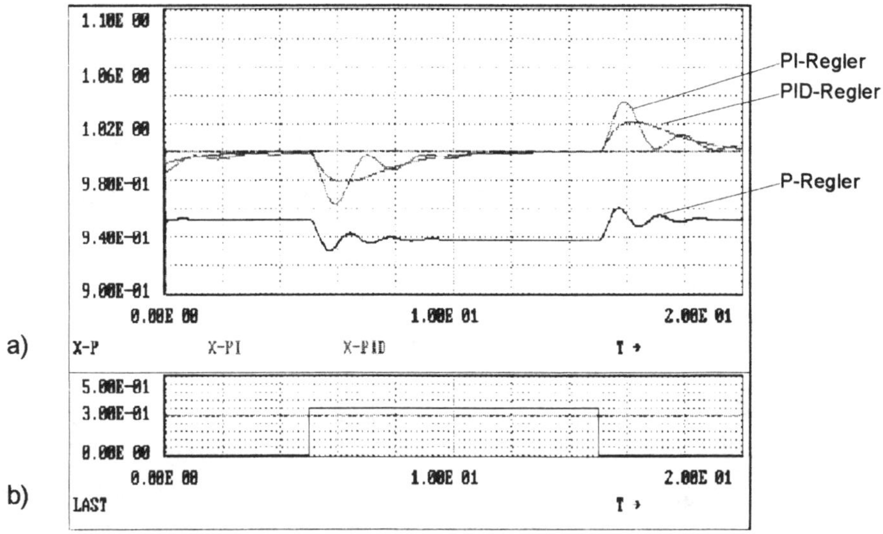

Bild 7.40 Regelung einer PT2-Strecke mit einem P-, PI- und einem PID-Regler; a) Zeitverläufe der Regelgröße, b) Zeitverlauf der Störgröße Z

7.3.2.5 Regelstrecke mit Verzugszeit und Ausgleichszeit (PTn)

Betrachtet man eine Modellregelstrecke, bei der man vier hintereinander geschaltete Verzögerungsglieder mit gleicher Zeitkonstante hat, so hat man eine sehr ungünstige PTn-Regelstrecke. Schaltet man auf eine solche Regelstrecke einen reinen P-Regler auf, erhält man im Fall einer aperiodischen Antwort ein sehr ungünstiges Verhalten. Der P-Regler ist kaum noch in der Lage, in diese Regelstrecke regelnd einzugreifen. Er ist daher nur für PTn-Regelstrecken geeignet, wenn T_g/T_u größer als 10 ist und eine auch größere bleibende Regelabweichung noch zulässig ist. Man hat in Zusammenhang mit einer solchen Regelstrecke auch ein gewisses Überschwingen.

Verwendet man zur Regelung einen reinen Integralregler, erhält man ein noch ungünstigeres Verhalten, als bei der Regelung einer PT2-Regelstrecke mit einem Integralregler. Daher ist ein reiner Integralregler für diesen Anwendungsfall ebenfalls sehr ungünstig.

Bild 7.41 Regelkreis mit einer PT4-Strecke

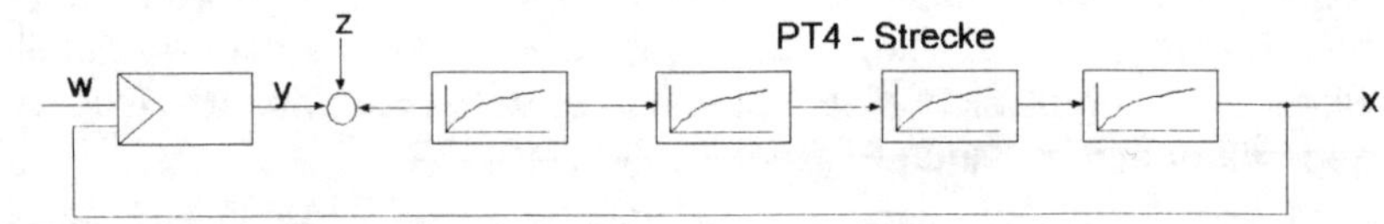

Verwendet man einen PI-Regler, hat man einen wesentlich günstigeren Regler. Wird der Integral-Anteil vorsichtig dimensioniert, kann dieser Regler ohne große Schwingungen auf die Störung reagieren und langfristig die Regeldifferenz ausregeln. Die Überschwingweite bei diesem Regler ist allerdings ähnlich groß, wie bei einem reinen P-Regler.

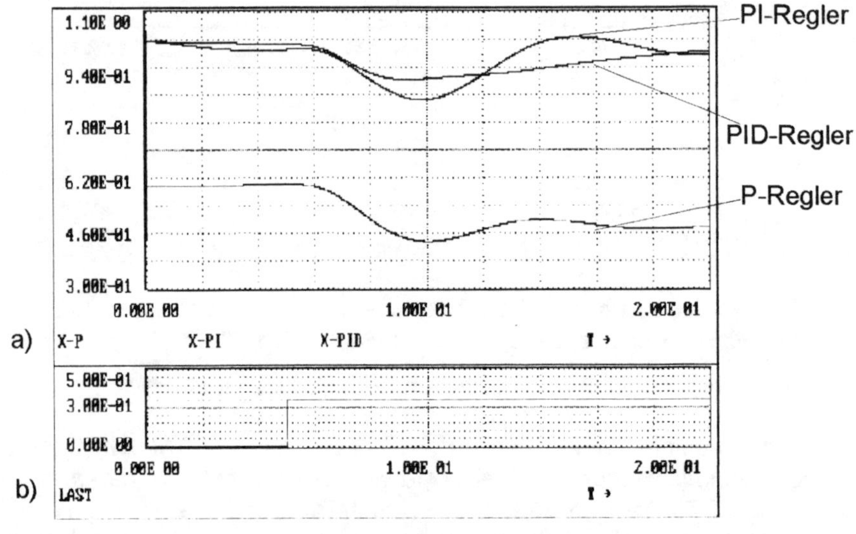

Bild 7.42 Regelung einer PT4-Strecke mit einem P-, PI- und einem PID-Regler; a) Zeitverlauf der Regelgröße, b) Zeitverläufe der Störgröße

Benutzt man für diese Regelstrecke einen PID-Regler, läßt sich das Verhalten insgesamt weiter verbessern. Die Verbesserungen sind jedoch bei dieser Regelstrecke längst nicht so groß, wie bei der reinen PT2-Regelstrecke. Der D-Anteil des

PID-Reglers ist jedoch in der Praxis vorsichtig zu dimensionieren. Stochastische Störsignale führen in solchen Regelstrecken zu relativ heftigen Reaktionen des PID-Reglers. Daher sind PI-Regler für derartige Regelstrecken meistens die günstigste Reglerart.

7.3.2.6 Regelstrecke mit Totzeit (PTt)

In den folgenden Beispielen soll die Regelung einer reinen Totzeitregelstrecke (Bild 7.43) untersucht werden. Diese tritt, wie in Kapitel 3 gezeigt wurde, bei allen stofflichen Transportvorgängen auf. In einigen Fällen wird zusätzlich das Verhalten untersucht, wenn zu der reinen Totzeit noch eine Verzögerung 1.Ordnung hinzukommt. Totzeitregelstrecken sind in der Praxis relativ schwierig zu regeln, da ihre Regelbarkeit besonders ungünstig ist. Nach der Verzögerungszeit T_u tritt eine plötzliche Reaktion der Regelstrecke auf. Diese ist dann von dem Regler nur schwer zu bewältigen. Benutzt man zur Regelung einer solchen Regelstrecke mit Totzeit einen reinen Proportionalregler, hat man einen sehr ungünstigen Regler, weil er die unstetige Regelgrößenänderung nach einem Sprung, bedingt durch eine Störung, sofort wieder auf den Eingang der Regelstrecke weitergibt, ohne dessen zeitlichen Verlauf zu dämpfen (siehe Bild 7.44). Ist der gesamte Übertragungsbeiwert größer als 1, erhält man ein schwingendes Verhalten mit einer exponentiell ansteigenden Schwingung.

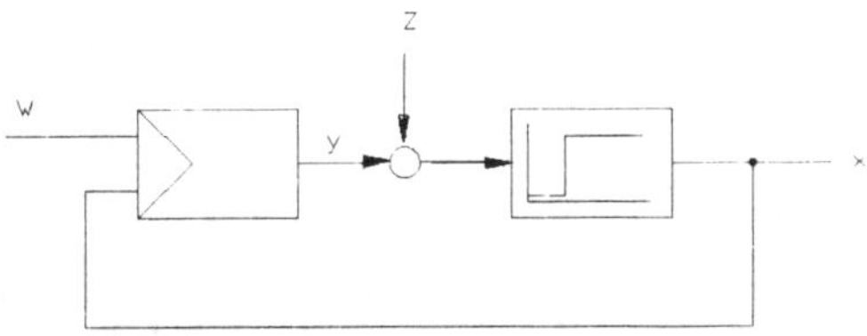

Bild 7.43 Regelkreis mit einer Totzeitstrecke

Bei einem Übertragungsbeiwert von K_r = 1 erhält man eine stabile Schwingung. Da P-Regler mindestens einen Übertragungsbeiwert von K_p = 1 haben sollten, ist diese Form der Regelung für eine Totzeitregelstrecke völlig ungeeignet.

Verwendet man dagegen einen reinen Integralregler, hat man ein wesentlich günstigeres Verhalten (siehe Bild 7.44). Dieser gibt Regelgrößensprünge vom Ausgang der Regelstrecke nicht sofort wieder an den Eingang, sondern er integriert dessen Verhalten. Trotz der Sprünge am Eingang des Reglers entwickelt dieser Reglertyp eine stetig ansteigende Stellgröße. Je nach Dimensionierung des Proportionalbeiwertes des Reglers, ergibt sich als Störgrößenantwort eine mehr oder weniger gedämpfte Schwingung. Die Überschwingweite ist auch bei diesem Reglertyp gleich der Störung.

Man kann zur Regelung dieser Regelstrecke auch einen PI- oder PID-Regler verwenden, muß diesen jedoch so konfigurieren, daß im wesentlichen der I-Anteil wirkt. Da Totzeitregelstrecken in der Praxis meistens mit einer zusätzlichen Verzögerung behaftet sind, schafft der Einsatz eines PID-Reglers zusätzliche Vorteile (siehe Bild 7.44). Durch die Vorhaltzeit läßt sich das Gesamtregelverhalten entscheidend verbessern.

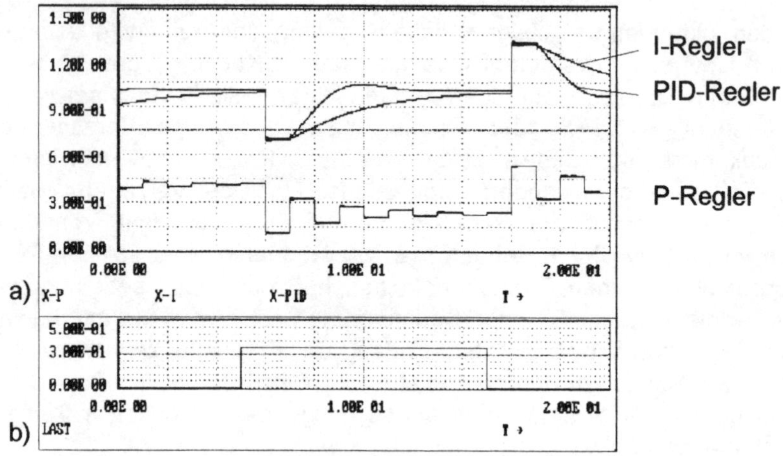

Bild 7.44 Regelung einer Totzeitstrecke mit einem P-, I- und PID-Regler; a) Zeitverläufe der Regelgröße, b) Zeitverlauf der Störgröße

An dem Beispiel der reinen Totzeitregelstrecke ist gut zu erkennen, daß ein ungünstiges Regelstreckenverhalten durch Regler nicht kompensiert werden kann. Der Regler kann erst dann die Stellgröße verändern, wenn das anfänglich anliegende Signal einmal durch die gesamte Strecke gelaufen ist. Erst dann erhält der Regler eine Information, die er zu der weiteren Anpassung seiner Stellgröße verwenden kann. Die Qualität einer Regelung wird daher immer durch das ungünstigste Glied im Regelkreis begrenzt.

7.3.2.7 Regelstrecken ohne Ausgleich (I)

Regelstrecken ohne Ausgleich (siehe Bild 7.45) sind immer Regelstrecken mit einem verlustfreien Speicher. Ein Beispiel für eine solche Regelstrecke ist der Füllstand in einem Behälter. Setzt man zu der Regelung einer solchen Regelstrecke einen reinen P-Regler ein, erhält man ein gutes Regelverhalten. Auch bei hohen Proportionalbeiwerten erhält man kein Überschwingen der Regelgröße. Allerdings haben reine Proportionalregler auch bei Regelstrecken ohne Ausgleich immer eine bleibende Regeldifferenz (siehe Bild 7.46). Da die Regelstrecken in der Praxis meistens noch ein Verzögerungsglied besitzen, ist bei einer praktischen Einstellung eines Proportionalreglers der Proportionalbeiwert nicht zu hoch zu wählen.

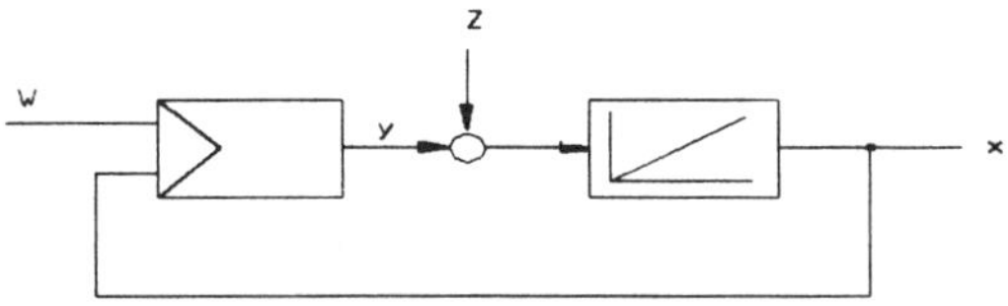

Bild 7.45 Regelkreis mit einer I-Strecke und einer Störgröße z

Versucht man eine Regelstrecke ohne Ausgleich mit einem rein integral wirkenden Regler zu regeln, erhält man immer ein schwingendes Verhalten, wie man es von einer schwingenden PT2-Regelstrecke kennt. Ein rein integral wirkender Regler ist daher in der Praxis an diesem Streckentyp immer unbrauchbar, da er prinzipiell instabil ist.

Wählt man jedoch einen PI-Regler, kann man das Regelverhalten weiter verbessern. Bei vorsichtiger Dimensionierung der Nachstellzeit erhält man kurzzeitig das Verhalten eines proportional wirkenden Reglers, man kann aber im Langzeitverhalten die bleibende Regeldifferenz ausregeln.

Die Hinzunahme eines D-Anteils, der Einsatz eines PID-Reglers, kann weitere Verbesserungen bringen (siehe Bild 7.46). Das Überschwingen läßt sich durch den D-Anteil verringern. Die Vorhaltezeit T_V darf jedoch nicht zu groß dimensioniert werden.

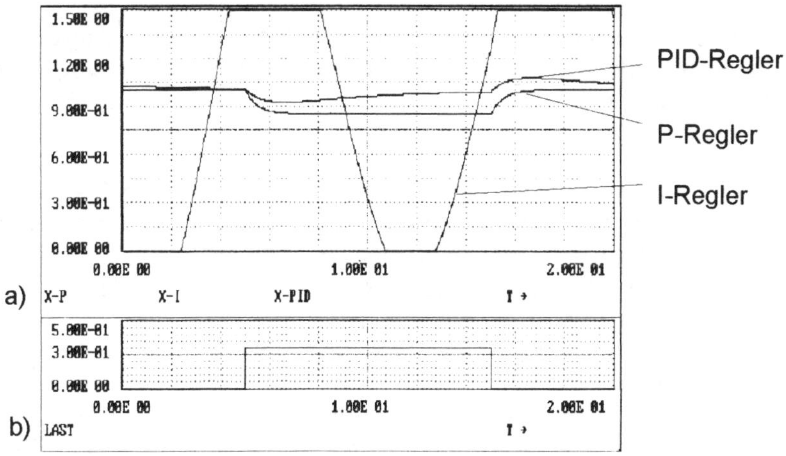

Bild 7.46 Regelung einer I-Strecke mit einem P-, I- und PID Regler; a) Zeitverlauf der Regelgröße, b) Zeitverlauf der Störgröße

7.3.2.8 Übersicht über das Reglerverhalten

Allgemein zusammenfassend kann man nach den vorangegangenen Untersuchungen die Regler folgendermaßen einteilen:

P-Regler sind in vielen Fällen noch brauchbare Regler. Ihre Dimensionierung ist naturgemäß am einfachsten, sie weisen jedoch den Nachteil der bleibenden Regeldifferenz auf. Lediglich in zwei Fällen erweisen sich Proportionalregler als ungeeignet. Dies sind Regelstrecken mit einer kleinen Verzögerung und Regelstrecken mit einer reinen Totzeit.

Der Nachteil der bleibenden Regeldifferenz kann durch einen zusätzlichen, integral wirkenden Anteil ausgeglichen werden. Je kleiner die Nachstellzeit des I-Anteils ist, desto schneller wird die bleibende Regeldifferenz ausgeglichen. Die Nachstellzeit darf jedoch nicht zu klein dimensioniert werden, da dies wiederum zu einem schwingenden Verhalten des Reglers führt. Der I-Anteil bewirkt nur in wenigen Fällen eine Verbesserung des kurzfristigen Verhaltens des Reglers. In manchen Fällen führt der I-Anteil sogar zu einer Verschlechterung der Überschwingweite.

Verwendet man statt eines PI-Reglers einen PID-Regler, kann man in vielen Fällen das Regelkreisverhalten weiter verbessern. Der D-Anteil wirkt auf die kurzfristige Reaktion des Reglers. Er dient daher zur Verringerung der Überschwingweite. Dies führt vor allem bei verzögernden Regelstrecken niedriger Ordnung zu Verbesserungen. In ungünstigen Fällen lassen sich auch mit dem D-Anteil des Reglers keine wesentlichen Verbesserungen der Güte erreichen. Prinzipiell läßt sich mit einem PID-Regler jede der oben genannten Regelstrecken regeln.

Zum Regeln lassen sich auch reine integral wirkende Regler einsetzen. Ihr Einsatzgebiet ist begrenzt auf Regelstrecken mit kleinen Verzögerungszeiten und Regelstrecken mit reinem Totzeitverhalten. Für Regelstrecken mit vielen Verzögerungsgliedern oder Regelstrecken ohne Ausgleich sind sie unbrauchbar.

Bei dem Studium des dynamischen Verhaltens von Reglern hat sich auch gezeigt, daß sehr einfache Regelstrecken und sehr einfache Regler, die zunächst von sich aus nicht zu schwingfähigem Verhalten neigen, bei einer Zusammenschaltung in einem Regelkreis durchaus ein sehr instabiles Verhalten zeigen können.

Das beste Beispiel ist hier das integrierende Glied. Das integrierende Glied scheint ein sehr stabiles, dynamisch unproblematisches Glied zu sein. Werden jedoch ein I-Regler und eine I-Regelstrecke verwendet, erhält man ein schwingfähiges Gebilde. Insgesamt erhält man also bei der Zusammenschaltung dynamischer Glieder zu einem Regelkreis ein qualitativ völlig andersartiges Verhalten.

Die Glieder in einem Regelkreis sind gleichwertig. Beispielsweise ist eine Proportionalregelstrecke sehr gut mit einem reinen Integralregler zu regeln. Umgekehrt kann man eine I-Regelstrecke sehr gut mit einem P-Regler regeln. Das bedeutet, es kommt in dem Regelkreis nicht darauf an, ob ein Regelkreisglied nun zur Stecke oder zum Regler gehört, sondern es kommt nur darauf an, welche Glieder innerhalb des Kreises zu finden sind. Man kann dies zu folgenden Merksätzen zusammenfassen:

Die Glieder in einem Regelkreis sind gleichwertig.

Das Regelkreisverhalten wird durch das dynamisch ungünstigste Glied im Regelkreis bestimmt.

Das Regelkreisverhalten wird durch Verzugszeiten T_u immer verschlechtert. Bei einer sehr ungünstigen Regelstrecke lassen sich Störungen daher mit einem stetigen Regler nur langfristig ausregeln.

Die Ausregelzeit ist stets länger, als die Summe der Verzögerungszeiten der Regelstrecke, da die Stellsignale den gesamten Regelkreis durchlaufen.

Für einige Einsatzgebiete bei mehrstufigen Regelstrecken gibt es regelungstechnische Schaltungen (siehe Kapitel 9), um weitere Verbesserungen zu erreichen.

7.4 Reglereinstellung

In Abschnitt 7.1 wurden allgemeine Gütekriterien für Regelkreise angegeben und in 7.3 die Auswahl des optimalen Reglers für einfache Regelstrecken besprochen. Nun stellt sich die Frage, wie der ausgewählte Regler an der technischen Regelstrecke einzustellen ist.

Dies ist für einen Ungeübten oft schwierig. Zusätzlich ist zu beachten, wie in 7.1 festgestellt wurde, daß eine generelle optimale Reglereinstellung gar nicht existiert. Es kommt darauf an, welches Regelverhalten in dem vorliegenden Praxisfall erwünscht ist.

Vor der Einstellung eines Reglers müssen daher drei Fragen geklärt werden:

Wie sehen die Toleranzgrenzen für die maximale Regeldifferenz e aus?
Ist der Regelkreis auf das Störverhalten oder das Führungsverhalten zu optimieren ?
Welche zeitlichen Formen von Störgrößen und Führungsgrößen sind in dem Anwendungsfall zu erwarten?

Man kann zeigen, daß eine Regelung, die auf ein bestimmtes Störverhalten optimal eingestellt wurde, für anderes Störverhalten nicht ebenfalls optimal sein muß. Wird eine Regelung auf ein sprungförmiges Verhalten hin optimal eingestellt, kann es durchaus sein, daß stochastische Störungen weniger gut ausgeregelt werden können. Eine Sprungfunktion hat einen konstanten Wert. Eine stochastische Störung ist in ihrer Amplitude meistens kleiner als dieser Wert. Man hat es mit vielen kleinen, kurzzeitigen Störungen zu tun. Dies sind zwei gegensätzliche Anforderungen.

Ähnliches gilt auch für das Führungsverhalten. Bei dem Hochfahren von anspruchsvollen Prozessen oder Anlagen wird man Anlagen nie einfach anschalten, sondern mit einer bestimmten Anfahrkurve hochfahren. Diese Anfahrkurve setzt sich aus rampenförmigen Anteilen zusammen. Die rampenförmigen Anteile verhindern, daß ein Stoß in das System gegeben wird.

Stellt man einen Regler auf eine sprungförmige Veränderung von Führungssignalen optimal ein, muß man die schnellen Anteile, also die D-Anteile geringer wählen, um ein zu hohes Überschwingen während des Sprunges zu vermeiden. Wählt man ein rampenförmiges Führungssignal,kann man den Regler auf ein schnelleres Verhalten einstellen, da sich die Regeldifferenz am Eingang des Reglers langsamer verändert.

7.4.1 Die Stabilitätsgrenze

In Kapitel 7.3 war zu sehen, daß jeder Regelkreis durch eine ungünstige Parametrierung instabil werden kann. Dies ist meistens dann der Fall, wenn der Proportionalbeiwert K_p des Reglers zu hoch, die Nachstellzeit T_n zu klein und die Vorhaltezeit T_v zu groß gewählt wurde. Die Mindestanforderung an einen Regelkreis ist natürlich, daß sich der Regelkreis stabil verhält. Diejenige Reglereinstellung, bei der der Regelkreis gerade noch stabil ist, nennt man Stabilitätsgrenze. Bei dem Einsatz eines PID-Reglers hängt die Stabilitätsgrenze im allgemeinen von allen drei Reglerparametern ab.

Die Einstellwerte, bei denen der Kreis gerade instabil wird, werden als kritische Werte bezeichnet. Werden die am Regler eingestellten Werte knapp unterhalb der kritischen Werte gewählt, tritt gerade noch der stabile Fall des Regelkreisverhaltens auf. Störgrößen werden nur sehr langsam ausgeregelt. Bei ungünstigem Angriff der Störung kann der Regelkreis sogar wieder instabil werden.

Eine Reglereinstellung kurz unterhalb der kritischen Werte ist unbrauchbar, obwohl der Regler schnellstmöglich reagiert. Die Stabilitätsgrenze ist die Mindestanforderung an einen Regelkreis aber noch kein ausreichendes Einstellkriterium.

7.4.2 Reglereinstellung nach dem Verhältnis T_g/T_u (Chien, Hrones, Reswick)

Für lineare Regelstrecken, bei denen man von einer Hintereinanderschaltung der einzelnen Regelstreckenanteile ausgeht, gibt es verschiedene, aus der praktischen Erfahrung oder aus systematischen Versuchen gewonnene Einstellregeln. Je nach Vorwissen über die Regelstrecke gibt es andere Einstellregeln. Eine mathematisch genaue Regelstreckeneinstellung für eine bestimmte, kompliziert zusammengesetzte Regelstrecke kann in der Regel nur mit Hilfe von computergestützten Rechenverfahren durchgeführt werden, wie zum Beispiel mit Optimierungen auf der Basis von Simulationsverfahren.

Sehr detaillierte und für verschiedene Anforderungen an das Regelverhalten ausgelegte Einstellregeln wurden von Chien, Hrones und Reswick entwickelt. Diese geben in tabellarischer Form (Tabelle 7.1) sowohl Einstellregeln für die Reglertypen P, PI und PID an, als auch für Führungs- oder Störverhalten. Außerdem wird noch unterschieden, ob ein aperiodischer Regelvorgang erreicht werden soll, also ein Regelvorgang ohne Schwingungen, oder ob 20% Überschwingen toleriert werden kann. Die letzte Einstellung führt zu einer besonders kurzen Anregelzeit T_{an}. Voraussetzung für den Einsatz dieser Regeln sind sowohl die genaue Definition der Anforderungen an die Regelung, als auch die Bestimmung von Tu und Tg. Unter dieser Voraussetzung läßt sich auf der Basis dieser Tabelle eine günstige Einstellung des PID-Reglers ermitteln.

Tabelle 7.1 : Reglereinstellung nach Chien, Hrones und Reswick

Regler	Aperiodischer Regelvorgang mit kürzester Dauer		20% Überschwingen kleinste Ausregelzeit	
	Führung	Störung	Führung	Störung
P	K_p=0,3 Tg/Tu	Kp=0,3 Tg/Tu	Kp=0,7 Tg/Tu	Kp=0,7 Tg/Tu
PI	Kp=0,35 Tg/Tu	Kp=0,6 Tg/Tu	Kp=0,6 Tg/Tu	Kp=0,7 Tg/Tu
	TN=1,2 Tg	TN=4 Tu	TN=Tg	TN=2,3 Tu
PID	Kp=0,6 Tg/Tu	Kp=0,95 Tg/Tu	Kp=0,95 Tg/Tu	Kp=1,2 Tg/Tu
	TN=Tg	TN=2,4 Tu	TN=1,35 Tg	TN=2 Tu
	TV=0,5 Tu	TV=0,42 Tu	TV=0,47 Tu	TV=0,42 Tu

Regler		Strecke	
K_P :	Proportionalbeiwert,	T_g :	Ausgleichszeit,
T_N :	Nachstellzeit,	T_u :	Verzugszeit
T_V:	Vorhaltezeit		

7.4.3 Experimentelle Einstellung von Regelkreisen (Ziegler, Nichols)

Die Einstellregeln von Ziegler und Nichols wurden für Regelstrecken entwickelt, bei denen keine Kenntnis über das Regelstreckenverhalten vorhanden ist. Die Einstellung des Reglers wird experimentell bestimmt. Voraussetzung ist jedoch, daß ein Experimentieren an der Regelstrecke mit einem schwingenden Regelverlauf möglich ist. Dies lassen praktische Gegebenheiten oft nicht zu. Ist ein solches Experimentieren möglich, kann die Einstellung des Reglers folgendermaßen gewählt werden:

1. Man hat eine Anordnung, in der der Regler in Reihe zu der Strecke geschaltet ist und der Regler als P-Regler konfiguriert wird. Das bedeutet, bei einem PID-Regler sind $T_n = \infty$ und $T_v = 0$ einzustellen.
2. Man vergrößert nun den Proportionalbeiwert des Reglers K_R so weit, bis der Regelkreis eine Dauerschwingung ausführt, also an die Stabilitätsgrenze gelangt. Den entsprechenden Wert nennt man K_{RK} oder den kritischen Proportionalbeiwert.
3. Man mißt die Schwingungsdauer T_K dieser Dauerschwingung.
4. Je nach Reglertyp kann die Einstellung des Reglers nach Tabelle 7.2 vorgenommen werden.

Tabelle 7.2 : Reglerstellung nach Ziegler, Nichols

Regler	K_R	T_N	T_V
P	$0{,}5\,K_{RK}$	-	-
PI	$0{,}45K_{RK}$	$0{,}85T_K$	-
PID	$0{,}6K_{RK}$	$0{,}5T_K$	$0{,}12T_K$

K_{RK} : Kritische Proportionalbeiwert des Reglers,

T_K : Schwingungsdauer der Dauerschwingung.

Die auf empirischer Basis entwickelten Regeln führen zu einem Antwortverhalten des Regelkreises mit Schwingungen. Der Regelverlauf weist einen Dämpfungsgrad von D gleich 0,2 bis 0,3 auf, die zu einem schwach gedämpften Verhalten gehören. Um einen aperiodischen Regelvorgang zu erzielen, ist daher ein wesentlich kleinerer Proportionalbeiwert des Reglers zu wählen. Die Nachstellzeit des Reglers sollte für einen aperiodischen Regelvorgang etwas höher angesetzt werden.

7.4.4 Einstellen nach der Sprungantwort

Man kann Regelsysteme durch die Antworten auf Führungssignalsprünge oder simulierte Störungssignalsprünge einstellen. In beiden Fällen sind die hier erzielbaren manuellen Einstellungen relativ ungenau.

1. Man geht hier im allgemeinen so vor, daß der Regler zunächst als P-Regler betrieben wird. Bei einem PID-Regler wird die Nachstellzeit T_n sehr groß gewählt und die Vorhaltezeit $T_v = 0$.
2. Dann vergrößert man den Proportionalbeiwert K_P des Reglers so weit, bis entweder der aperiodische Fall, oder der Fall mit dem maximal tolerierbaren Überschwingen eintritt.
3. Als nächstes wird die Nachstellzeit T_n eingestellt. Sie wird so lange verringert, bis ein Ausregeln der bleibenden Regeldifferenz erreicht ist oder bis das Kurzzeitverhalten die tolerierbaren Grenzen noch nicht überschreitet.
4. Man versucht über die Erhöhung der Vorhaltezeit Tv das Kurzzeitverhalten des Reglers zu optimieren.
5. Anschließend verringert man den Proportionalbeiwert noch etwas, da die Nachstellzeit langfristig gesehen auch einen Beitrag zu der Gesamtverstärkung hinzufügt.

Dieses Einstellverfahren eignet sich zur empirischen Einstellung von Regelsystemen.

7.4.5 Einstellung von Regelsystemen mit Hilfe von Simulationen

Simulationsprogramme können für den Praktiker ein wichtiges Hilfsmittel sein, um Regelverhalten auf dem Schreibtisch auszuprobieren. Man kann hier ein größeres Gefahrenrisiko ausschließen und in komfortabler Weise Regelsysteme vorab optimieren. Voraussetzung hierbei ist eine genügende Kenntnis der Regelstrecke. Dies betrifft sowohl die Struktur, als auch die Zeitkonstanten und Proportionalbeiwerte der Regelstrecke. Sind diese Daten verfügbar, kann man sowohl den Reglertyp ausprobieren, als auch die Parametrierung des gewählten Reglers ermitteln. Bei einer Optimierung von Regelkreisen mit Hilfe eines Simulationsprogrammes geht man so vor, daß man das Regelkreisverhalten mit Hilfe von Regelflächenkriterien bewertet.

Je nach gewähltem Regelflächenkriterium erhält man eine Reglereinstellung mit einem schnellstmöglichen Verhalten, oder einem Verhalten mit einem möglichst geringen Überschwingen. Im ersten Fall nimmt man das betragslineare Regelflächenkriterium, im zweiten Fall die quadratischen oder zeitbeschwerten Regelflächen.

Ist die dynamische Simulation des Regelkreises in eine Optimierung eingebunden, so kann der Regler automatisch mit Hilfe des Programms eingestellt werden. Als Ergebnis der Simulationsläufe erhält man die Regelflächenwerte für unterschiedliche Parametrierungen. Aus diesen Kurven lassen sich zwei Angaben ermitteln:

- bei welcher Reglereinstellung sich das System optimal verhält,
- wie sich das Regelungssystem verhält, wenn der Regler ungenau eingestellt ist.

Man erhält sowohl die optimalen Werte, als auch Grenzangaben für die Einstellung des Regelsystems.

Überdies sind simulative Untersuchungen dafür geeignet, auch nichtlineare Systeme zu untersuchen und das Störverhalten gezielt zu untersuchen. Dabei können als Störfunktionen nicht nur Sprungfunktionen verwendet werden, es lassen sich hier beliebige Funktionen, wie Rampen oder stochastische Signale an beliebigen Stellen im Regelkreis aufschalten.

8 Anfahren von Regelkreisen

8.1 Führungsgrößen in Regelkreisen

In vielen technischen Regelkreisen ist die Führungsgröße nicht immer konstant. Je nach Art des Prozesses kann die Führungsgröße einem festen zeitlichen Ablauf folgen, oder die Führungsgröße kann von anderen Gliedern des Prozesses abhängen, beispielsweise von Führungsreglern oder von Steuerungseinrichtungen.

Die Einsatzbereiche von geführten Regelungen sind sehr unterschiedlich. Einige dieser Regelkreise verhalten sich nach außen wie eine Steuerstrecke. Dies ist bei geregelten Stellantrieben der Fall. Ein solcher Stellantrieb ist in Bild 8.1 skizziert. Nach außen hin hat der Stellantrieb einen Stelleingang y und beeinflußt entsprechend eine Regelstrecke. Intern wird der Stellantrieb jedoch geregelt. Es wird ständig überwacht, ob die gemessene Position des Ventilschiebers mit der von außen über das Stellsignal vorgegebenen Position übereinstimmt. Dieser, in dem Stellglied enthaltene Regelkreis ist ein Folgeregelkreis, der auf das äußere Stellsignal reagiert.

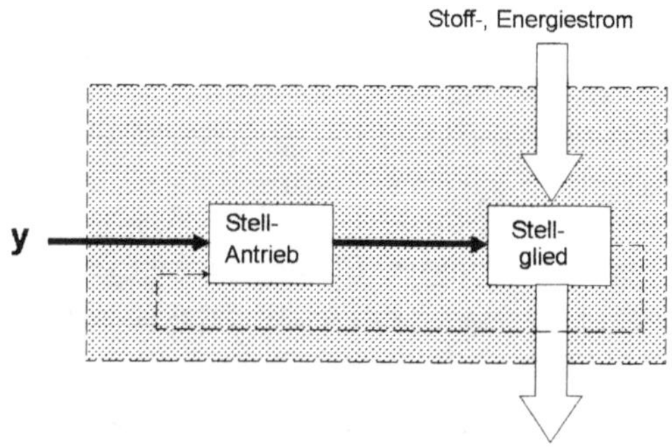

Bild 8.1 Wirkung eines Stellgliedes mit einem Stellantrieb

Folgende Arten von Regelungen werden unterschieden :

Festwertregelung

Bei der Festwertregelung hat der Regelkreis die Aufgabe, eine Regelgröße konstant zu halten.

Zeitplanregelung

Bei einer Zeitplanregelung ist die Regelgröße zeitlich veränderbar. Die Abhängigkeit der Regelgröße von der Zeit ist in dem Zeitplan festgelegt.

Folgeregelung

Bei einer Folgeregelung ist die Führungsgröße zeitlich veränderlich. Die Führungsgröße ist jedoch nicht von einem Zeitplan abhängig, sondern hängt im allgemeinen von anderen Prozeßgrößen ab.

Führungsgrößenänderungen, insbesondere sprungförmiger Art stellen meistens besondere Anforderungen an Regelungssysteme. Auch bei Festwertregelungen muß beim Anfahren der Anlage ein Führungsgrößensprung in der Höhe des Sollwertes verarbeitet werden.

8.2 Allgemeines Regelkreisverhalten beim Anfahren

Prinzipiell sind die Reaktionen eines Reglers bei der Ausregelung von Störungen und bei Führungsgrößenänderungen dieselben. In der Praxis werden Regler meistens auf ein optimales Störverhalten eingestellt. Störungen sind in ihrer Auswirkung auf die Aufgabengröße relativ klein. Voll wirkende Störgrößen überschreiten meistens nicht 20...30% der Aufgabengröße. Außerdem baut sich die Wirkung von Störungen mit dem verzögernden Verhalten der Strecken auf, da in vielen Fällen der Angriffsort der Störung an dem Eingang der Strecke zu lokalisieren ist. Daher erhält der Regler bei Störungen in der Amplitude begrenzte, zeitlich langsame Regeldifferenzen.

Wird dagegen ein Regelsystem eingeschaltet, entsteht ein Führungsgrößensprung in Höhe der Aufgabengröße. Dies führt zu einer andersartigen Reaktion des Regelkreises, als bei einer Reaktion auf Störgrößen.

Bei der Optimierung des Regelkreisverhaltens auf das Störverhalten hin stellt man das Regelsystem so ein, daß es relativ schnell reagiert und Regeldifferenzen kurzfristig vollständig ausgleicht. Das heißt, die Vorhaltezeit wird groß dimensioniert und die Nachstellzeit klein. Erhält nun ein so parametrierter Regelkreis einen Führungsgrößensprung, in Höhe der Aufgabengröße, so zeigt sich ein starkes Überschwingen beim Hochfahren. Dies kann in der Praxis oft nicht toleriert werden, da dieses Überschwingen eine Gefährdung von Anlagen und Prozeßgut bedeuten kann. Hinzu kommen die Eigenheiten von Reglern, wenn diese längere Zeit in ihre Begrenzung gefahren werden.

Da der Anfahrvorgang von Regelstrecken ein sehr wichtiger Vorgang ist, sollen nun die einzelnen Regleranteile eines PID-Reglers während des Anfahrvorganges getrennt betrachtet werden.

8.2.1 Wirkung des P-Anteils

Zuerst soll der P-Bereich verfolgt werden. Da der Stellbereich von Reglern prinzipiell begrenzt ist, fährt der Regler nach einer Regeldifferenz von 100% der Regelgröße normalerweise in den oberen Anschlag. Das heißt, der maximal mögliche Stellwert wird von dem Regler auf den Ausgang gegeben. Nachdem dieser maximale Stellwert auf die Regelstrecke einwirkt, verringert sich die Regeldifferenz allmählich. Das Verringern der Regeldifferenz hat zunächst keinen Einfluß auf den Stellwert, da die Regeldifferenz den P- Bereich verlassen hat. Erst wenn die Regeldifferenz kleiner ist als der P-Bereich des Reglers, wirken sich Regeldifferenzen auf das Stellsignal aus, da nun keine Signalbegrenzungen mehr stattfinden. Wurden hohe Proportionalbeiwerte verwendet, so ist der P- Bereich jedoch schmal.

8.2.2 Wirkung des D-Anteils

Der D-Anteil des Reglers liefert nach einem Führungssignalsprung den größtmöglichen Wert. Da dieser jedoch nicht größer als der Stellbereich des Reglers sein kann, trägt bei einem Führungsgrößensprung der D-Anteil nicht zur Höhe des Stellsignals bei. In der Regel ist der D-Anteil abgeklungen, wenn auf Grund des Eintretens der Regeldifferenz in den P-Bereich das Stellsignal heruntergefahren wird.

8.2.3 Wirkung des I-Anteils

Sieht man sich noch den I-Anteil an, so muß man zwischen zwei Möglichkeiten, den I-Anteil technisch zu verwirklichen, differenzieren. Der I-Anteil kann entweder durch eine nachgebende Rückführung erzeugt werden oder durch Integration der Regeldifferenz.

Wurde der Regler mit einem echten integrierenden Glied realisiert, so integriert der Regler während des Anfahrens des Regelkreises die Regeldifferenz auf. Dabei erhöht sich ständig der Integrationswert, der sich im Speicher des I-Anteils befindet. Da die Fläche der Regeldifferenz über die Zeit bei einem Führungssignalsprung beim Einschalten sehr groß ist, ist der akkumulierte Wert im Speicher ebenfalls sehr groß und wird entsprechend dem Speichervermögen begrenzt.

In analogen Schaltungen lädt sich zur Integration ein Kondensator auf, der bei dem Anfahrvorgang auf die maximal mögliche Spannung aufgeladen wird. Bei I-Anteilen, die digital realisiert werden, verwendet man hierzu einen Akkumulator. Auch nachdem die Regeldifferenz sich stark vermindert hat oder gar negativ geworden ist, ist dieser I-Anteil noch längere Zeit wirksam und liefert fälschlicherweise auch dann positive Stellsignale. Der I-Anteil verschlechtert also das Anfahrverhalten von Regelungssystemen außerordentlich.

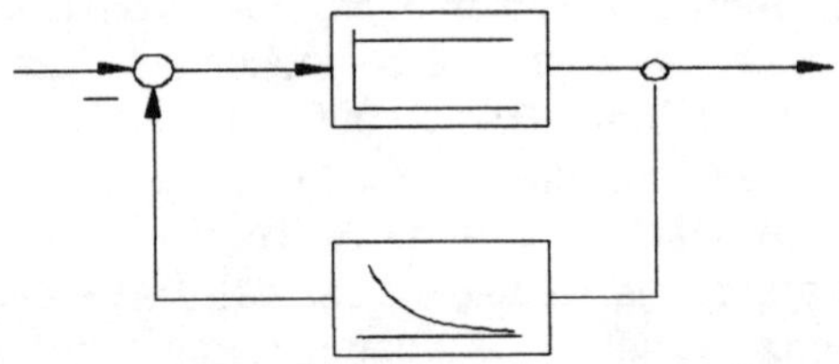

Bild 8.2 Realisierung eines I-Anteils über eine nachgebende Rückführung

Realisiert man den I-Anteil mit einer nachgebenden Rückführung (Bild 8.2), sieht die Reaktion anders aus. Nach dem Einschalten des Führungswertes wird hier die Regeldifferenz zunächst um den Anteil des rückführenden D-Gliedes verringert. Im Laufe der Zeit nimmt der D-Anteil in der Rückführung ab und die volle Regeldifferenz wird auf das P-Glied geschaltet. Da während des Anfahrvorganges der P-Anteil zunächst ohnehin stark übersteuert wird, macht sich die Reduktion der Regeldifferenz über den D-Anteil an dem Stellsignal nicht bemerkbar. Die nachgebende Rückführung sorgt jedoch dafür, daß auch nach Gleichheit der Regelgröße mit der Führungsgröße der P-Bereich nur wenig gedämpft wird, dies

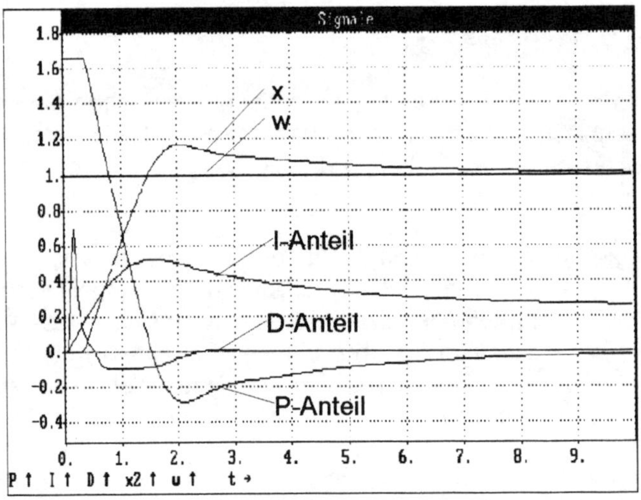

Bild 8.3 Zeitverläufe der einzelnen Anteile eines PID-Reglers beim Anfahren

führt ebenfalls zu einem starken Überschwingen der Regelstrecke. Die einzelnen Anteile, die sich bei einem technischen PID-Regler ergeben, sind in Bild 8.3 dargestellt.

Um das Anfahrverhalten zu verbessern, gibt es zwei Möglichkeiten. Entweder verwendet man keine Führungssignalsprünge und fährt die Führungsgröße mit einer Rampenfunktion hoch und kann dadurch Überschwingvorgänge vermeiden. Nachteilig ist hier, daß das Anfahren nicht mit der maximal möglichen Geschwindigkeit erfolgt.

Die andere Möglichkeit besteht darin, einen Regler mit Strukturumschaltung einzusetzen. Bei einem Regler mit Strukturumschaltung wird während des Anfahrvorganges der I-Anteil des Reglers ausgeschaltet. Dies kann automatisch geschehen, indem die Strukturumschaltung mit dem Stellsignal am Ausgang des Reglers gekoppelt wird. Bei Überschreitung einer bestimmten Stellsignalhöhe wird der I-Anteil des Reglers ausgeschaltet, so daß keine Regeldifferenzen mehr akkumuliert werden. Eine solche Anfahrschaltung ist in Bild 8.4 dargestellt.

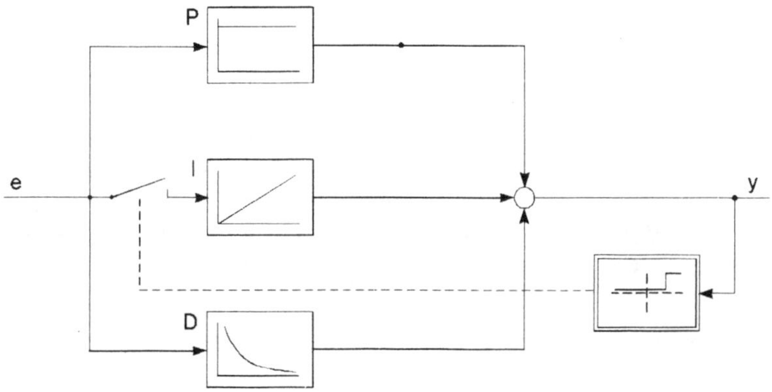

Bild 8.4 Schematische Darstellung einer Anfahrschaltung

Insgesamt bewirkt die Strukturumschaltung, daß bei dem Anfahren von Anlagen nur der hier günstigere PD-Anteil wirksam ist. Erst bei dem Eintreten in den Bereich der Festwertregelung wird der I-Anteil zugeschaltet und sorgt für die langfristige Ausregelung von Regeldifferenzen.

9 Regelungstechnische Schaltungen

Zur Regelung von industriellen Prozessen und Anlagen sind einschleifige Regelkreise nicht immer ausreichend. Man hat in der Praxis oft eine Verkettung von mehreren Regelkreisen, bzw. eine Kombination von analog steuernden Elementen mit Regelkreisen. Dafür gibt es verschiedene Gründe. Ein Grund ist, daß in vielen Systemen die erforderliche Genauigkeit bezüglich des Stör- und Führungsverhaltens mit einem einschleifigen Regelkreis nicht erreichbar ist. Es gibt zusätzliche schaltungstechnische Verbesserungen, mit denen man die Güte der Regelungen und die Geschwindigkeit der Regelungen wesentlich erhöhen kann. Ein anderer Grund, warum einschleifige Regelkreise nicht ausreichend sind, besteht darin, daß bei vielen Anlagen mehr als eine Aufgabengröße zu beherrschen ist, oder daß mehr als eine Führungsgröße in eine Regelschleife eingreifen.

Der Einsatz dieser Schaltungen ist in der Regel technologieabhängig. Dennoch gibt es eine Reihe grundlegender Schaltungen, die sich auf die verschiedensten technologischen Bereiche übertragen lassen.

9.1 Kombination von Steuern und Regeln

In der regelungstechnischen Praxis wird oft die reine Regelung durch zusätzliche steuernde Schaltungen entlastet und damit genauer und schneller. Zum Aufbau dieser steuerungstechnischen Zusatzschaltungen wird eine genauere Information über Störgrößen benötigt, als bei der Auslegung eines Regelungskreises. Dieses allgemeine Charakteristikum von analogen Steuerungen gilt auch bei steuernden Zusatzschaltungen für Regelkreise.

9.1.1 Störgrößenaufschaltung

Beispiel: Störgrößenaufschaltung an einem Füllstandsregler

Bei den Füllstandsreglerbeispielen war die Hauptstörgröße die abfließende Flüssigkeitsmenge. Zur Verbesserung der regelungstechnischen Güte kann man diese Störgröße über ein Durchflußmeßgerät meßtechnisch erfassen und direkt dem Stellglied zuführen, wie in Bild 9.1 dargestellt.

Ein Signal, das proportional zu diesem Durchfluß ist, wird direkt auf das Stellglied aufgeschaltet. Eine solche Schaltung sorgt dafür, daß die abfließende Flüssigkeit sofort an das Stellglied gemeldet und durch einen neuen Zufluß ersetzt wird. Die Regelung dient dann nur dazu, die Ungenauigkeit der Steuerung und andere Einflüsse und Ungenauigkeiten auszuregeln. Da die Steuerung die Hauptstörgröße sofort erfaßt und ein entsprechendes Stellsignal erzeugt, kann den Störungen wesentlich schneller entgegengewirkt werden.

Bild 9.1 Füllstandsregelung mit Störgrößenaufschaltung

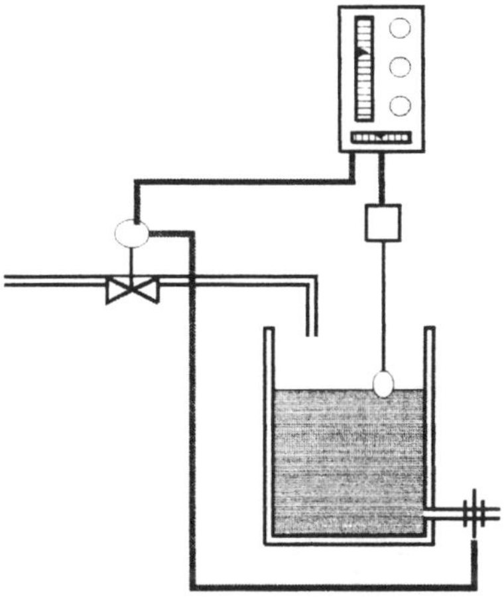

Ist der Angriffsort einer Störung z bekannt und ist die Störgröße meßtechnisch erfaßbar und ihre Auswirkung auf die Regelstrecke bekannt, kann man diese Information über den Störverlauf dazu ausnutzen, die Regelung schneller und präziser zu machen. Man wartet nicht ab, bis die Störung die Regelgröße beeinflußt, sondern erfaßt die Störung und leitet sofort Gegenmaßnahmen ein.

Die sich aus der gemessenen Störung ergebende Größe wird als zusätzliches Signal unmittelbar auf das Stellglied am Streckeneingang aufgeschaltet. Durch diese Zusatzschaltung wird die Regelung von der Hauptstörgröße entlastet und dient dann hauptsächlich dazu, Nebenstörgrößen zu kompensieren und eine Langzeitdrift zu verhindern. Die Aufschaltung der Störgröße kann wahlweise auf den Eingang des Stellgerätes oder auf den Eingang des Reglers erfolgen. Erfolgt die Aufschaltung auf den Eingang des Reglers als ein zur Störung proportionales Signal, entsteht dadurch eine bleibende Regeldifferenzabweichung. Mit einer Schaltung wie in Bild 9.2 kann aber die Regelbarkeit einer schwer zu regelnden Strecke erheblich verbessert werden.

Eine mit der Störgrößenaufschaltung verwandte Schaltung ist die Störtendenzaufschaltung. Bei der Störtendenzaufschaltung wird wieder die Hauptstörgröße meßtechnisch erfaßt. Es wird aber kein Signal, das proportional zu der Störgröße ist verwendet, sondern ein zeitlich nachgebendes Signal. Dieses Signal, entsteht durch die Differentiation des Störsignals. Es wird auf den Eingang des Reglers aufgeschaltet. Da diese Aufschaltung zeitlich nachgebend ist, ergibt sich keine bleibende Regeldifferenz.

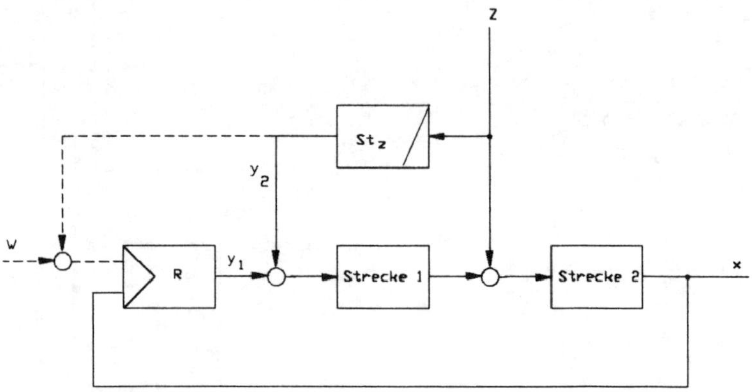

Bild 9.2 Prinzipschaltung für eine Störgrößen-, Störtendenzaufschaltung; die Störgröße z wird über die Steuerung st_z verarbeitet

Durch diese Schaltung kann man das zeitliche Verhalten von Regelstrecken mit großer Verzugszeit erheblich verbessern, da die Störung dem Regler sofort gemeldet wird und entsprechend reagieren kann. Auch bei der Störtendenzaufschaltung muß die Auswirkung der Störung auf die Strecke genau bekannt sein. Die Hauptstörgröße in einem Regelkreis ist meistens die durch die Anlage oder den Prozeß zu beherrschende Last.

Voraussetzungen für Störgrößenaufschaltungen:
- Hauptstörgröße ist bekannt und meßbar.
- Der Einfluß der Hauptstörgröße auf die Strecke ist bekannt.
Wirkung: Die Regelung wird von der Hauptstörgröße entlastet.
Vorteil:
- Die Regelung wird wesentlich schneller,
- die Überschwingweite wird stark reduziert.
Nachteil:
- Einfluß der Hauptstörgröße muß bekannt sein,
- zusätzlicher meßtechnischer Aufwand ist notwendig.

9.1.2 Hilfsregelgrößenaufschaltung

Oft sind die Hauptstörgrößen nicht direkt meßtechnisch erfaßbar. Man kann daher statt der Störgröße eine verwandte Größe zur Aufschaltung verwenden. Diese Größe sollte im wesentlichen durch die Hauptstörgröße beeinflußt werden und relativ nahe hinter der Hauptstörgröße in der Regelstrecke gelegen sein, so daß die Hauptstörgröße mit nur geringen Verzögerungen über die Hilfsregelgröße erfaßt wird, siehe Bild 9.3. Diese Größe wird dann normalerweise über ein Proportionalglied oder ein Zeitglied bewertet und von der Regeldifferenz subtrahiert. Da auch hier Störungen erheblich schneller erfaßt werden können, als am Ende der Regelstrecke, können so ausgestattete Regelkreise wesentlich schneller auf den Einfluß der Störung reagieren. Das Überschwingen wird deutlich herabgesetzt und die Reaktionszeit der gesamten Regelung stark verkürzt.

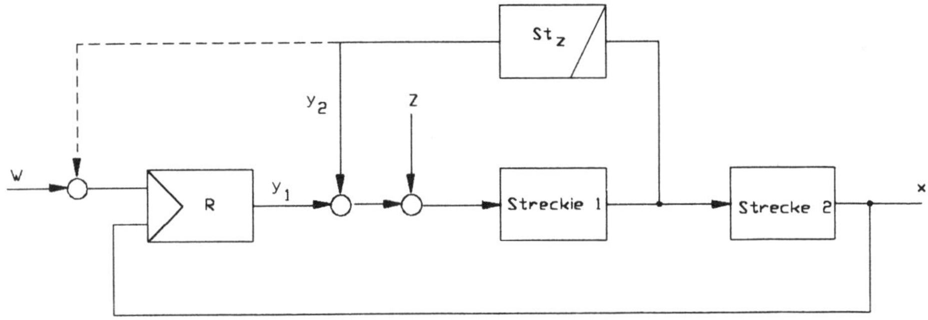

Bild 9.3 Prinzipschaltung einer Hilfsgrößenaufschaltung

Voraussetzungen für Hilfsgrößenaufschaltungen:
- Hauptstörgröße ist bekannt.
- Der Einfluß der Hauptstörgröße auf die Strecke ist bekannt.
Wirkung: Die Regelung wird von der Hauptstörgröße entlastet.
Vorteil:
- die Hauptstörgröße muß nicht meßbar sein,
- die Regelung wird schneller,
- die Überschwingweite reduziert.
Nachteil:
- Einfluß der Hauptstörgröße muß bekannt sein.
- Zusätzlicher meßtechnischer Aufwand ist notwendig.

9.1.3 Vorwärtssteuerung (feed forward)

Es gibt einige Regelkreise, bei denen sowohl große Störungen präzise auszuregeln sind, als auch ein gutes Führungsverhalten verlangt wird. In manchen Fällen ist es nicht möglich, den Regler in gleicher Weise auf ein optimales Störverhalten und ein optimales Führungsverhalten auszulegen. In diesem Fall muß dafür gesorgt werden, daß der Regler Störungen und Führungssignaländerungen getrennt behandeln kann. Dies ist mit einer Vorwärtssteuerung des Führungssignales möglich, indem in den Regelkreis derart eingegriffen wird, daß über ein Proportional- oder ein Zeitglied die Führungsgröße für das Regelsystem zusätzlich direkt auf den Stelleingang der Strecke gegeben wird (siehe Bild 9.4). Bei einer Vorwärtssteuerung muß das zusätzliche Glied St_V sorgfältig dimensioniert werden. Die Projektierung einer Vorwärtssteuerung ist daher in der Regel nur bei hohem regelungstechnischem Kenntnisstand möglich.

Bild 9.4 Prinzipschaltung einer Vorwärtssteuerung für variable Führungsgrößen w

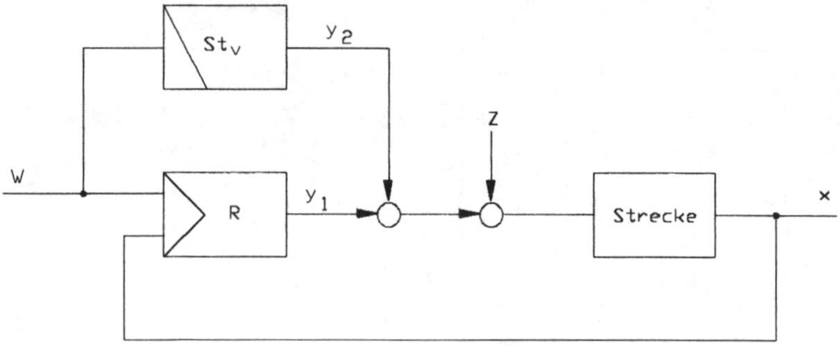

<u>Voraussetzungen für Vorwärtssteuerungen:</u>
- Die Dynamik der Strecke ist genau bekannt.
<u>Wirkung:</u>
Die Führungsgröße wird direkt auf die Strecke aufgeschaltet.
<u>Vorteil:</u>
- Verbesserung des Führungsverhaltens,
- bei gleichzeitig gutem Störverhalten,
Nachteil:
- schwierig auslegbar.

9.2 Kombination von Regelkreisen

In der Praxis ist es in vielen Fällen nicht möglich, mit einem Regelkreis eine Aufgabengröße aufgabengemäß zu beeinflussen. Oft ist die Präzision in einem einschleifigen Regelkreis nicht ausreichend. Wenn der funktionsmäßige Zusammenhang zwischen Störgrößen und notwendigem Stelleingriff unbekannt ist, bzw. die Störgrößen meßtechnisch nicht erfaßt werden können, bietet sich als einzige regelungstechnische Möglichkeit an, mehrere Regelkreise zur Regelung einer Aufgabengröße zu benutzen. Dies ist immer mit einem erhöhten technischen Aufwand verbunden, da mehrere Regler, mehrere Meßglieder und Stellglieder verwendet werden müssen.

9.2.1 Grob-Fein-Regelung

Für einen Mischungsprozeß muß der Durchfluß sehr präzise geregelt werden. Da der ein- und ausgangsseitige Druck in größerem Umfang schwanken kann, arbeitet ein einschleifiges Regelungssystem bezüglich der aufgabenmäßig gegebenen Toleranzen zu ungenau. Durch eine Kaskadierung zweier identischer Regelkreise, wie in Bild 9.5, kann man die Präzision der Regelung der Aufgabengröße wesentlich erhöhen. Der erste Regelkreis ist in vielen Fällen noch relativ grob und besteht oft aus preiswerten Komponenten.

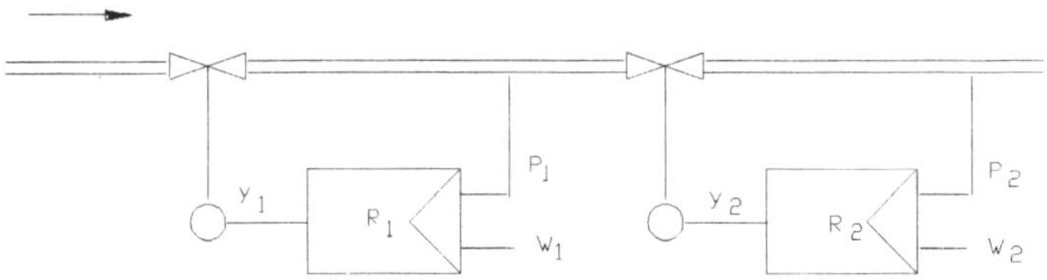

Bild 9.5 Grob-Fein-Regelung zur präzisen Regelung eines Durchflusses mit zwei identischen Regelkreisen R_1 und R_2

Bei der Grob-Fein-Regelung werden zwei, im Prinzip ähnliche Regelkreise in Serie geschaltet. Dies bedeutet eine Verdoppelung des regelungstechnischen und gerätetechnischen Aufwandes (siehe Bild 9.6). Daher werden solche Schaltungen nur dann eingesetzt, wenn eine sehr hohe Präzision einer Aufgabengröße erforderlich ist.

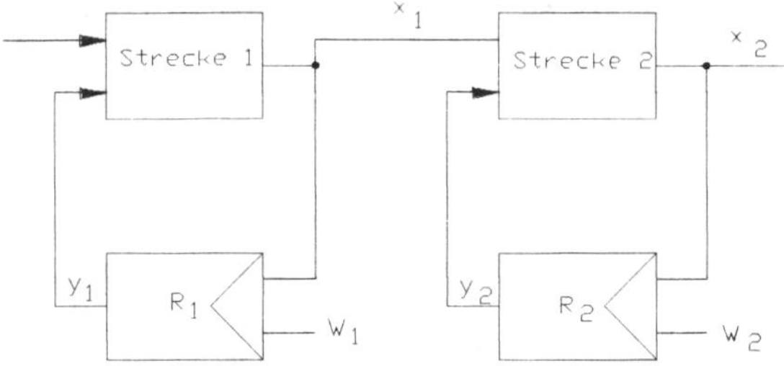

Bild 9.6 Prinzipschaltbild einer Grob-Fein-Regelung

Derartige Schaltungen werden hauptsächlich zur präzisen Regelung von Stoffströmen eingesetzt, wie sie für Mischungsprozesse notwendig sind oder zu der präzisen Konstanthaltung von Gasströmen. Ein anderes Beispiel ist die hochpräzise Regelung einer Temperatur im Laborbereich.

<u>Wirkung einer Grob- Fein-regelung:</u>
- Hintereinanderschaltung identischer Regelkreise
<u>Vorteil:</u>
- Verbesserung der Toleranz der Regelgröße,
- leichte Projektierbarkeit
<u>Nachteil:</u>
- doppelter gerätetechnischer Aufwand.

9.2.2 Störgrößenkonstanthaltung

Die Störgrößenkonstanthaltung ist vom Prinzip her der Grob-Fein-Regelung sehr ähnlich. Bei der Störgrößenkonstanthaltung regelt man jedoch zwei verschiedene Größen. Beide Regelkreise sind wie bei der Grob-Fein-Regelung in Serie geschaltet. Man hat einen Regelkreis, der ausschließlich dazu dient, den Einfluß der Hauptstörgröße zu stabilisieren, während der zweite Regelkreis für das Führungsverhalten und für die feine Ausregelung der verbleibenden Störungen dient (siehe Bild 9.7). Die Störgrößenkonstanthaltung ist naturgemäß nur bei speziellen Aufgaben sinnvoll.

Bild 9.7 Prinzipschaltbild für eine Störgrößenkonstanthaltung (R_1: Hauptregler, R_Z: Regler für die Störgröße)

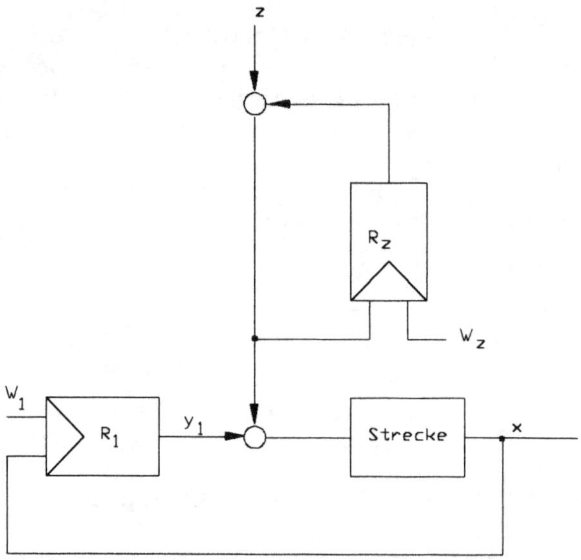

Man kann eine Durchflußregelung ähnlich aufbauen, wie die Schaltung einer Grob-Fein-Regelung, wenn diese sehr präzise erfolgen muß. Man verwendet jedoch als ersten Regelkreis keinen Durchflußregelkreis, sondern, wie in Bild 9.8 dargestellt, einen Regelkreis, der den Druck konstant hält. Dies erhöht die Präzision eines nachgeschalteten Durchflußregelkreises wesentlich, da die Hauptstörgröße dieses Regelkreises der eingangsseitige Druck ist. Für die Druckregelung werden manchmal rein mechanische Regler eingesetzt.

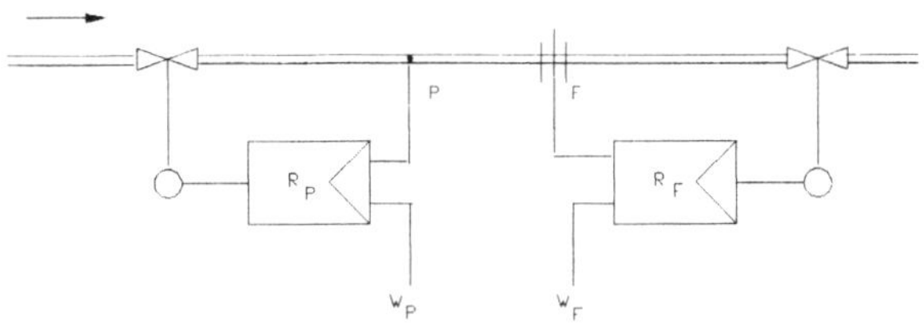

Bild 9.8 Störgrößenkonstanthaltung bei einer Durchflußregelstrecke (R_P: Druckregler, R_F: Durchflußregler)

Eine wichtige Störgröße von gasbeheizten Industrieöfen sind beispielsweise Druckschwankungen in der Versorgungsleitung. Daher ist es, wenn eine präzise Regulation des Ofens notwendig ist, sinnvoll, die Störgröße Gasdruck konstant zu halten.

Wirkung einer Störgrößenkonstanthaltung:
Hintereinanderschaltung ähnlicher Regelkreise
Vorteil:
- Verbesserung der Toleranz der Regelgröße
- leichte Projektierbarkeit
Nachteil:
- doppelter gerätetechnischer Aufwand.

9.2.3 Kaskadenregelung

Bei der Grob-Fein-Regelung und bei der Störgrößenkonstanthaltung wurden zwei nicht ineinander vermaschte Regelkreise verwendet. In einigen Fällen, ist es jedoch sinnvoll, die Regelkreise zu vermaschen. Man spricht dann von einer Kaskadenregelung. Diese ist ein sehr effektives Mittel, um das Regelkreisverhalten von Systemen zu verbessern.

Beispiel: Motorregelung

Bei der Regelung von Motoren wird oft das Prinzip angewandt, daß in einem inneren Regelkreis der Ankerstrom des Motors geregelt wird und in einem äußeren Regelkreis die eigentliche Aufgabengröße, die Drehzahl (siehe Bild 9.9).

Dieser regelungstechnische Aufbau hat große Vorteile. Die Hauptstörgröße bei der Drehzahlregelung eines Motors ist in der Praxis das Drehmoment, das durch die Last maßgeblich beeinflußt wird. Das Drehmoment eines Motors ist bei den meisten Antriebssystemen proportional zum Ankerstrom. Daher ist eine Regelung des Ankerstromes eine Regelung, die der Hauptstörgröße entgegenwirkt. Auch Schwankungen in der Versorgungsspannung des Motors greifen an dieser Stelle primär ein. Daher kann ein unterlagerter Stromregelkreis diesen Hauptstörgrößen entgegenwirken.

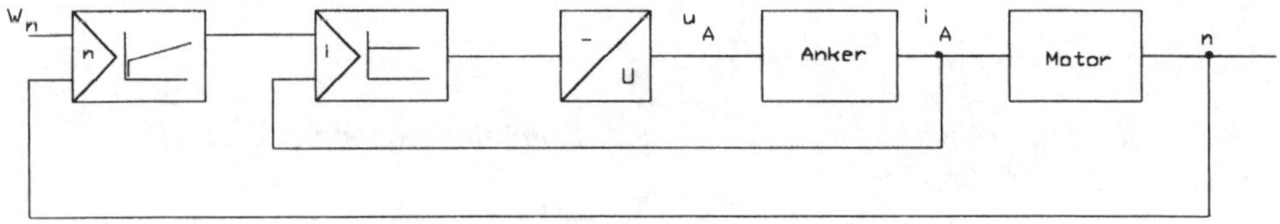

Bild 9.9 Kaskadenregelung für einen Elektromotor

Man verwendet hier in der Regel einen schnellen, aber ungenauen Regler. Man setzt hier oft einen reinen P-Regler ein, eventuell mit einem kleinen I-Anteil. Diesem Regelkreis wird ein Regelkreis für die eigentliche Aufgabengröße, ein Drehzahlregelkreis überlagert. Dieser überlagerte Regelkreis wird anders ausgelegt. Er ist in seinem Verhalten wesentlich genauer, reagiert dafür aber langsamer auf Störungen. Hier wird meistens ein PI- oder PID-Regler verwendet.

Bei dem Einsatz digitaler Automatisierungsgeräte ist zu beachten, daß für den inneren Stromregler meistens ein analoger Regler vorzusehen ist. Dieser arbeitet auf Grund seiner Bauart sehr schnell, für die Drehzahlregelung genügt ein etwas langsamerer Regler. Digitale Systeme eignen sich hier nur dann, wenn sie schnell genug sind. Daher wird dieser Regler oft ebenfalls analog ausgeführt. In der Antriebstechnik verwendet man zu der Ansteuerung von Motoren von den entsprechenden Herstellern angebotene, passende Leistungsstellglieder, wie zum Beispiel Stromrichter, die meistens über derartige Regler verfügen.

Den inneren Regelkreis nennt man einen Folgeregler, während der äußere Regelkreis einen Führungsregler darstellt, der dem inneren Folgeregler einen prozeßabhängigen Führungswert vorgibt. Allgemeine Darstellungen von Kaskadenregelungen enthalten die Bilder 9.10 und 9.11.

Eine derartige Kaskadenschaltung hat neben der schnellen Ausregelung von Hauptstörgrößen weitere Vorteile. Die Streckenanteile, die innerhalb des innersten Regelkreises liegen, erhalten durch die Regelschleife einen PT1- ähnlichen Charakter. Damit verbessert sich die Regelbarkeit der Gesamtstrecke. Der Folgeregler führt also dazu, daß die Dynamik des Systems günstiger wird.

Außerdem erhält man die Aufteilung in einen sehr schnell reagierenden Regler und einen langsameren Regler.

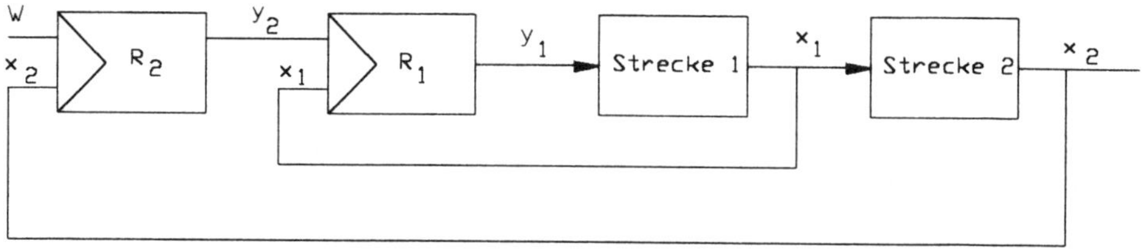

Bild 9.10 Prinzipschaltbild einer Kaskadenregelung (R_1: Folgeregler, R_2: Führungsregler, w: Führungsgröße des Gesamtregelkreises, x_2: Hauptstörgröße für Kaskadenregelungen

Bild 9.11 Andere Darstellung der Kaskadenregelung aus Bild 9.10

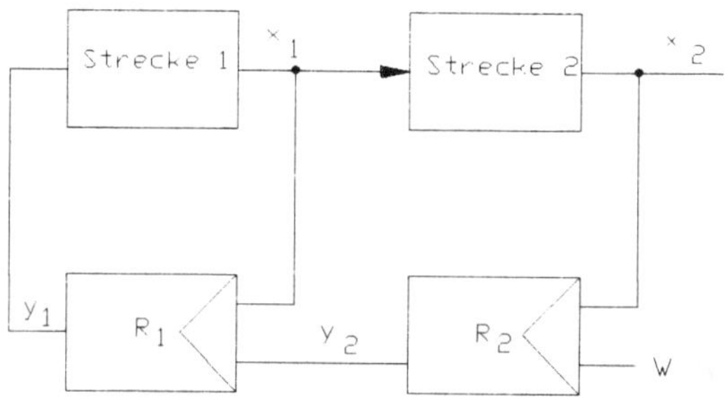

<u>Voraussetzung für Kaskadenregelungen:</u>

Vorhandensein mehrerer (interner) Regelgrößen

<u>Wirkung:</u>

Vermaschung von Regelkreisen

<u>Vorteil:</u>

- **Verbesserung der Regelgüte,**
- **Verbesserung der Dynamik**

<u>Nachteil:</u>

- **erhöhter Aufwand.**

9.3 Mehrkomponentenregelungen

In Regelungssystemen sind oft mehr als eine Aufgabengröße zu beherrschen. In einigen Fällen gibt es eine Aufgabengröße und mehrere Führungsgrößen oder für die Beeinflussung einer Aufgabengröße sind mehrere Stellgrößen notwendig. In diesen Fällen wird von einer Mehrkomponentenregelung gesprochen.

Mehrkomponentenregelungen lassen sich mit vielen klassischen Reglern nur mit einem sehr hohen Aufwand realisieren. Bei modernen Automatisierungsgeräten sieht dies jedoch anders aus. Einige dieser Regelungsarten sind mit modernen Automatisierungsgeräten ohne zusätzlichen Aufwand implementierbar. Dies ist insbesondere dadurch bedingt, daß die arithmetische Verknüpfung mehrerer Größen und die Implementierung aufwendiger Regelalgorithmen bei modernen Automatisierungsgeräten keinen zusätzlichen Aufwand bedeuten. Dies trifft insbesondere auf digitale Systemregler, auf Regelungen mit speicherprogrammierbaren Steuerungen und Prozeßrechnern zu.

9.3.1 Split-Range-Regelungen

Bei der Split-Range-Regelung hat man eine Führungsgröße und eine Aufgabengröße. Es ist jedoch nicht möglich, die Aufgabengröße mit Hilfe von einem Stellgerät ausreichend zu beeinflussen. Man muß daher mit Hilfe des Reglers mehrere Stellgeräte ansprechen, um eine Aufgabengröße zu regeln. Die Struktur eines solchen Systems ist in Bild 9.12 dargestellt.

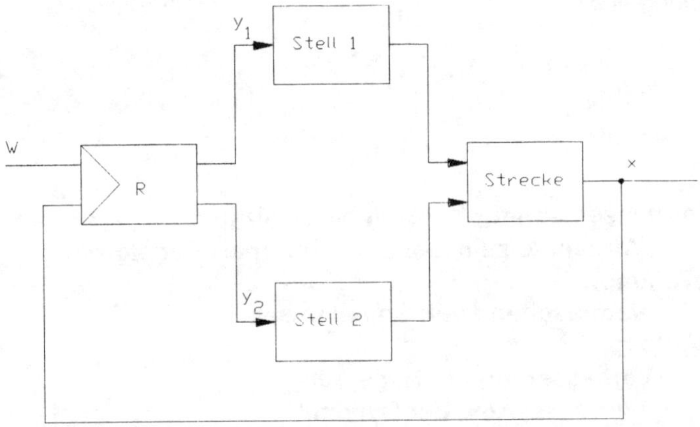

Bild 9.12 Prinzipschaltung einer Split-Range-Regelung (y_1, y_2: Stellgrößen zur Beeinflussung der Strecke)

Sowohl in der Klimatechnik, als auch in der chemischen Verfahrenstechnik müssen oft Temperaturen konstant gehalten werden. Es kann sein, daß die Konstanthaltung der Temperatur nicht allein mit einer Heizung oder Kühlung erfolgen kann. Bei chemischen Reaktionen können je nach Prozeßzustand endotherme oder exotherme Reaktionen auftreten. Je nach Reaktionsart muß dann Wärme zu- oder abgeführt werden. Gleichzeitiges Heizen und Kühlen ist wegen des zusätzlichen Energieverbrauches jedoch unwirtschaftlich.

Es ist aber nicht möglich, mit einer Heizung zu kühlen, oder mit einer Kühlung zu heizen. Daher müssen zwei verschiedene Stellsysteme angesprochen werden, um die Aufgabengröße entsprechend beeinflussen zu können. Regelungstechnisch ist eine solche Schaltung meistens sehr schwierig, da das kühlende und das heizende Element unterschiedliches regelungstechnisches Verhalten aufweist. Man muß daher nicht nur den Reglerausgang auf zwei verschiedene Stellgeräte verteilen und diese so verriegeln, daß sie nicht gleichzeitig angesprochen werden können, es ist in der Regel auch eine Umparametrierung für die verschiedenen Stellbereiche vorzusehen, so daß sich die Dynamik des Reglers an das zur Zeit aufgeschaltete Stellgerät anpassen kann.

Ist dies nicht möglich, muß die Regelung auf den dynamisch sensibelsten Kreis eingestellt werden und man muß in Kauf nehmen, daß der entsprechend andere Kreis wesentlich träger reagiert. Da aber bei der Regelungstechnik die Stabilität einer Regelung immer Vorrang vor der Präzision haben muß, ist in diesem Falle keine andere Vorgehensweise möglich.

Ein weiteres Problem wirft die Handumschaltung auf. Hier muß man auch Maßnahmen ergreifen, um zu verhindern, daß die Stellgeräte nicht aufgabenwidrig geschaltet werden können.

9.3.2 Auswahlregelung

Auswahlregelungen sind für die paradoxe Situation konzipiert worden, daß mehrere Führungsgrößen eine Aufgabengröße beeinflussen sollen. Dies ist nur möglich, indem man Prioritäten festlegt. Diese Regelungen sind für den Fall entwickelt worden, daß eine Hauptführungsgröße existiert, aber zusätzlich bestimmte Randbedingungen eingehalten werden sollen. Dies kann heißen, daß eine Größe nicht über- oder unterschritten werden darf. Derartige zusätzliche Randbedingungen ergeben sich meist aus den Sicherheitsvorkehrungen für die spezielle Regelstrecke.

Beispiel: Regelung des Enddrucks eines Verdichters

Die Aufgabengröße ist der Enddruck eines Verdichters. Dieser soll durch eine Regelung konstant gehalten werden. Als zusätzliche Randbedingung soll gelten, daß der Saugdruck einen bestimmten Wert nicht unterschreiten darf. Man gibt in diesem Fall dem Saugdruck-Regler Eingriffsmöglichkeiten auf das Umgangsventil, damit er dieses weiter öffnen kann, als vom Enddruckregler vorgegeben. Er kann es aber nicht weiter schließen. Die Schaltung ist in Bild 9.13 wiedergegeben.

Der Regler, dessen Stellsignal den größten Wert hat, hat damit Vorrang. Diese Art des Vorrangs heißt Maximal-Auswahlregelung. Es gibt in der Praxis die Maximal-Auswahlregelung und die Minimal-Auswahlregelung. Bei der Minimal- Auswahlregelung wird dem Stellsignal mit dem kleinsten Wert der Vorrang gegeben.

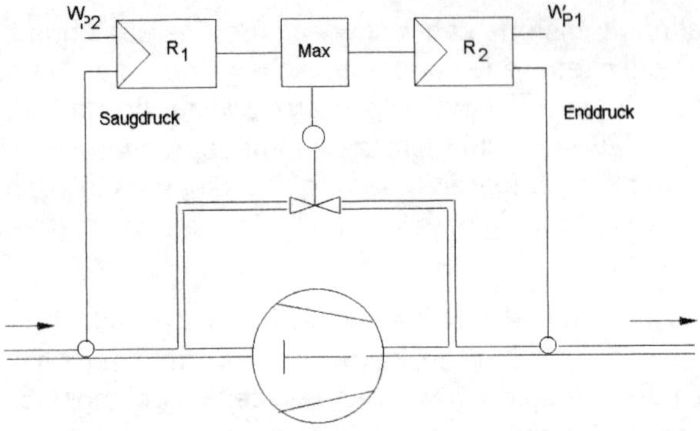

Bild 9.13 Auswahlregelung einers Verdichters (w_{p1}: Sollwert für den Enddruck, w_{p2}: Sollwert für den Saugdruck)

Es gibt zwei verschiedene Auswahlregelschaltungen, beide verwenden einen Minimal- oder Maximalwertbildner. Man kann die Minimal- oder Maximalwertbildung direkt bei der Auswahl der Führungsgröße einsetzen und diesen Wert dann auf den Regler aufschalten, wie in Bild 9.14 dargestellt, oder zwei verschiedene Regelalgorithmen bilden und dann das minimale oder maximale Stellsignal auswählen (siehe Bild 9.15). Die letzte Konfiguration ist vielseitiger, da die Regler auch von ihrer Dynamik her unterschiedlich sein können. Daher läßt sich die Dynamik beider Bereiche getrennt optimieren.

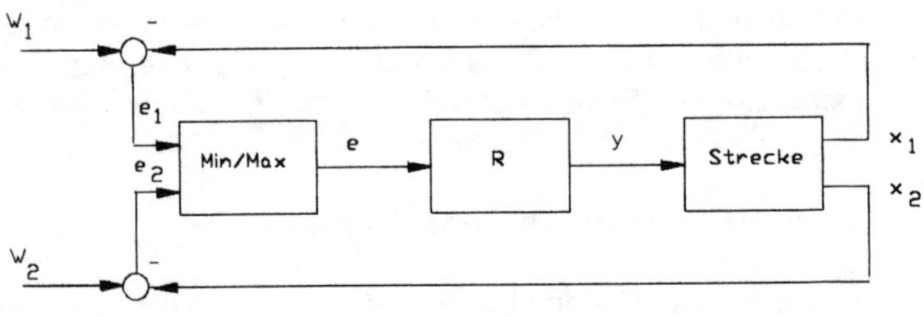

Bild 9.14 Prinzipschaltung einer Auswahlregelung über eine Regeldifferenzbildung (w_1, w_2: Führungsgrößen, x_1, x_2: Regelgrößen, R: Regler)

Eine zusätzliche Problematik ergibt sich bei der Handsteuerung. Die entsprechende Minimalwert- oder Maximalwertverriegelung muß auch im Handbetrieb greifen, weil die Minimal- oder Maximalwertbildung in der Regel aus Sicherheitsgründen vorgenommen wird.

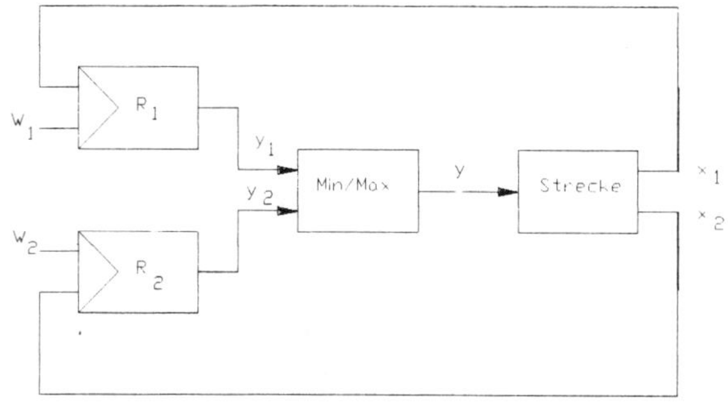

Bild 9.15 Prinzipschaltbild einer Auswahlregelung über eine Regeldifferenzbildung (w_1, w_2: Führungsgrößen, x_1, x_2: Regelgrößen, R: Regler)

Beispiel: Motorregelung

Innerhalb einer Motorregelung wird die Stromregelung über eine Auswahlregelung vorgenommen (siehe Bild 9.16). Der Stromrichter, der den Motor ansteuert, wird von dem minimalen Signal aus Stromregelung und Drehzahlregelung gesteuert. Dies bewirkt eine Begrenzung der Dynamik des Motors, stellt aber sicher, daß der Motor und der Stromrichter nicht überlastet werden können.

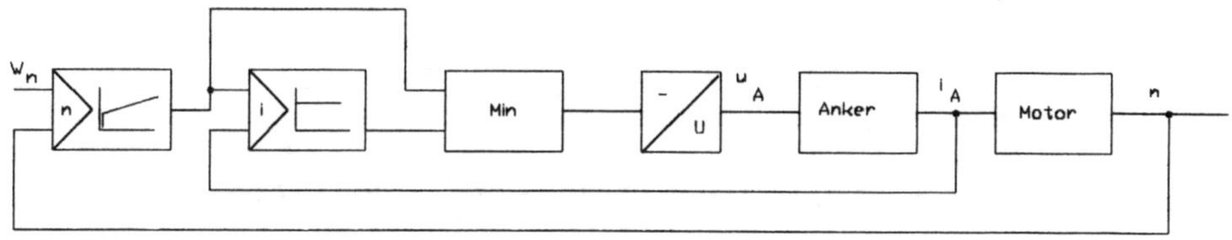

Bild 9.16 Auswahlregelung in einem Regelkreis für einen Elektromotor

Bei geringen Ankerströmen übernimmt die Drehzahlregelung die Führung des Stromregelkreises. Wird ein Maximalstrom überschritten, wird der Strom auf einen Maximalwert geregelt. Dies bewirkt bei dem Hochlaufen, daß der Motor mit konstanter Beschleunigung hochläuft. Unterschreitet der Strom den Maximalstrom, übernimmt der Drehzahlregelkreis wieder die Führung des Motors.

9.3.3 Verhältnisregelung

Die Verhältnisregelung ist ein einfacher Fall einer Mehrgrößenregelung. Die Aufgabe besteht darin, **zwei Aufgabengrößen so zu regeln, daß ihr Verhältnis konstant bleibt**. Die meisten Anwendungsfälle der Verhältnisregelung findet man in der Verfahrenstechnik und in der chemischen Industrie. Hier hat man zum Beispiel die Aufgabe, bei einem Gasbrenner sowohl die Luftzufuhr, als auch die Gaszufuhr zu regeln und zwar derart, daß beide in einem festen Verhältnis zueinander stehen.

Bei der Dosierung mehrerer Stoffe, wie bei der Bildung eines ph-Wertes oder für die Mischung mehrerer Stoffströme in der Verfahrenstechnik sind Verhältnisregelungen ebenfalls sehr wichtig (siehe Bild 9.17). Ein weiteres Anwendungsgebiet findet man im Maschinenbau, bei Walzstraßen, hier sind die Antriebe so zu koordinieren, daß nacheinanderfolgende Walzenantriebe in einem festen Drehzahlverhältnis zueinander stehen.

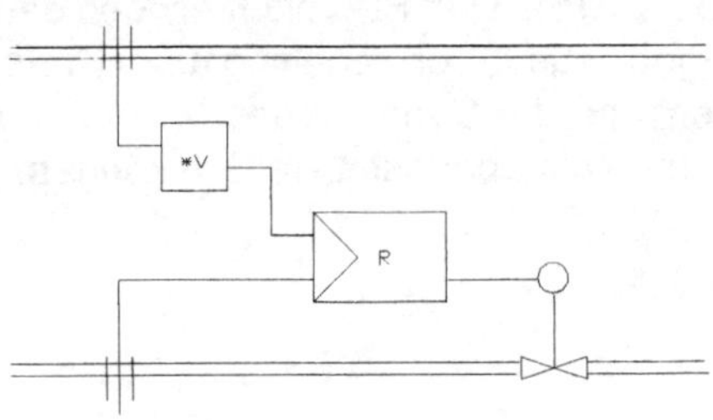

Bild 9.17 Verhältnisregelung zweier Durchflüsse (V: Verhältnis, R: Regler)

Verhältnisregelungen werden meistens so ausgeführt, daß sie als Folgeregelung konzipiert werden. Bei der Regelung von Stoffströmen übernimmt dann meistens ein Stoffstrom die Führungsfunktion und man regelt einen zweiten Stoffstrom so, daß der Durchfluß in einem festen Verhältnis zu dem ersten Stoffstrom steht (siehe Bild 9.18).

Man kann die Verhältnisregelung auch so ausführen, daß man zwei Regelkreise implementiert und diese beiden Regelkreise durch zwei übergeordnete Führungssignale führt, die in einem festen Verhältnis zueinander stehen. Eine solche Schaltung ist in Bild 9.19 dargestellt.

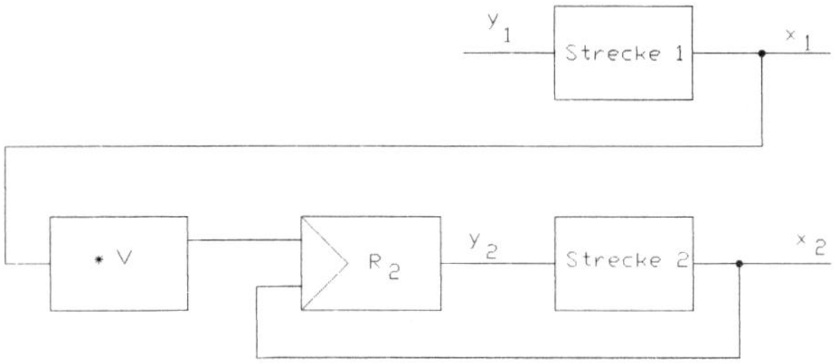

Bild 9.18 Prinzipschaltbild einer Verhältnisregelung (x_1: Streckengröße als Führungsgröße, V: Verhältnis, R_2: Regler, x_2: Regelgröße)

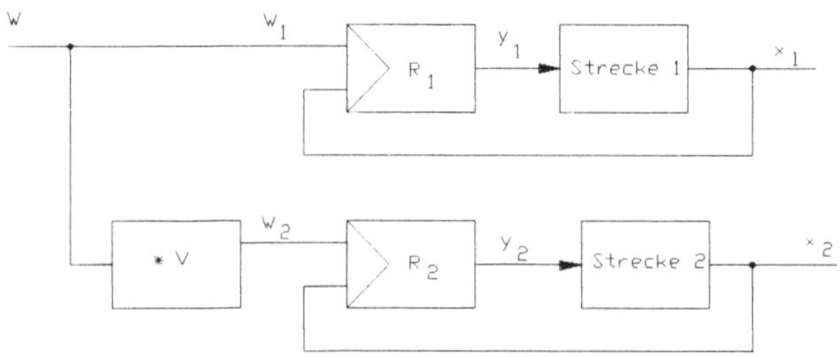

Bild 9.19 Ausführung einer Verhältnisregelung mit zwei Reglern (w: Gesamtführungsgröße, V: Verhältnis, R_1, R_2: Regler, x_1, x_2: Regelgrößen)

9.3.4 Kaskadenregelung

Kaskadenregelungen werden oft zur Mehrkomponentenregelung eingesetzt. Man hat mehrere Unterregelungsgrößen und eine Führungsregelgröße.

Beispiel: Extruderregelung

Bei dem Extruder in Bild 9.20 wird das Prozeßgut, ein Kunststoffgranulat, über mehrere Heizzonen, die in ihrer Temperaturabstufung aufeinander abgestimmt sind, erwärmt, um in eine Form gepreßt zu werden. Die eigentliche Aufgabengröße ist die Temperatur des Extrudergutes am Ausgang des Extruders.

Zur besseren Beherrschung dieses Prozesses ordnet man meistens jeder einzelnen Heizzone einen eigenständigen Regler zu, der die Temperatur dieser Heizzone mit einer Führungsgröße vergleicht und die entsprechende Heizzone regelt. Um die Temperatur des Kunststoffes am Ausgang des Extruders konstant zu halten, verwendet man einen Führungsregler, der die Temperatur des Kunststoffes mit dem Sollwert vergleicht und dann ein Führungssignal für alle Folgeregler erzeugt. Dabei wird dieses Führungssignal in einem festen Verhältnis auf die Folgeregler aufgeschaltet, so daß der gesamte Extrusionsprozeß von dem Führungsregler geführt wird.

Eine derartig aufgebaute Kaskadenregelung ist daher der allgemeinste Fall einer Verhältnisregelung.

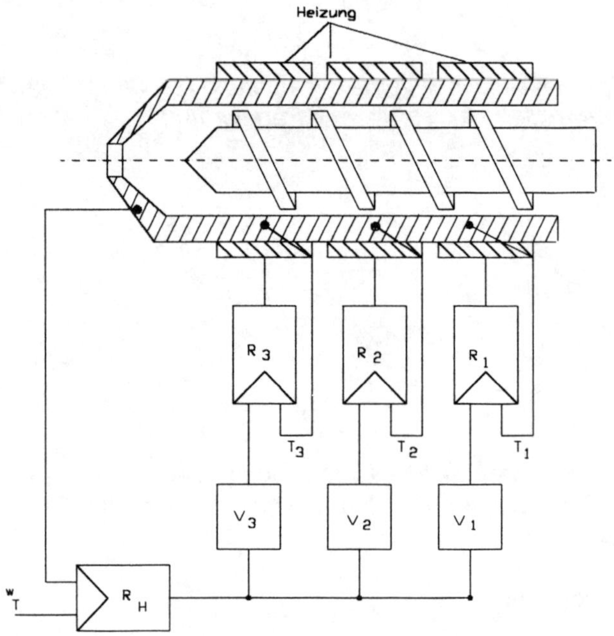

Bild 9.20 Kaskadenregelung eines Extruders; der übergeordnete Regler RH führt die Regler R_1 bis R_3 über die Verhältnisse V_1 bis V_3

10 Literatur-Verzeichnis

10.1 Bücher

[1] A.Auer: Speicherprogrammierbare Regelung. Hüthig Buch Verlag, Heidelberg 1990.

[2] W. Beitz & K.- H.Küttner, Dubbel: Taschenbuch für den Maschinenbau. Springer-Verlag 1987.

[3] G. Brack: Technik der Automatisierungsgeräte. Carl Hanser, München 1972.

[4] H. Fuchs: Kleines Lexikon der automatischen Steuerung. Hüthig Verlag, Heidelberg 1985.

[5] J. Hengstenberg, K.H. Schmidt, B. Sturm, O. Winkler: Messen, Steuern und Regeln in der Chemischen Technik I - V. Springer Verlag Berlin, Heidelberg, New York 1985.

[6] W. Lenz, E.Oberst & M.Koegst: Grundlagen der Steuerungs- und Regelungstechnik. Hüthig Verlag, Heidelberg 1984.

[7] F. Piwinger: Regelungstechnik für Praktiker. VDI-Verlag, Düsseldorf 1975.

[8] G.Roth: Regelungstechnik, Wirkungsweisen und Anwendungen. Hüthig Buch Verlag, Heidelberg 1990.

[9] E. Samal: Grundriß der praktischen Regelungstechnik. 14.Auflage, R. Oldenbourg, München 1985.

[10] E.Samal: Grundriß der praktischen Regelungstechnik. Band 2, R.Oldenbourg, München 1970.

[11] R. Schönfeld & E. Habiger: Automatisierte Elektroantriebe. Hüthig Verlag Heidelberg 1987.

[12] H. Schink: Projektierung von Regelanlagen. VDI-Verlag, Düsseldorf 1970.

[13] E. Schmäing: Regelungstechnik in Bildern. Band 1, 2, 3, Vogel Verlag, Würzburg 1978.

[14] E. Schrüfer: Lexikon Meß- und Automatisierungstechnik. VDI Verlag, Düsseldorf 1992.

[15] H.J.Siegfried: Grundlagen + Grundschaltungen der Regelungstechnik. Verlag L. Senn 1988.

[16] G. Strohrmann: Automatisierungstechnik. Band 1, 2, R. Oldenbourg Verlag, München 1988, 1990.

[17] K.-H. Zeitz: Regelungen mit Zwei- und Dreipunktregler. R.Oldenbourg Verlag, München 1986.

10.2 Zeitschriften

at, Automatisierungstechnik, Oldenbourg Verlag, München, Wien

atp, Automatisierungstechnische Praxis, Oldenbourg Verlag, München, Wien

Elektronik, Fachzeitschrift für industrielle Anwender und Entwickler, Franzis Verlag, München

elrad, Magazin für Elektronik und technische Rechneranwendungen, Hans Heise Verlag, Hannover

industrie- elektrik + elektronik, Maschinenausrüstung + Automatisierung, Hüthig Verlag, Heidelberg

MSR - Magazin, Messen, Steuern, Regeln und Automatisieren, Vereinigte Fachverlage Krausskopf- Ingenieur Digest GmbH, Mainz

10.3 DIN-Normen

DIN 19221 : Leittechnik, Formelzeichen der Regelungs- und Steuerungstechnik
DIN 19222 : Leittechnik, Begriffe
DIN 19225 : Benennung und Einteilung von Reglern
DIN 19226 : Regelungs- und Steuerungstechnik, Begriffe und Benennungen
DIN 19227 : Bildzeichen und Kennbuchstaben für Messen, Steuern, Regeln in der Verfahrenstechnik
DIN 19228 : Bildzeichen für Messen, Steuern, Regeln. Allgemeine Bildzeichen
DIN 19229 : Übertragungsverhalten dynamischer Systeme. Begriffe
DIN 19230 : Gleichstromsignal für elektrische Meß- und Regelanlagen. Begriffe und Anforderungen
DIN 19231 : Druckbereich für pneumatische Signalübertragung
DIN 19232 : Gleichspannungssignal für elektrische Meß- und Regelanlagen. Begriffe und Anforderungen
DIN 19233 : Automat, Automatisierung. Begriffe
DIN 19236 : Optimierung, Begriffe
DIN 19237 : Steuerungstechnik, Begriffe
DIN 19243 : Grundfunktionen der prozeßrechner-gestützten Automatisierung

11 Sachwortverzeichnis

Harry Herold

Sensortechnik

Sensorwirkprinzipien und Sensorsysteme

1993. XI, 346 S., 254 Abb.,
30 Tab. Gb.
DM/sFr. 79,— öS 616,—
ISBN 3-7785-2138-1

Die Sensortechnik hat sich in der letzten Zeit wie kaum ein anderes Gebiet stark entwickelt. Sensoren haben in der Automatisierung der Produktions- und Wirtschaftsprozesse, vor allem der Prüfprozesse, der Gütesicherung sowie der Prozeßüberwachung in der Industrie und im Handwerk Einzug gehalten. Aber auch in der Fahrzeugtechnik, der Verkehrsüberwachung und -steuerung, der Umweltmeßtechnik, der Gebäudesicherung und in Haushaltsgeräten spielen sie eine wichtige Rolle. Da die Aufgaben hierfür äußerst vielfältig und einsatzspezifisch sind, muß der Anwender über umfassende Kenntnisse der Sensorwirkprinzipien sowie der Einsatzmöglichkeiten, der zweckmäßigen Auslegung der Sensorelemente, Sensoren und Sensorsysteme einschließlich der Sensorelektronik verfügen.

In diesem Werk wird die große Zahl der technisch nutzbaren Sensorwirkprinzipien physikalisch erläutert, ihre praktische Realisierung aufgezeigt und auf wesentliche Eigenschaften der Sensoren hingewiesen. Die analogen Sensoren werden nach den Wirkprinzipien Energieumwandlung oder Steuerung bzw. Modulation eines Signals, die digitalen nach der zugrundeliegenden Analog-Digitalumsetzung unterteilt. Die Sensorelektronik ist soweit wie nötig beschrieben. Die physikalisch-technischen Parameter der Sensoren wurden in Tabellenform zusammengestellt. Hinweise zur Fehlerkorrektur und automatischen Kalibrierung runden das Werk ab.

Das Buch wendet sich an Ingenieure in der Produktionsautomatisierung, der Fertigungskontrolle, der Prozeßführung und -überwachung sowie darüber hinaus an Studenten einschlägiger Fachrichtungen.

Hüthig Buch Verlag
Im Weiher 10
69121 Heidelberg